U0260403

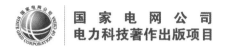

国家电网公司
电力科技著作出版项目

DESIGN AND OPERATION OF
AUSC DOUBLE-REHEAT COAL-FIRED POWER PLANT

超超临界二次再热燃煤发电机组

设计与运行

叶勇健　林　磊　朱佳琪　编著

中国电力出版社
CHINA ELECTRIC POWER PRESS

内 容 提 要

清洁燃煤发电技术的发展有两个主要方向：一是提高机组参数，二是采用二次再热技术。

本书作者在总结国电泰州电厂二期二次再热机组研发、设计和建设经验的基础上，对近年来的研究成果和设计心得加以提炼，围绕二次再热的技术难点和热点问题，对二次再热燃煤发电技术进行了全面阐述。主要内容包括超超临界二次再热技术的发展历史、主机参数匹配、锅炉和汽轮机的选型设计、耐热钢材料特性及应用、热力系统设计、主要辅机选型、主厂房布置设计和二次再热机组运行等。

本书适合从事燃煤发电技术研究、工程设计、机组运行等工作的技术人员阅读使用，对电力工程投资单位、设计单位、运行单位和相关建设单位也有很好的参考和借鉴价值。

图书在版编目（CIP）数据

超超临界二次再热燃煤发电机组设计与运行/叶勇健，林磊，朱佳琪编著.—北京：中国电力出版社，2018.3

ISBN 978-7-5198-0808-2

Ⅰ.①超… Ⅱ.①叶… ②林… ③朱… Ⅲ.①火电厂－超临界机组－发电机组－设计②火电厂－超临界机组－发电机组－运行 Ⅳ.①TM621.3

中国版本图书馆 CIP 数据核字（2017）第 128167 号

出版发行：中国电力出版社
地　　址：北京市东城区北京站西街 19 号（邮政编码 100005）
网　　址：http://www.cepp.sgcc.com.cn
责任编辑：赵鸣志（010-63412385）
责任校对：郝军燕
装帧设计：王英磊　左　铭
责任印制：蔺义舟

印　　刷：北京九天众诚印刷有限公司印刷
版　　次：2018 年 3 月第一版
印　　次：2018 年 3 月北京第一次印刷
开　　本：787 毫米×1092 毫米　16 开本
印　　张：14.25
字　　数：328 千字
印　　数：0001—1500 册
定　　价：88.00 元

前　言

中国富煤、缺油、少气的能源结构特点，决定了以煤电为主的电力结构在很长一段时期内难以根本改变，发展先进、清洁的火力发电技术对中国电力工业的健康发展具有重要意义。目前，世界范围内清洁燃煤发电技术发展的主要方向其一是提高机组参数，其二是采用二次再热技术。

进入 21 世纪以来，中国在役火电机组参数快速从亚临界提升到超临界和超超临界。2006 年，科技部 863 重大科技项目的依托工程——中国首台 1000MW 超超临界一次再热机组在华能玉环电厂投产。该科技项目于 2007 年获国家科技进步一等奖，标志着中国火力发电已进入超超临界时代。截至 2016 年 1 月底，国内已建成投产的 600～620℃温度等级 1000MW 超超临界一次再热机组已达到 86 台，为中国大幅降低平均发电煤耗起到了重要作用，并使中国超超临界发电技术水平跨入国际先进行列。然而，受更高参数耐热材料开发的限制，目前很难再进一步大幅提高机组的参数。

面对节能减排和环境保护的巨大压力，开发更高效的二次再热发电技术对中国电力工业实现可持续发展的目标具有重要的现实意义。在此背景下，国家科技部立项了众多有关超超临界二次再热发电技术的国家科技支撑计划，开展了一系列技术攻关，并依托国电泰州电厂二期工程进行工程建设。作为国家能源局二次再热示范工程的泰州电厂二期工程已于 2016 年 1 月成功投运，其技术指标达到当今世界燃煤火电机组的最好水平，我国也借此实现了火力发电领域的追赶和超越。我国目前投运和在建的二次再热发电机组与国外最先进的二次再热机组相比，无论是机组容量、机组参数，还是机组效率都有了进一步的提高，其技术达到国际领先水平。

笔者有幸参加了 1000MW 一次再热超超临界技术的国家科技部 863 课题和依托项目华能玉环电厂的设计和建设，并主持了后续一些超超临界机组的设计；同时也是国内第一批研究、开发、设计超超临界二次再热工程项目的技术人员，全过程参与了国家科技部相关国家科技支撑计划和依托工程国电泰州电厂二期的研发、设计和建设，积累了较多的经验。在技术研究和工程设计之余，笔者静下心来对这些年的研究成果和设计心得加以整理和总结，历经近一年，终于完成本书的编写工作。

本书的内容覆盖国内外超超临界二次再热技术的发展历史、主机参数匹配、锅炉和汽轮机的选型设计、耐热材料特性及应用、热力系统设计、主要配套辅机选型、主厂房布置设计和二次再热机组的运行等方面，有针对性地紧扣二次再热的技术难点和热点问题，对二次再热燃煤发电技术进行了全面的阐述。其中，叶勇健完成了本书第一～三章和第五章第一、二节，以及第七章第四～六节的撰写，并对全书进行了统稿；林磊完成了本书第四、六章和第五章第三节、第七章第一～三节的撰写；朱佳琪完成了本书第八、九章的撰写。

本书在编写过程中，得到了电力规划设计总院副院长孙锐和华东电力设计院有限公司总工程师陈仁杰两位国家勘察设计大师的悉心指导，书中引用了华东电力设计院有限公司、上海电气集团、东方电气集团、哈尔滨电气集团、西安热工研究院和国电泰州电厂等单位的研究和实践成果，在此一并深表敬意和感谢！

希望本书付梓后能与广大电力工作者分享并探讨有关二次再热发电技术的研究成果和经验，为电力工程投资方、设计方、运行方和相关建设单位提供参考和借鉴。对书中的疏漏和不足之处，恳请广大读者和同仁批评指正。

作　者

2017 年 10 月

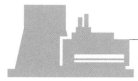

目　　录

第一章

二次再热火电技术发展综述

第一节　超超临界火电技术的发展历史及展望

一、概述

亚临界机组的工作压力低于水的临界点压力（$p_c=22.129\text{MPa}$）和温度（$t=374℃$），一个很明显的特征就是蒸汽循环中存在一个定温汽化的过程，并在锅炉的汽包中完成对汽水的分离。而当机组的工作压力大于水的临界点参数时，称之为超临界（Supercritical）机组。对于超临界机组来说，当工质被加热到某一温度后就立即全部汽化，不存在上述汽水分离的过程。因此超临界锅炉均为直流炉，在锅炉水冷壁出口就已经完成了汽化而无须汽包这一汽水分离的装置。超超临界（Ultra Supercritical）机组是一个人为定义的概念，其实也属于超临界机组范畴。目前国内外普遍把蒸汽额定压力大于 28.0MPa 或工作温度大于 580℃ 的参数称为超超临界（Ultra Supercritical）参数。

世界上超（超）临界发电技术的发展过程大致可以分成以下四个阶段：

（1）第一阶段，超（超）临界技术发展期。从 20 世纪 50 年代开始，以美国和德国等为代表。当时的起步参数就是超超临界参数，但随后由于金属材料问题导致电厂可靠性下降，在经历了初期超超临界参数后，从 60 年代后期开始，美国超临界机组大规模发展时期所采用的参数均降低到常规超临界参数。直至 80 年代，美国超临界机组的参数基本稳定在这个水平。

（2）第二阶段，超临界技术成熟期。从 20 世纪 80 年代初期开始，由于材料技术的发展，尤其是锅炉和汽轮机材料性能的大幅度改进，以及对电厂水化学方面认识的深入，克服了早期超临界机组所遇到的可靠性问题。当时美国对已投运的机组进行了大规模的优化及改造，可靠性和可用率指标已经达到甚至超过了相应的亚临界机组。通过改造实践，形成了新的结构和新的设计方法，大大提高了机组的经济性、可靠性、运行灵活性。其间，美国又将超临界主机技术转让给日本（如通用电气公司向东芝和日立公司转让，西屋公司向三菱公司转让），联合进行了一系列新超临界电厂的开发设计。超临界机组的市场也由此逐步转移到了欧洲及日本，涌现出了一批新的超临界机组。

（3）第三阶段，超超临界技术快速发展期。从 20 世纪 90 年代开始，发达国家在保证机组高可靠性、高可用率的前提下采用更高的超超临界蒸汽温度和压力。其主要原因在于各国对提高机组效率不懈的追求。同时，适用于超超临界参数的新材料的日趋成熟也为超超临界机组的发展提供了条件。发达国家超超临界技术的发展主要以日本（如三菱、东芝、日立公司）和欧洲（如西门子、阿尔斯通公司）国家为主，投运的机组也主要位于日本和欧洲国家。

据不完全统计，目前全世界已投入运行的超临界及以上参数的发电机组约有 1100 多台。其中，中国有 500 多台，数量占据世界第一，美国有 170 多台，日本和西欧各约 60 台，俄罗斯及其他发展中国家有 300 余台。目前发展超超临界技术领先的国家主要是中国、日本、德国、美国等。自 2007 年以来，中国投运的超超临界机组已超过 200 台，中国已成为世界上超超临界机组发展最快、数量最多和运行性能先进的国家。

（4）第四阶段，先进超超临界（A-USC）技术发展期。从 20 世纪末起，为进一步降低能耗和减少污染物排放，改善环境，在材料技术的支持下，各国的超超临界技术都在朝着更高参数的方向发展。欧盟、美国、日本、中国及印度等国家先后启动蒸汽温度达到 650～760℃的先进一次再热及二次再热超超临界发电技术研究计划，为下一代火电装备的更新提供技术，以进一步降低机组的煤耗，减少污染物和温室气体排放。2009 年，中国率先开展了超 600℃参数的超超临界大容量二次再热燃煤发电机组的技术研发，并成功投入运行，使中国在 700℃等级超超临界机组材料成熟前，具备了进一步较大幅度提高超超临界机组效率的能力。

二、美国大容量超（超）临界发电机组的发展现状及趋势

1. 发展现状

20 世纪 90 年代以来，美国高效燃煤火电机组的发展较为缓慢。现在美国没有任何在役的主汽和再热汽温均超过 600℃的超超临界机组。AEP 公司的 Turk 电厂 25MPa/601℃/610℃超超临界机组正在建造中。目前美国拥有 9 台世界上单机容量最大的 1300MW 超临界双轴机组，见表 1-1。这些机组均为 20 世纪 70～90 年代初投入运行的，虽然机组容量为目前世界最大，但是技术水平与目前世界先进的高效火电机组有较大差距。

表 1-1　　　　美国现役单机容量最大的 1300MW 超临界双轴机组

电厂	锅炉制造商	锅炉蒸发量（t/h）	汽轮机制造商	运行方式	主汽压力（MPa）	主/再热汽温（℃）	投运时间
Cumberland 1 号	B&W	4535	ABB	定压	24.2	538/538	1972 年
Cumberland 2 号	B&W	4535	ABB	定压	24.2	538/538	1973 年
Amos 3 号	B&W	4433	ABB	定压	24.2	538/538	1973 年 10 月
Gavin 1 号	B&W	4433	ABB	定压	24.2	538/538	1974 年
Gavin 2 号	B&W	4433	ABB	定压	24.2	538/538	1975 年
Mountaineer 1 号	B&W	4433	ABB	定压	24.2	538/538	1980 年 9 月
Rockport 1 号	B&W	4433	ABB	定压	24.2	538/538	1984 年
Rockport 2 号	B&W	4433	ABB	定压	24.2	538/538	1989 年
Zimmer	B&W	4433	ABB	定压	25.4	538/538	1991 年 3 月

2．发展趋势

美国火力发电机组的技术发展重点在于提高电厂效率、开发更有效的脱碳技术和环境保护技术。1999 年，美国能源部（DOE）提出了火电新技术发展的 Vision21 计划。Vision21 计划包括目前正在发展的富氧燃烧技术、煤气化技术、高效率炉膛和换热器技术、先进燃气轮机技术、燃料合成技术、先进超超临界及其系统合成技术。Vision 21 计划的目标见表 1-2。

表 1-2　　　　　　　　　　　　Vision 21 计划的目标

项目	内容
效率	煤炭作为基本燃料的机组净效率为 55%～60%（HHV）；天然气作为基本燃料的机组净效率为 75%（LHV）；热电联产机组的净效率为 85%以上
燃料利用率	从煤炭中生产氢气或液态燃料的电厂燃料利用率为 75%
环境影响	氮、硫氧化物、粉尘、汞的排放接近于零；二氧化碳的排放减少 30%，如果配备碳捕捉装置，则二氧化碳的排放接近于零

美国能源部希望通过 Vision 21 计划使美国能够制造运行温度达到 760℃的主机设备及电厂其他部件；如果工程需要，也将规划制造运行温度为 871℃的超级合金钢。目前美国典型燃煤电厂的效率为 35%，如果开发耐高温材料获得成功，美国能源部希望将效率提高到 55%。效率的提高将减少大约 30%的二氧化碳。

该计划的核心包括以下 5 个方面：

（1）开发参数在 35MPa 以上，温度在 760℃及以上的机组所需材料。

（2）相应材料的工厂制造方法、流程，以及焊接、喷涂工艺。

（3）相应材料通过 ASME 的认证。

（4）研究参数为 35MPa/760℃/760℃/760℃的大容量二次再热超超临界火电机组的设计、制造和运行技术。

（5）促进新材料技术的商业化开发和应用。

由于美国国内对火电厂碳排放的控制极其严格，加上近年来天然气价格大幅度下降，美国进一步发展燃煤电厂技术的动力不足，美国能源部暂停了大部分火电技术项目的资助。

三、日本大容量超超临界发电机组的发展现状及趋势

1．发展现状

20 世纪 80 年代初，日本启动了超超临界发电技术的研究计划，由日本电源开发株式会社（J－POWER EPDC）领衔，钢铁、锅炉、汽轮机制造厂和研究机构参加。由于日本当时已经开发出一系列 9%～12%Cr 马氏体耐热钢和 18%～25%Cr 奥氏体耐热钢，其蠕变强度和耐腐蚀性能都很好，所以对超超临界机组的研究主要集中于这些耐热材料在现场应用中的性能数据和可靠性方面。

日本投运容量 600MW 以上的超超临界机组 11 台，其中 4 台双轴机组，7 台单轴机组，

见表 1-3。

表 1-3 日本投运的 600MW 以上的超超临界机组

电厂/机组号	电力公司	容量（MW）	蒸汽参数（MPa/℃/℃）	制造厂（炉/机）	转速（r/min）	投运时间
原町 1 号 Haramachi	Tohoku	1000	25/566/593	三菱/东芝	3000/1500	1997 年 7 月
三隅 1 号 Misumi	Chugoku	1000	25/600/600	三菱/三菱	3600/1800	1998 年 6 月
原町 2 号 Haramachi	Tohoku	1000	25/600/600	日立 BHK/日立	3000/1500	1998 年 7 月
松浦 2 号 Matsuura	EPDC	1000	24.6/593/593	日立 BHK/三菱	3600/1800	1999 年 7 月
橘湾 1 号 Tachibana-wan	EPDC	1050	25/600/610	IHI/东芝	3600/1800	2000 年 7 月
橘湾 2 号 Tachibana-wan	EPDC	1050	25/600/610	日立 BHK/三菱	3600/1800	2001 年 1 月
碧南 4 号 Hekinann	Chubu	1000	24.6/566/593	IHI/东芝	3600	2001 年 11 月
碧南 5 号 Hekinann	Chubu	1000	24.6/566/593	IHI/东芝	3600	2002 年 11 月
常陆那珂 1 号 Hitachi-naka	Tokyo	1000	24.5/600/600	日立 BHK/日立	3000/1500	2003 年 12 月
新矶子 1 号	J-Power	600	24.1/600/610	IHI/西门子	3000	2002 年 4 月
新矶子 2 号	J-Power	600	25/600/620	IHI/日立	3000	2009 年 7 月

2. 发展趋势

1997 年起，日本国立金属研究所（NRIM）启动了一项用于 35MPa/650℃参数级别的超超临界机组大直径管道和联箱的高级马氏体耐热钢的研究计划。日本先进超超临界（A-USC）计划是日本政府 2008 年提出的"COOL Earth Program"的一部分，日本还在进行所谓的"新阳光（New Sunshine）"发电技术研究计划，建设运行温度为 700℃的先进超超临界发电机组。该项目由日本电源开发株式会社牵头，得到了日本通产省的大力支持，目前已开发出一批相关材料。日本的先进超超临界发展计划的分步走方案见表 1-4。

表 1-4 A-USC 计 划 方 案

项目	压力/过热/再热汽温（MPa/℃/℃）	净热效率（%，HHV）
超临界	24.2/566/566	基准 41.5
600℃超超临界	25/600/600	42.2
700℃超超临界（A-USC）	24.2/610/720	43.4
	25/700/720	44.3
	35/700/720/720	>46

四、欧洲大容量超超临界发电机组的发展现状及趋势

1. 发展现状

欧洲已投运容量 1000MW 以上的超超临界机组均为一次再热超超临界机组，汽轮机为单轴机组，主蒸汽最高压力达到 27.5MPa，再热蒸汽最高温度达到 620℃，见表 1-5。

表 1-5　　　　　　　　　　　欧洲已投运的 1000MW 超超临界机组

国家	电厂名称	机组容量（MW）	投产日期（年）	主汽压力（MPa）	主/再热汽温（℃）
德国	Niederaussem-K 号	1025	2002	26.5	576/599
德国	Neurath F 号	1100	2011	26.0	600/605
德国	Neurath G 号	1100	2011	26.0	600/605
德国	Datteln 4 号	1100	2011	27.5	596/619
德国	Staudinger 6 号	1100	2012	27.5	598/619
德国	Karlsruhe 8 号	912+220 供热	2013	27.5	600/620
荷兰	Maasvlakle 3 号	1113	2013	27.5	596/619
德国	GKM 9 号	911（公共电网供电）+ 500 供热（最大）+100（铁路供电）	2013	27.5	600/619

20 世纪末，德国实施燃煤火电优化设计计划（简称"BoA"计划），开始建设一系列大容量超超临界机组。"BoA"计划共分为三期，目的是扩大燃煤机组的煤种适应性，排放更环保，机组效率更高。Niederaussem 电厂的 K 号机组是"BoA"计划第一期的依托工程。在总结吸收 Niederaussem-K 号机组经验的基础上，进行了进一步的改进和优化，第二期"BoA"计划的依托工程为 Neurath F、G 号机组，容量增加到 1100MW，主蒸汽和再热蒸汽参数提高到 600℃ 和 605℃，电厂供电效率达到 43%，污染物排放量更少。近年来投运的新机组开始实施在现有材料基础上，主蒸汽压力进一步提高，再热蒸汽温度提升到 620~630℃的方案。

丹麦 20 世纪 90 年代建设的 Nordjylland 电厂 3 号机组虽然机组容量不大，但是采用了两次再热、深海水冷却等技术，是目前世界上机组效率最高的燃煤电厂之一。

2. 发展趋势

欧洲于 1998 年 1 月启动先进超超临界发电计划，简称"AD700"计划。"AD700"的目标是使下一代超超临界机组的蒸汽参数达到 35MPa/700℃/720℃，从而发电效率可达为 50% 以上（海水冷却方式为 50.5%，内陆地区和冷却塔方式为 49.5%），使温室气体 CO_2 的排放降低 15%，并降低燃煤电厂投资。

欧洲发电集团 E.ON 计划投资 10 多亿欧元在德国西北部的 Wilhelmshaven 建设 1 台 550MW 示范火电机组。为进一步降低技术风险，起步为一次再热路线，主蒸汽温度为 700℃，压力为 35MPa，再热热段蒸汽温度为 720℃，压力为 7MPa。待该示范工程高温耐热钢应用成功后，再进一步发展二次再热提高发电效率。然而 2008 年的世界金融危机使得

欧洲发电公司缺乏资金建设 700℃燃煤机组，该计划目前处于停顿之中。

五、我国大容量超超临界机组发电机组的发展现状及趋势

1. 发展现状

国家"十五"863 项目"超超临界燃煤发电技术"极大促进了我国主蒸汽温度 600℃/再热蒸汽温度 600℃的一次再热超超临界机组的引进和消化吸收。国内主机厂通过不同的合作方式引进、消化并吸收国外先进技术，并逐步实现了国产化。

2000 年初，哈尔滨电气集团和东方电气集团引进了日本的超超临界技术，其汽轮机进口参数为 25 MPa、600℃/600℃，相应锅炉的设计参数为 THA 工况下 26.25MPa、605℃/603℃；上海电气集团引进了美国和德国的超超临界技术，汽轮机厂汽轮机进口参数为 THA 工况下 26.25 MPa、600℃/600℃，与其配套的锅炉其主蒸汽压力为 27.5MPa，部分机组的汽轮机侧 TMCR 工况下的参数为 27MPa、600℃/600℃。国产引进型超超临界锅炉和汽轮机的主要特点见表 1-6 和表 1-7。

表 1-6　　　　国产引进型 1000MW 超超临界锅炉特点

项目	哈尔滨锅炉厂	上海锅炉厂		东方锅炉厂
炉型	Π 型	Π 型	塔式炉	Π 型炉
燃烧方式	单炉膛八角切圆燃烧	单炉膛八角切圆燃烧	单炉膛四角切圆燃烧	单炉膛前后墙对冲燃烧
技术来源	日本三菱公司	美国 ALSTOM（CE）公司	德国 ALSTOM（EVT）公司	日本日立公司

表 1-7　　　　国产引进型 1000MW 超超临界汽轮机参数和特点

项目	哈尔滨汽轮机厂	上海汽轮机厂	东方汽轮机厂
进汽参数	25MPa、600℃/600℃	26.25~27MPa、600℃/600℃	25MPa、600℃/600℃
型式	冲动式，四缸四排汽	反动式，四缸四排汽	冲动式，四缸四排汽
转子支承方式	双支承（共 8 个）	N+1 支承（共 5 个）	双支承（共 8 个）
技术来源	日本东芝公司	德国西门子公司	日本日立公司

表 1-6 和表 1-7 中所述技术来源为引进技术时的国外公司名称。近年来由于相关外国公司的并购整合，有些当年提供技术的公司已不存在。2014 年 1 月日本日立公司和三菱重工公司的火力发电部分合并为三菱日立电力系统公司（MHPS）。美国燃烧工程公司（CE）和德国 EVT 公司先后被法国 ALSTOM 公司收购，2000 年初，上海锅炉厂有限公司分别向 ALSTOM（CE）和 ALSTOM（EVT）公司引进了超超临界Π型锅炉和塔式锅炉技术，2015 年 ALSTOM 公司的能源部分被通用电气（GE）公司收购。

2012年开始，国内超超临界火电机组的参数进一步提高到28MPa、600℃/620℃，这种参数的机组被国内部分行业人士称为"高效超超临界机组"。与引进型超超临界机组相比，"高效超超临界机组"主蒸汽和再热蒸汽压力有所提高，汽轮机热耗有所降低，结合汽轮机热力系统的优化和烟气余热的利用，机组煤耗有较大幅度下降(约 8～10g/kWh)。28MPa、

600℃/620℃参数的660MW机组和1000MW机组已经投运，更多的机组正在建设中，目前已成为我国超超临界机组的主流参数。

我国25～27MPa、600℃/600℃等级一次再热超超临界发电技术已经逐步成熟。目前，我国1000MW超超临界机组的最高发电效率达到45%，发电煤耗达到262g/kWh，处于世界先进水平之列。2012年国家科技部立项开展了关于超超临界二次再热火电技术研究的科技支撑项目，并以国电泰州电厂二期工程为依托项目进行示范。2015年9月25日，国电泰州电厂二期（2×1000MW）二次再热工程3号机组圆满完成168h连续满负荷试验，正式投入商业运行，同年4号机组也顺利投入商业运行。运行表明，泰州二期工程的2台二次再热机组达到了国际领先水平。

2. 发展趋势

我国于2011年6月24日正式启动700℃超超临界燃煤发电技术研发计划，同日召开了国家能源局主导的"700℃超超临界燃煤发电技术创新联盟"第一次理事会和技术委员会会议。700℃超超临界燃煤发电技术创新联盟的宗旨是，通过对700℃超超临界燃煤发电技术的研究，有效整合各方资源，共同攻克技术难题，提高我国超超临界机组的技术水平，实现700℃超超临界燃煤发电技术的自主化，带动国内相关产业的发展，为电力行业的节能减排开辟新路径。我国的先进超超临界机组研发规划将在总体设计、高温材料和大型铸锻件开发、锅炉关键技术、汽轮机关键技术、部件验证试验、辅机开发、高温管道及管件开发、机组运行和示范电厂建设等9个方面开展技术研究和应用，以掌握700℃及以上高参数机组设计、材料、制造、安装、调试和运行所需的关键技术，形成相关的数据库和工艺包、技术导则、标准，以及一套技术经济可行的设计方案，达到工程设计要求，为700℃超超临界燃煤发电机组示范电厂建设做准备。

目前，我国700℃超超临界燃煤发电技术目前还属于研究阶段，初步开发出用于700℃锅炉的镍基合金钢，并且对汽轮机关键部件的选材进行了筛选，初步完成了机组初参数选择、系统集成设计及减少高温管道用量的紧凑型布置概念设计，以及主机设备概念设计等。2015年12月底，我国首个700℃关键部件验证试验平台成功投运，成功将温度提升并稳定在700℃左右。这标志着我国700℃超超临界燃煤发电技术的研究开发工作取得了阶段性成果，由实验室研究迈向工程示范应用迈出了关键一步。但是，我国700℃超超临界燃煤发电技术离实际工程应用还有很长的路要走，需要解决一系列技术问题，如汽轮机转子、汽缸等高温铸锻件的生产和焊接工艺，高温材料的研发及长期使用性能的考验，大口径高温材料管道管件的制造及加工工艺，以及主机的详细设计和制造工艺。

第二节 二次再热火电技术的发展历史

据不完全统计，全世界至少安装了54台二次再热超（超）临界机组，绝大多数已经退役，见表1-8。其中德国共投运11台二次再热超（超）临界机组，其中1台机组为燃油和天然气锅炉，8台机组为燃煤锅炉，另外2台机组燃料情况不明；美国共投运23台二次再热超（超）临界机组，其中5台机组为燃重油锅炉，2台机组为燃油和天然气锅炉，其他

16 台为燃煤锅炉；日本共投运 13 台二次再热超（超）临界机组，其中 11 台机组为燃油锅炉，2 台机组为燃天然气锅炉；另外丹麦有 2 台二次再热超超临界机组，分别为 1 台燃煤机组和 1 台燃天然气机组。前苏联（俄罗斯）没有发现二次再热机组的投运资料。至 2016 年 12 月，我国共有 6 台二次再热超超临界机组投入运行。

从机组投运的时间上分析，西方国家大多数二次再热机组都在 20 世纪六七十年代投运，八九十年代投运的二次再热机组明显减少。21 世纪第一个十年没有二次再热机组建造和投运。

从机组参数分析，西方国家的绝大多数机组的参数为 560℃ 和 25MPa 左右，个别机组的压力达到 31~35MPa，主蒸汽温度达到 600℃ 以上，最高温度为 649℃。从二次再热的热力循环分析，二次再热技术适用于超临界机组，更适用于主蒸汽压力达到 27MPa 以上的超超临界机组。

从二次再热锅炉的燃料上分析，现有的二次再热锅炉的燃料涵盖了煤粉、油和天然气。从二次再热锅炉再热器汽温控制的角度分析，燃油和燃气的二次再热锅炉有利于通过烟气再循环控制再热蒸汽汽温。

采用二次再热技术可使机组的热效率提高 1%~2%，但也带来了锅炉调温方式和受热面布置复杂、汽轮机结构变化大等不利条件，二次再热机组的成本有所提高。20 世纪 60~90 年代电厂燃料成本较低，二次再热技术效率提高、燃料耗量降低的优势很难抵消投资成本的增加。因此，二次再热技术一直不是西方和前苏联火电厂的主流技术。目前，随着世界范围内对火电效率的关注及国内二次再热技术的蓬勃发展，国际上的主要发电设备制造商，如西门子和 GE 公司，又纷纷投入了二次再热发电技术的开发和发展。

表 1-8　　　　　　　　　　世界上投运的二次再热超（超）临界机组

机组	出力（MW）	燃料	蒸汽参数		投运时间（年）
			压力（MPa）	温度（℃）	
德国许尔斯化工厂 II 电厂 1 号	88	煤	31	600/565/565	1956
德国弗兰肯电厂	100	煤	28.5	525/535/535	1960
德国汉堡电厂	150	煤	28.5	545/545/545	1962
德国格贝尔斯多尔夫 II 电厂	100		25	520/530/530	1962
德国曼海姆电厂 5 号	200	煤	27.5	530/540/530	1963
德国魏德尔电厂 4 号	180		25	540/540/540	1965
德国弗兰肯 II 电厂 1 号	220	煤	28.5	535/545/545	1967
德国弗兰肯 II 电厂 2 号	220	煤	28.5	535/545/545	1967
德国曼海姆电厂 6 号	200	煤	28	530/540/530	1968
德国某电厂（名字不详）	455	油、天然气	25.5	530/540/530	1972
德国曼海姆电厂 7 号	475	煤	24.5	530/540/540	1984
美国菲洛电厂 6 号	125	煤	31.6	621/566/538	1957
美国布里德电厂 1 号	500	煤	25.0	565/565/565	1960

续表

机组	出力(MW)	燃料	蒸汽参数		投运时间(年)
			压力(MPa)	温度(℃)	
美国爱迪斯顿电厂1号	325	煤	35.2	649/565/565	1960
美国爱迪斯顿电厂2号	325	煤	24.5	565/565/565	1960
美国赫德森电厂1号	420	重油	25.0	538/552/565	1964
美国丹纳司河电厂4号	600	重油	25.0	538/552/565	1964
美国查克岬电厂1号	355	重油	25.0	538/565/538	1965
美国查克岬电厂2号	355	重油	25.0	538/565/538	1965
美国瓦加纳电厂3号	315	煤	25.0	538/538/538	1966
美国卡丁奴尔电厂1号	620	煤	25.0	538/552/565	1966
美国卡丁奴尔电厂1号	620	煤	25.0	538/552/565	1966
美国海恩斯电厂5号	330	油、气	25.0	538/552/565	1967
美国海恩斯电厂6号	330	油、气	25.0	538/552/565	1967
美国卡纳尔电厂	570	重油	25.0	538/538/538	1968
美国穆金古姆河电厂6号	615	煤	24.6	538/552/566	1968
美国赫德森电厂3号	620	煤	25.0	538/552/566	1968
美国布拉通岬电厂6号	650	煤	24.6	538/552/566	1969
美国大赛迪电厂2号	835	煤	26.0	543/552/566	1969
美国电气电厂	800	煤	24.6	538/552/566	1970
美国密苏利电厂1号	835	煤	26.0	543/552/566	1970
美国密苏利电厂2号	835	煤	26.0	543/552 /566	1971
美国约翰·爱蒙斯电厂1号	835	煤	26.0	543/552/566	1971
美国约翰·爱蒙斯电厂2号	835	煤	26.0	543/552 /566	1972
日本姬路第二电厂	450	重油	24.6	538/552/566	1968
日本海南电厂1号	450	重油	25.5	543/554/568	1970
日本海南电厂2号	450	重油	25.5	543/554/568	1970
日本高砂电厂1号	450	重油	2.55	541/554/568	1971
日本高砂电厂2号	450	重油	25.5	541/554/568	1971
日本新官津电厂	450	重油	24.6	538/552/566	1972
日本海南电厂3号	600	重油	24.6	538/554/568	1972
日本海南电厂4号	600	重油	24.6	538/554/568	1972
日本新官津电厂2号	450	重油	24.6	538/552/566	1973
日本姬路第二电厂5号	600	重油	24.6	538/552/566	1973
日本姬路第二电厂6号	600	重油	24.6	538/552/566	1973
日本川越(Kawagoe)电厂1号	700	天然气	31.0	566/566/566	1989
日本川越(Kawagoe)电厂2号	700	天然气	31.0	566/566/566	1990

机组	出力（MW）	燃料	蒸汽参数		投运时间（年）
			压力（MPa）	温度（℃）	
丹麦 Skærbæk 电厂 3 号	415	天然气	29.0	580/580/580	1997
丹麦 Nordjylland 电厂 3 号	385	煤	29.0	580/580/580	1998
我国泰州电厂二期 3 号	1000	煤	31.0	600/610/610	2015
我国泰州电厂二期 4 号	1000	煤	31.0	600/610/610	2015
我国安源电厂 1 号	660	煤	31.0	600/620/620	2015
我国安源电厂 2 号	660	煤	31.0	600/620/620	2015
我国莱芜电厂 5 号	1000	煤	31.0	600/620/620	2015
我国莱芜电厂 6 号	1000	煤	31.0	600/620/620	2016

国内各相关单位于 2009 年起对超超临界二次再热机组的工程化应用展开了研究，国电泰州二期 2×1000MW 项目作为国家超超临界二次再热技术的示范项目于 2012 年开工建设，实现了完全自主设计、自主制造、自主建设，2 台机组于 2015 年双双投产。国电泰州电厂二期工程作为世界首个百万千瓦超超临界二次再热机组项目，在火力发电设计、制造、建设、调试技术上实现有效突破。泰州二期 2×1000MW 的主要参数见表 1-9。截至 2016 年 12 月，华能安源电厂 2×660MW 二次再热机组和华能莱芜电厂 2×1000MW 二次再热机组也顺利投产。在建的二次再热工程项目包括国电蚌埠电厂二期、国电宿迁电厂、国电傅兴电厂、国华北海电厂、国华清远电厂、华电莱州电厂、华电句容电厂二期、大唐东营电厂、大唐雷州电厂、粤电惠来电厂、深能源河源电厂、赣能国投江西丰城电厂三期等。

表 1-9 　　　　　　　　　　泰州二期 1000MW 二次再热机组的主要参数

额定功率	1000MW
最大连续功率	1038MW
额定主蒸汽压力	31MPa
额定主蒸汽温度	600℃
高压缸排汽口压力（TMCR 工况）	11.603MPa
高压缸排汽口温度（TMCR 工况）	433.3℃
一次再热蒸汽进口压力（TMCR 工况）	10.9MPa
一次再热蒸汽进口温度（TMCR 工况）	610℃
二次再热蒸汽进口压力（TMCR 工况）	3.352MPa
二次再热蒸汽进口温度（TMCR 工况）	610 ℃
主蒸汽进汽量（TMCR 工况）	2615t/h
一次再热蒸汽进汽量（TMCR 工况）	2458t/h
二次再热蒸汽进汽量（TMCR 工况）	2109t/h

续表

额定排汽压力（TMCR 工况）	4.85kPa（平均背压）
省煤器进口给水温度	314℃
机组保证热耗（TMCR 工况）	7070kJ/kWh
锅炉保证热效率（BRL 工况）	94.65%

根据性能试验结果考虑轴封泄漏、低压旁路泄漏、基于焓降试验的老化影响后，额定负荷工况下，泰州二期 3 号机组的发电效率达到了 47.886%，发电煤耗达到了 256.86g/kWh，供电煤耗达到了 266.53g/kWh，均为当时世界火电机组的最先进水平。

第三节　国外典型二次再热机组

一、丹麦 Nordjylland 电厂 3 号机组

丹麦 Nordjylland 电厂 3 号机组位于丹麦埃尔堡市（Aalborg），属于丹麦大瀑布（Vattenfall）能源公司。该电厂于 1992 年开始建设，1998 年竣工，除了提供电力外，还为当地供热。汽轮机侧的主蒸汽压力为 28.5MPa，主蒸汽温度、一次再热温度、二次再热温度均为 580℃。机组额定出力为纯凝工况 411MW、供热工况 340MW（电）+420MW（热）。锅炉生产商为丹麦本国的 Burmeister & Wain Energy A/S（BWE）公司，以及 Industries A/S 公司和 Vφlund Energy Systems A/S 公司。锅炉的主要燃料为进口烟煤，煤种较广泛，设计煤种耗量为 117t/h，锅炉点火及稳燃为重油，耗量为 68t/h。汽轮机生产商为 GEC ALSTOM 公司（现部分属于美国通用电气公司），其中高压缸、中压缸生产商为其英国子公司，低压缸为其法国子公司生产。发电机生产商为法国 ALSTOM 公司。

1. 机组热效率

（1）发电效率（不供热时）为 47%。

（2）供电效率（不供热时）为 44.4%。

（3）热电联产效率为 90%。

2. 锅炉

该机组的锅炉为超超临界直流本森型锅炉，螺旋水冷壁，二次再热。锅炉炉膛尺寸为 12.25m×12.25m，锅炉高度为 70m。锅炉配备 16 台 BWE 4 型燃烧器，每个燃烧器的热负荷为 70MW。锅炉主要参数见表 1-10。

表 1-10　　　　　　　丹麦 Nordjylland 电厂 3 号机组锅炉主要参数

名　　称	单位	数　　值
过热蒸汽出口流量	t/h	954（BRL）/972（BMCR）
过热蒸汽出口压力	MPa	29

名 称	单位	数 值
过热蒸汽出口温度	℃	582
一次再热蒸汽出口压力	MPa	8
一次再热蒸汽出口温度	℃	582
二次再热蒸汽出口压力	MPa	2.3
二次再热蒸汽出口温度	℃	582
锅炉效率	%	95.2

　　锅炉采用烟气再循环来调整再热蒸汽温度。烟气从上二次风（OFA）的位置引入返回炉膛以控制炉膛出口的烟气温度。当一级再热和二级再热出口的蒸汽温度偏差不同时，还可通过再热器喷水减温来控制温度过高的再热器温。

　　锅炉炉膛出口设置"屏式预过热器"。屏式预过热器在蒸汽流程上处于汽水分离器出口。预过热器的作用是降低炉膛出口热辐射不均匀造成的蒸汽温度和烟气温度的不均匀，这种布置与上海锅炉厂设计的塔式锅炉的部分一级过热器类似，这样可减轻末级过热器的高温腐蚀。这台锅炉的材料选择与我国目前的超超临界锅炉相差不大，只是末级过热器和再热器的联箱采用 P91 材料，因为 P91 材料的最高运行温度为 593℃。虽然不推荐 P91 在极限温度下使用，但是当时 P92 材料还未开发成功，因此 P91 是当时的最佳选择。锅炉主要布置示意图见图 1-1。

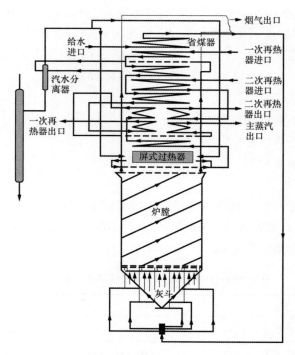

图 1-1　Nordjylland 电厂 3 号机组锅炉布置示意图

3. 汽轮机

汽轮机为五缸四排汽型式，分别为超高压缸（VHP）、高压缸（HP）/中压 0 缸（IP0）合缸，中压 1 缸（IP1）/中压 2 缸（IP2）合缸和 2 个低压缸（LP）四排汽口。汽轮机主要参数见表 1-11。汽轮机采用 10 级回热，低压加热器疏水设疏水泵。汽轮机采用了 100%高压旁路（VHP Bypass）、100%中压旁路（HP Bypass）和 100%低压旁路（LP Bypass）。

该机组采用二次再热汽轮机的主要原因是其所处地理位置纬度高，年平均海水温度低，冬季可达-1℃，采用二次再热可减少汽轮机低压缸末级叶片的排汽湿度，避免末级叶片因排汽湿度大而水蚀。根据该电厂可行性研究阶段的分析，采用二次再热可提高机组效率约 1.5 个百分点。虽然锅炉、汽轮机和部分辅机（如汽轮机旁路）设备的价格较一次再热机组有所上升，但按照当时该厂的燃料价格和主辅机价格水平，采用二次再热机组约 15 年可收回投资。

表 1-11　　　　　　丹麦 Nordjylland 电厂 3 号机组汽轮机主要参数

名　称	单　位	数　值
机组额定出力	MW	340（供热）/411（纯凝）
机组供热量	MJ/s	420
主蒸汽温度	℃	580
主蒸汽力	MPa	28.5
一次再热蒸汽温度	℃	580
一次再热蒸汽压力	MPa	7.4
二次再热蒸汽温度	℃	580
二次再热蒸汽压力	MPa	1.9

4. 发电机主要参数

（1）制造商：ALSTOM 公司（法国）。

（2）额定功率：440MW。

（3）额定电压：21kV。

（4）额定功率因数：0.84。

（5）额定净输出：411MW（纯凝工况）。

（6）发电机氢压：0.45MPa。

（7）冷却方式：发电机定子为水冷；转子为氢冷/水冷；励磁设备为空冷/水冷。

（8）水冷却器参数：进水温度为 30℃。

（9）出水温度为 45℃。

5. 环保设备

值得一提的是，该机组虽然建设于 1993～1998 年，但是在烟气净化装置的配置上相当"超前"，配备了除尘、脱硫、脱硝装置。电气除尘器的除尘效率高达 99.9%，除尘器出口烟尘含量低于 50mg/m³（标准工况），脱硫设备的脱硫率高达 99%。在脱硫系统还原剂的选择上，该厂因地制宜采用了 3 种还原剂，包括：①该厂附近水泥厂的副产品——白垩（一种松软的方解石粉块，含 $CaCO_3$）；②石灰石；③半干法脱硫工艺的副产品，主要成分是亚硫酸钙。该厂设置了一个 $2000m^3$ 的白垩溶液储罐、一个 $500m^3$ 的石灰石储仓和一个 $2000m^3$ 的半干法脱硫副产品储仓。该厂脱硫副产品石膏用于附近水泥厂。

该电厂主要环保设备的技术参数如下：

1）电气除尘器供货商：FLS Industries A/S。

2）电除尘器台数、型式：2 台 4 电场。

3）电除尘器收尘面积：$34560m^2$。

4）电除尘器出口含尘量：$50mg/m^3$（标准状况）。

5）电除尘器烟气处理量：$1300000m^3/h$（标准状况）。

6）电除尘器除尘效率：99.9%。

7）脱硫系统供货商：FLS Industries A/S。

8）脱硫工艺：石灰石-石膏湿法脱硫。

9）脱硫系统烟气处理量：$1300000m^3/h$（标准状况）。

10）原烟气含硫量（$6\%O_2$）：$4855mg/m^3$（标准状况）。

11）脱硫效率：99%。

12）石灰石耗量：10.3 t/h。

13）石膏产量（10%含水率）：17.4 t/h。

14）脱硝系统供货商：BWE、Deutsche Babcock Anlagen GmbH。

15）脱硝系统型式：SCR，高含尘布置。

16）催化剂供货商：KWH GmbH。

17）脱硝系统烟气处理量：$1300000m^3/h$（标准状况）。

18）原烟气 NO_x 含量（$3\%O_2$）：$605mg/m^3$（标准状况）。

19）脱硝效率：80%。

6. 主厂房布置特点

由于只建设了一台机组，所以该电厂的主厂房布置充分考虑了单机模式的特点，主厂房的三维布置图见图 1-2。主厂房主要布置特点如下：

1）采用侧煤仓布置，但是煤仓间长度不超过锅炉的深度。

2）除氧间（布置除氧器、高低压加热器）位于 A 排。

3）除氧器布置在运转层。

4）电动给水泵组布置在 0m 层 A 排。

5）集控楼布置在炉侧，由于是单台机组，所以锅炉房尽量靠近布置在汽机房的固定端侧，在汽机房的扩建端侧留出位置布置集控楼，集控楼不延伸到汽机房外。

6）主变压器不布置在 A 排外，而是布置在汽机房扩建端。

7）脱硫系统设置脱硫烟气旁路。

8）脱硫系统布置非常紧凑，石灰石制浆系统、烟气 SO_2 吸收系统和石膏脱水系统均布置在一起，脱硫塔布置在烟囱旁边，脱硫系统其他设备布置在电气除尘器侧面，烟囱前面。

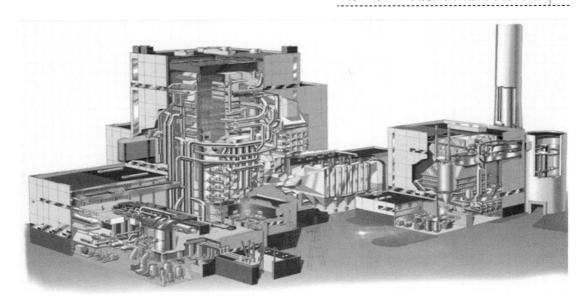

图 1-2　丹麦 Nordjylland 电厂 3 号机组主厂房三维图

二、德国 GKM 电厂

德国 GKM 电厂（GrossKraftwerk Mannheim Aktiengesellschaft）位于曼海姆（Mannheimm）市附近。该电厂除了向当地电网供电外，还向附近区域供热和向铁路供电（供电频率不同）。该厂创建于 1921 年，目前有 6 台锅炉，20 台汽轮发电机组运行。

7 号机组于 1982 年投入运行，是该厂唯一一台二次再热机组。机组额定容量为 475MW，额定主蒸汽压力为 25.5MPa，主蒸汽温度为 530℃，一次和二次再热蒸汽温度分别为 540℃和 530℃。该机组锅炉制造商为原德国 EVT 公司；该机组汽轮机制造商为原瑞士 BBC 公司。目前，锅炉和汽轮机制造商均为美国 GE 公司的下属公司。该电厂的锅炉设计较有特色，详述如下。

1. 锅炉主要参数

锅炉为超临界参数螺旋管圈水冷壁直流炉，单炉膛、二次中间再热、采用四角切圆燃烧方式、平衡通风、固态排渣、塔式燃煤锅炉。机组容量为 475MW。锅炉主要参数见表 1-12。

表 1-12　　　　　　　　　　德国 GKM 电厂 7 号机组锅炉主要参数

名　称	单位	数　值
过热蒸汽出口流量	t/h	1370
过热蒸汽出口压力	MPa	27.5
过热蒸汽出口温度	℃	530
一次再热蒸汽出口流量	t/h	1200
一次再热蒸汽出口压力	MPa	8.7
一次再热蒸汽出口温度	℃	540
二次再热蒸汽出口流量	t/h	940

续表

名 称	单位	数 值
二次再热蒸汽出口压力	MPa	1.8
二次再热蒸汽出口温度	℃	540
省煤器进口给水温度	℃	310
空气预热器排烟温度	℃	130

2. 锅炉燃料

锅炉设计时的煤种为德国的 Ruhr 煤以及 Saar 煤，均为烟煤。目前燃烧的煤种均为进口煤，主要来自哥伦比亚、俄罗斯，有时部分进口美国及南非煤，煤种仍为烟煤。

燃烧煤种特征指标的范围如下：

（1）低位发热量：22～27MJ/kg。

（2）水分：10%～18%。

（3）灰分：5%～15%。

（4）挥发分：20%～40%。

在锅炉设计时，除考虑设计煤种为德国烟煤外，同时考虑燃用重油。重油的设计出力能满足锅炉100%满负荷工况。

目前，电厂主要为燃煤运行，仅在点火启动及磨煤机故障时，投入重油进行助燃。

3. 锅炉汽水系统

锅炉过热系统设置三级过热器，分别称为 HHD1+2、HHD4、HHD6。过热蒸汽系统采用喷水调温方式，设置四级喷水减温，分别设置在 HHD1+2 进口、HHD1+2 中间段、HHD4 进口及 HHD6 进口。

一次再热系统设置两级再热器，分别称为 HD1、HD3。一次再热系统的调温方式为汽-汽换热，即采用过热蒸汽加热一次再热蒸汽的方式对一次再热蒸汽系统进行温度调节，这种汽温调节方式称为汽-汽热交换（biflux heat exchange）。汽-汽换热器以过热器 HHD4 的出口蒸汽（在汽-汽换热器中主蒸汽的换热面称为 HHD5）与第一级再热器 HD1 出口的再热蒸汽（在汽-汽换热器中一次再热蒸汽的换热面称为 HD2-WT）进行热量交换。换热完成后，过热蒸汽返回过热器 HHD6 入口，一次再热蒸汽返回第一级再热器 HD3 入口。同时在事故工况下采用喷水调温方式，设置一级喷水减温，在 HD3 进口。

二次再热系统设置两级再热器，分别称为 MD1 和 MD3。二次再热系统的调温方式同样为汽-汽换热，即采用过热蒸汽加热二次再热蒸汽来对二次再热蒸汽系统进行温度调节。汽-汽换热的位置为过热器 HHD1 和 HHD2 的出口过热蒸汽（在汽-汽换热器中主蒸汽的换热面称为 HHD3）与第二级再热器 MD1 出口的再热蒸汽（在汽-汽换热器中二次再热蒸汽的换热面称为 MD2-WT）进行热量交换。换热完成后，过热蒸汽返回过热器 HHD4 入口，二次再热蒸汽返回第二级再热器 MD3 入口。同时在事故工况下采用喷水调温方式，设置一级喷水减温，在 MD3 进口。

锅炉水冷壁采用螺旋管圈+垂直管圈方案，水冷壁出口设置 8 个汽水分离器、2 个集水箱。锅炉启动系统设置炉水循环泵，以加快锅炉启动速度，同时回收工质及热量。

锅炉水冷壁及过热蒸汽系统见图1-3。

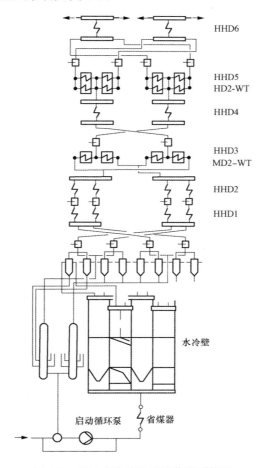

图1-3　锅炉水冷壁及过热蒸汽系统图

锅炉一次再热蒸汽系统见图1-4。

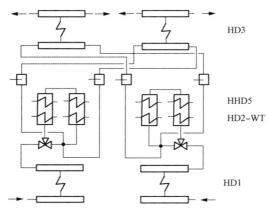

图1-4　锅炉一次再热蒸汽系统图

锅炉二次再热蒸汽系统见图1-5。

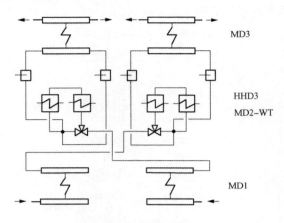

图1-5　锅炉二次再热蒸汽系统图

汽-汽换热器的工作原理是通过再热器出口设置的调节阀控制进入汽-汽换热器的再热蒸汽流量的比例，使再热蒸汽部分或全部与全流量通过汽-汽换热器的过热蒸汽进行换热，过热蒸汽作为热源的提供者，再热蒸汽则作为热源的吸收者。汽-汽换热器的调温作用仅用于再热蒸汽偏低的情况，通过合理的设计（关键是汽-汽换热器的设计）来达到低负荷再热蒸汽温度调节的目的。对于再热蒸汽温度偏高的情况，采用的汽温调节方案为喷水减温调节方案。汽-汽换热器的详细说明见第三章第四节。

4. 锅炉受热面布置

顺烟气流程受热面依次布置HHD1+2、HD3、HHD6、HHD4、MD3、HD1、MD1及省煤器。

受电厂周围条件的制约，需要限制锅炉的高度。因此该锅炉不同于常规塔式锅炉将省煤器布置在锅炉顶端的方案，而是将省煤器布置在第二烟道中、空气预热器上方位置。这样有效降低了锅炉高度，锅炉大板梁顶高度为103m。

锅炉受热面布置见图1-6。

5. 燃烧、烟气系统

锅炉采用四角切圆燃烧方式，设置四层燃烧器组，共16只燃烧器。每个燃烧器组包括两只煤粉喷嘴，同时在煤粉喷嘴的顶部及底部设置二次风喷口。在最顶层燃烧器的顶部设置燃尽风，降低锅炉的NO_x排放。

每台锅炉设置4台中速磨煤机，型号为SM23/14。SM型磨煤机是德国EVT公司在美国CE公司RP型磨煤机的基础上开发的。每台磨煤机出口引出4根煤粉管道，分别对应锅炉的四角。在燃烧器入口处设置煤粉分配器，将煤粉管道一分为二，分别接入两个煤粉喷嘴。锅炉设置4个原煤仓及4台皮带式给煤机，分别对应1台磨煤机。

锅炉设置两个空气预热器，加热一次风及二次风。采用单辅机配置方案，每台锅炉设置单台一次风机、送风机及引风机。

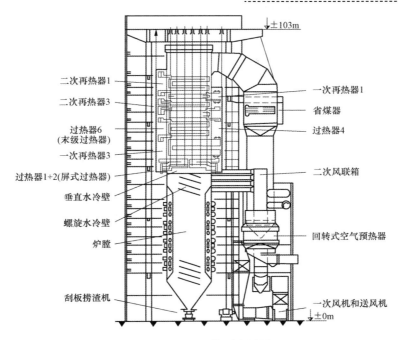

图 1-6　锅炉受热面布置图

烟气系统设置有静电除尘器、烟气脱硝装置及烟气脱硫装置。

烟气脱硝采用 SCR 工艺，布置在空气预热器入口的高含尘区域。

烟气脱硫采用石灰石-石膏湿法脱硫工艺，不设置 GGH，脱硫效率为 96%。

三、丹麦 Skærbæk 电厂 3 号机组

丹麦 Skærbæk 电厂 3 号机组位于丹麦腓特烈西亚港（Fredericia）附近，属于丹麦东能（Dong energy）电力公司。该电厂于 1992 年开始建设，1997 年竣工，除了提供电力外，还为当地供热。Skæbæk 电厂的 3 号机组容量为 460MW，采用了二次再热技术。锅炉的制造商为丹麦国内企业 Burmeister&Wain Energy A/S（BWE）、Aalborg 公司、Industries A/S 公司和 Vølund Energy Systems A/S 公司；汽轮机为法国 ALSTOM 公司制造。

机组额定容量为 460MW$_e$（纯凝）和 414MW$_h$（带供热），主蒸汽额定压力为 28.5MPa，额定温度为 580℃，一次再热和二次再热的额定温度均为 580℃。机组循环效率为 48.2%（含天然气膨胀机发电机 5MW 功率，扣除后约为 47.68%）。

机组主要参数见表 1-13。

表 1-13　　　　　　　　　　　丹麦 Skærbæk 电厂 3 号机组主要参数

名　　称	单位	数　　值
主蒸汽流量	t/h	954
主蒸汽压力	MPa	28.5
主蒸汽温度	℃	580

名　　　称	单位	数　　值
一次再热蒸汽流量	t/h	828
一次再热蒸汽压力	MPa	7.4
一次再热蒸汽温度	℃	580
二次再热蒸汽流量	t/h	756
二次再热蒸汽压力	MPa	1.9
二次再热蒸汽温度	℃	580
空气预热器排烟温度	℃	120
锅炉效率	%	95.7

1. 锅炉及烟风系统

锅炉为超临界参数直流炉，单炉膛、二次中间再热、采用四角切圆燃烧方式、平衡通风、塔式锅炉，锅炉效率高达 95.7%（LHV）。锅炉的过热蒸汽系统采用喷水减温方式。再热系统采用烟气再循环+喷水调温的方式。烟气再循环的方案为：设置烟气再循环风机，抽取引风机入口的部分烟气，与送风机出空的空气混合，经空气预热器加热后，进入锅炉的燃烧器。同时烟气再循环风机出口再引出一路烟气，经空气预热器加热后，送入锅炉的燃尽风。采用烟气再循环的主要目的是降低锅炉的 NO_x 排放，同时兼顾对再热蒸汽系统进行调温。在采用烟气再循环进行调温的情况下，进一步配合喷水减温的调温方案。

锅炉燃料为天然气，采用四角切圆燃烧方式，设置四层燃烧器组，共 16 只燃烧器。

烟风系统采用单辅机配置方案，每台锅炉设置单台空气预热器、单台烟气再循环风机、送风机及引风机。

由于燃烧天然气，烟气中的污染物指标较好，所以不设置除尘、脱硝及脱硫设施。

2. 汽轮机及热力系统

该机组的汽轮机为单轴，五缸四排汽，抽汽凝汽式汽轮机。汽轮机采用深海水冷却，设计排汽背压为 2.35kPa。汽轮机外形见图 1-7。汽轮机各汽缸布置方式为 VHP 缸+HP 与 IP0 合缸+IP 非对称双流（IP1+IP2）+LP2+LP1。汽轮机总长为 36.265m，采用双支撑轴承支撑方式，弹簧基座。

汽轮机超高压缸（VHP）为单流，14 级叶片，进汽参数为 28.5MPa、580℃，排汽参数为 7.8MPa、370℃。高压缸（HP）和中压 0 缸（IP0）为合缸，分别为单流 9 级和 6 级，经过锅炉一级再热器加热后的蒸汽以 7.4MPa、580℃的参数进入高压缸。高压缸的排汽参数为 2.1MPa、370℃，经过锅炉第二级再热器后以 1.9MPa、580℃的参数进入中压 0 缸，中压 0 缸的排汽参数为 0.7MPa、430℃。机组由于需要对外供热，因此其中压缸设计比较巧妙。中压缸为双流，其中 IP1 和 IP2 设计成不同级数的非对称中压缸，因此利用不同的排汽背压加热 2 个管壳式换热器用于加热供热热水，同时通过调整 IP1/IP2 排汽和 LP1/LP2 进汽的蝶阀用于调节供热能力。因此 IP1 和 IP2 的排汽参数是不同的，IP1 的排汽参数为 0.24MPa、283℃，IP2 的排汽参数为 0.096MPa、181℃。其汽轮机各段蒸汽参数见图 1-8。

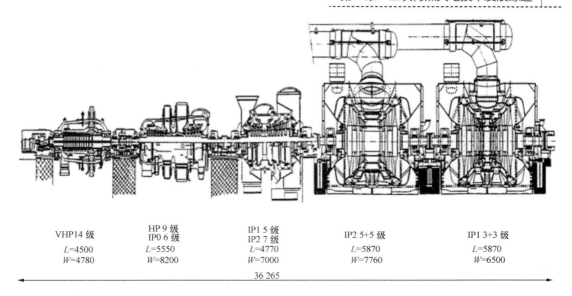

图 1-7　Skærbæk 电厂 3 号机组汽轮机组外形图

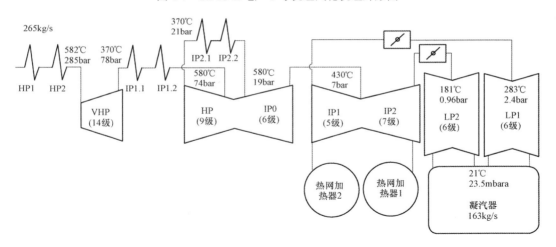

图 1-8　Skærbæk 电厂 3 号机组汽轮机热力示意图

注：1bar=10^5Pa。

　　汽轮机回热系统共分为 10 级（2 高+3 中+4 低+1 除氧）+1 级外置式蒸汽冷却器，回热系统如图 1-9 所示。图中 9、10 为高压加热器，单列 100%容量，2×50%容量电动给水泵。8 为除氧器，5～7 为表面式中压给水加热器，4 为低压混合加热器，1～3 为表面式低压给水加热器。

　　汽轮机旁路的配置采用 100%高压旁路+100%中压旁路+100%低压旁路的配置方式。其中高、中压旁路分别为单阀，布置在锅炉房；低压旁路阀有 2 个，分别接入 2 只凝汽器中。高压旁路和中压旁路带有安全阀功能，因此锅炉过热器及一次再热器均不设安全阀，二次再热器设 100%容量安全阀。在超高压和高压排汽配置有通风阀。

　　汽轮机启动时，与 ALSTOM 公司一次再热汽轮机类似，采用中压缸启动，由中压调门

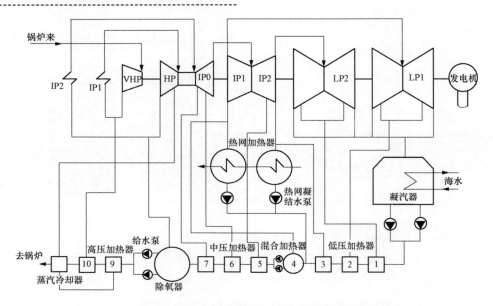

图 1-9　Skærbæk 电厂 3 号机组汽轮机原则性热力系统图

打开进汽冲转汽轮机并升速到 3000r/min，并网后带负荷。超高压缸和高压缸维持关闭状态，排汽通风阀打开抽真空以防末级叶片送风过热。带一定负荷后开启高压调门，然后再开启超高压调门。启动时采用定－滑运行方式，启动阶段由旁路控制主蒸汽和再热蒸汽的压力和温度，待旁路全关后进入滑压运行，通过提高蒸汽参数增加负荷直至额定负荷。

第二章

机 组 初 参 数

第一节　二次再热机组热力循环原理

为了提高大容量机组的经济性，通常采用中间再热的方法来降低热耗。再热可以提高热力循环的效率，理论上再热级数多则热力循环效率高。典型一次再热与二次再热热力循环温-熵（*T-S*）图如图2-1所示。一次再热机组热力循环系统中，蒸汽在高压缸做功后进入锅炉进行一次再加热；而二次再热机组热力循环系统中，蒸汽在汽轮机超高压缸和高压缸中做功后，温度分别在锅炉的第一次再热器和第二次再热器中再次加热。相比一次再热系统，二次再热系统锅炉增加了一级再热系统，汽轮机则增加了一级循环做功。由两种系统的热力循环 *T-S* 图可见，整个热力循环可以等效为原朗肯循环叠加两个附加循环，等同于提高了朗肯循环的热端平均温度。由图可知，二次再热系统比一次再热系统多叠加一个高参数的附加循环，其循环效率将比一次再热系统高。

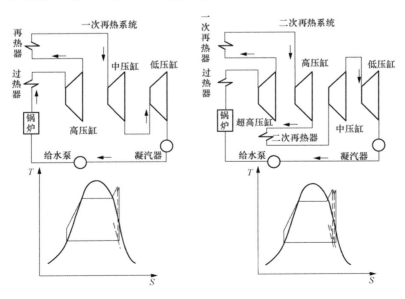

图 2-1　典型一次再热与二次再热热力系统及其循环 *T-S* 图

与一次再热机组锅炉相比，二次再热锅炉增加了一个再热器，分别称为第一次再

热器和第二次再热器，有时也称为高压再热器和低压再热器。与一次再热的锅炉相仿，再热器内部可分为几个部分，如低温再热器和高温再热器。二次再热汽轮机各汽缸分别称为超高压缸（VHP）、高压缸（HP）、中压缸（IP）和低压缸（LP），也有称为高压缸（HP）、第一中压缸（IP1）、第二中压缸（IP2）和低压缸（LP）。二次再热机组的再热系统也比一次再热机组增加了一个来回，分别称为一次再热蒸汽系统和二次再热蒸汽系统，每一个再热蒸汽系统都包含冷段和热段。二次再热机组的热力系统示意图见图 2-2。

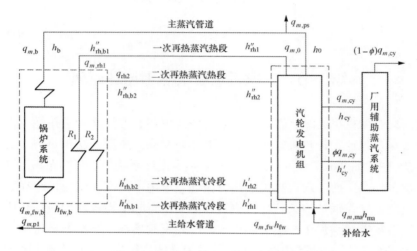

图 2-2　二次再热机组热力系统示意图

虽然采用二次再热循环比一次再热能得到更高的机组热效率，但同时必须评估由于锅炉受热面、蒸汽管道的增加，以及汽轮机汽缸的增加等设备复杂性提高而引起的造价增加。单一地采用二次再热主机设备，机组效率提高不多。如果燃料价格较低或机组平均负荷率低，热效率提高获得的收益难以抵冲增加的造价。因此，出于性价比的原因，近 20 年来，发达国家除日本 1989 年建造了 2 台 31MPa/566℃/566℃参数的机组，以及 1998 年丹麦建造了 4 台 28.50MPa/580℃/580℃机组外，国际上并无其他二次再热机组的应用业绩。日本在福岛地震后新建的一批燃煤机组也均采用了一次再热技术。丹麦 Nordjylland 电厂是为了解决循环水温度过低、防止汽轮机低压缸排汽湿度过大而采用了二次再热的热力系统。但技术经济问题具有动态性，对二次再热技术的看法会随着燃料价格和设备价格的变化及对环境保护方面压力的增加而变化。随着世界上对清洁燃煤发电的要求越来越高，目前中国、德国、日本和丹麦都在研发具有竞争力的下一代超超临界二次再热机组。

根据理论分析，机组初参数的提高和再热次数的增加都能提高机组的热效率，具体表现在汽轮机热耗的降低。理论的相关参数变化导致汽轮机热耗的变化量见图 2-3。因此，随着我国火电机组的参数逐步提高，目前投运机组的最高参数达到主蒸汽压力 28～31 MPa、温度 600℃，再热汽温 620℃，泰州二期工程的主机热力循环温熵图见图 2-4。目前采用二次再热的超超临界汽轮机热耗比超超临界一次再热汽轮机的热耗降低 3%，约为 180～200

kJ/kWh。其中扣除二次再热机组相比一次再热机组再热汽温高、回热级数多的因素，在同等条件下比较二次再热31MPa/600℃/620℃/620℃机组和一次再热28MPa/600℃/620℃机组，汽轮机热耗仍可降低约 100 kJ/kWh。

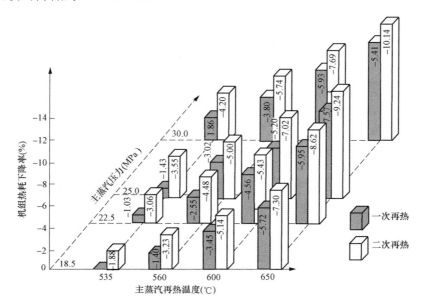

图 2-3　热耗率与再热的关系

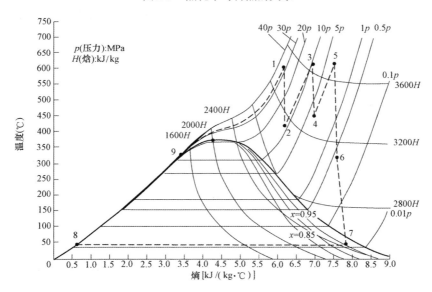

图 2-4　泰州二期工程 2×1000MW 超超临界二次再热机组参数温熵图

1—汽轮机超高压缸进口；2—汽轮机超高压缸排汽；3—汽轮机高压缸进口；4—汽轮机高压缸排汽；

5—汽轮机中压缸进口；6—汽轮机中压缸排汽；7—汽轮机低压缸排汽；

8—锅炉省煤器进口；9—锅炉中间点（汽水分离器出口）

第二节　主蒸汽和再热蒸汽压力的选择

汽轮机的进汽参数与机组的经济性、安全可靠性和制造成本有关。一般而言，进汽参数越高，电厂的热经济性越高，相应的制造成本也越大。同时进汽参数还与机组容量及再热方式相关，随着容量的增加，参数随之增高，这样的配置可充分提高机组的经济性，能对汽轮机结构设计尤其是通流部分的设计带来较大的益处。

一、主蒸汽压力的选择

我国目前 300MW 容量以上的火电机组，汽轮机的主蒸汽压力按参数等级大致定型为：亚临界 16.7MPa（a），超临界 24.2MPa（a），超超临界 25～27MPa（a）。提高主蒸汽压力可以提高整个机组的循环效率。我国和日本目前运行的超超临界运行二次再热机组的高压缸进汽压力达到 31MPa。

从温熵图的分析可以得知，主蒸汽压力的提高有利于机组效率的提高。但是主蒸汽压力的提高对高压缸通流效率也有负面影响，主要是初压提高导致蒸汽比体积减小，将使汽轮机超高压通流部分叶片高度减小，甚至机组部分负荷下需要采用部分进汽，导致叶片的二次流损失和轴封漏汽损失都增大，会抵消一部分提高压力参数所带来的好处。当压力低于 27MPa 时，机组热效率随压力的提高上升很快，高于 30MPa 时效率上升斜率则开始变小。一般可简单归纳为主蒸汽压力在小于或等于 27MPa 范围内，每 1MPa 约影响热耗 0.25%～0.2%；在更高压力时，每 1MPa 则影响热耗 0.1%左右。压力提高对单流高压缸效率的负面影响较小。某 1000MW 二次再热汽轮机的主蒸汽压力变化对热耗率的影响见表 2-1。

表 2-1　　　　　　　　　主蒸汽压力变化对热耗率的影响

主蒸汽压力变化	热耗率相对提高（%）	对热耗率的影响（%/MPa）
25～28	0.547	0.182
28～31	0.377	0.126
31～35	0.298	0.075

虽然提高主蒸汽压力对于机组的热效率有着正面影响，但是一次再热机组和二次再热机组对主蒸汽压力的选取原则有较大的差异。

对于一次再热机组，主蒸汽压力的提高受到汽轮机本体的限制。为保持最佳的循环效率，再热蒸汽压力（即高压缸排汽压力）与主蒸汽压力有最佳比值，较高的主蒸汽压力意味着较高的再热蒸汽压力。然而，受低压缸进汽温度的限制，中压缸排汽压力不能相应提高，因此提高主蒸汽压力的同时也增加了中压缸的进排汽压比，较大的焓降使中压缸的设计难度增加。因此，主蒸汽压力的提高受中压缸压比的限制。更重要的是，主蒸汽压力还受到再热蒸汽温度的限制，相同的再热温度条件下，提高主蒸汽和再热蒸汽的压力，将使低压缸的排汽湿度增大。通常情况下低压缸排汽湿度不应超过 12%，否则低压缸末级叶片有可能受到水蚀。因此，对于目前再热温度为 600～620℃ 的一次再热机组，采用标准背压（指湿冷机组的 4.9kPa）时主蒸汽额定压力宜不超过 28MPa（a）；对于直接空冷机组，由于背压的提高，低压缸排汽湿度降低，主蒸汽压力可适当提高，但也宜不高于 30MPa（a）。

对于二次再热机组，一次再热压力约为主蒸汽压力的 30%，二次再热压力约为一次再热压力的 30%。可见，中压缸进口的蒸汽压力大大降低，而蒸汽温度与一次再热机组基本相同，因此其低压缸的排汽湿度通常在 5% 左右。过低的排汽湿度使得低压缸次末级叶片处在过热蒸汽工作区，叶片工作环境较差。因此需要提高主蒸汽压力来使得二次再热压力得以连带提高。因为提高主蒸汽压力，使得二次再热机组蒸汽的过程线在焓-熵图（见图 2-4）中向左移动，改善次末级叶片处的工作环境。当然也可采用提高第二级再热蒸汽温度的方法来提高低压缸排汽湿度，但是受材料限制，目前再热蒸汽温度不适于超过 620℃，进一步上升的空间非常小。

另一方面，与一次再热机组相比，二次再热机组各缸的进排汽压比反而有所降低，为提高主蒸汽压力带来有利因素。虽然提高主蒸汽压力会给汽轮机的超压缸设计，如阀门、内外缸的强度，中分面密封等带来一定的难度，但是对应一个较小直径、较小焓降的超高压缸，相对化解了超高压部件强度和安全可靠性的设计风险。

与此同时，主蒸汽压力的升高虽然提高了汽轮机的效率，但压力的提高增加了锅炉压力部件、主蒸汽管道、给水管道、汽轮机高压缸的设计压力，造成主蒸汽通流部件的壁厚增加，使材料成本上升，尤其是耐高温热强钢的成本上升。管道及联箱壁厚增加还会导致机组启动、停机灵活性下降。另外，主蒸汽压力的提高对于机组厚壁部件的设计要考虑设计规范的适应性。例如对额定容量为 1350MW 的二次再热机组，在主蒸汽额定温度取 600℃、采用 P92 钢的条件下，当主蒸汽额定压力达到 30MPa 时下，主蒸汽管道壁厚为 103mm，其外径和内径比（D_0/D_i）约为 1.60；当主蒸汽额定压力达到 35MPa 时，主蒸汽管道壁厚为 111mm，其外径和内径比约为 1.72。35MPa 主蒸汽压力下主蒸汽管道的 D_0/D_i 值超出了 DL/T 5054—1996《火力发电厂汽水管道设计技术规定》关于管道壁厚计算公式的适用条件（D_0/D_i 不高于 1.7），需要超越现有标准对主蒸汽管道的壁厚进行校核计算。同样，需考虑锅炉厚壁联箱的加工能力。

因此，对于二次再热汽轮机而言，从经济性、汽轮机容量匹配及可靠性的角度考虑，二次再热应尽可能采取高的主蒸汽压力。对于主蒸汽温度为 600℃，再热蒸汽温度在 600～620℃ 范围的二次再热汽轮机，主蒸汽额定参数宜为 31～35MPa。

二、一次再热蒸汽压力的选择

一次再热压力的选择通常考虑对机组热耗率的影响和对给水温度的影响。在一定范围内，随着一次再热压力升高，机组热耗率会降低，但两者并不呈正相关的关系。图 2-5 所示为某机型的一次再热压力与热耗率的关系曲线。由图可知，随着再热蒸汽压力的升高，汽轮机热耗率的下降幅度趋缓，并且一次再热的压力对应于汽轮机热耗存在着拐点。

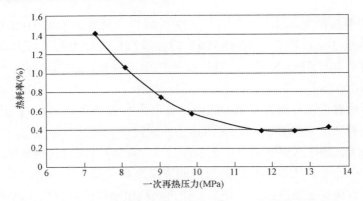

图 2-5　某型号汽轮机一次再热压力与热耗率的关系

　　一次再热压力的选择还应考虑给水温度。对于超超临界二次再热机组，由于主蒸汽压力很高，汽轮机超高压缸上通常不开抽汽孔，所以利用超高压缸的排汽作为 1 号高压加热器的抽汽汽源。因此，一次再热压力对应的饱和水温度是确定给水温度的决定因素，给水温度与超高压缸的排汽压力关系密切。某型号二次再热汽轮机 1 号高压加热器的抽汽（即超高压缸排汽）压力与给水温度的关系见图 2-6。当抽汽压力（约等于一次再热压力）为 11.7MPa 时，对应的给水温度为 330℃。对于超超临界参数的锅炉，受水冷壁材料的限制，给水温度远低于理论汽轮机最佳给水温度。对于目前超超临界锅炉常用的水冷壁材料，如 T23、T24、12Cr1MoVG，给水温度的上限约为 330℃。

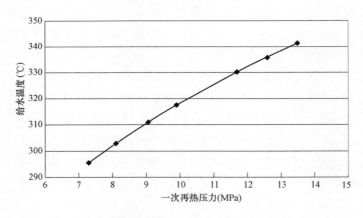

图 2-6　某型号汽轮机一次再热压力与给水温度的关系

　　可见，第一次再热压力取得过低，将导致给水温度下降造成的热力循环效率下降。综合考虑机组热耗率、给水温度、汽轮机和锅炉设计的影响，根据汽轮机的设计特点，建议一次再热压力最佳取值范围宜为主蒸汽压力的 25%～31%。

三、二次再热压力的选择

　　二次再热压力选取应考虑机组循环效率、排汽湿度、中压缸排汽温度对于汽轮机低压缸影响，通常较高的二次再热压力是有利的，原因如下。

（1）相同的中压缸排汽压力和中压缸进汽温度条件下，二次再热压力越高，中压缸的排汽温度越低。图 2-7 所示为当二次再热温度为 620℃时，某型号 31MPa/600℃/620℃/620℃的湿冷汽轮机二次再热压力与中压缸排汽温度的关系。二次再热汽轮机的中压缸排汽（低压缸进口）温度大大高于同参数的一次再热汽轮机，为维持低压缸进汽温度不超过低压缸转子碳钢材料能接受的温度范围（约为 400℃），宜选择较高的二次再热压力。当然，也可选择降低中压缸排汽压力的方法来降低中压缸排汽温度，但是中压缸排汽压力下降会导致蒸汽容积流量增大，对联通管道和低压缸设计带来不利的影响。

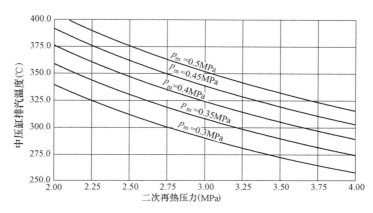

图 2-7 某型号汽轮机二次再热压力与中压缸排汽温度的关系（620℃）

（2）与一次再热机组相比，二次再热中压缸进出口容积流量大幅度增加。相对较高的二次再热压力可获得较小的中压缸进出口蒸汽容积流量，降低中压缸的设计难度。二次再热压力较高使得二次再热管道的口径减少，节约管道量；较高的二次再热压力也有利于锅炉设计，使得锅炉的二次再热器压降降低。

（3）汽轮机末级排汽湿度与二次再热压力和温度有关。对于二次再热汽轮机，排汽湿度大幅度低于一次再热汽轮机。因此，二次再热汽轮机要考虑末级叶片工作状态必须处在一定的湿度范围，以防止蒸汽过热，损坏次末级叶片。二次再热压力越低，排汽湿度越低；二次再热温度越高，排汽湿度越低。图 2-8 所示为当二次再热温度为 620℃时，某型湿

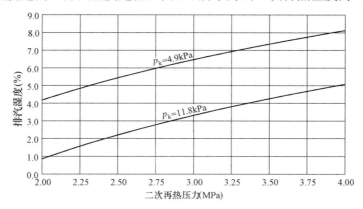

图 2-8 某型号汽轮机二次再热压力与排汽湿度的关系（二次再热汽温为 620℃）

冷汽轮机在标准背压（4.9kPa）和夏季背压（11.8kPa）下不同二次再热压力对应的排汽湿度示意图。若二次再热压力选取较低，会使低压缸排汽湿度较低，在背压变化较大时，机组末端通流情况湿度变化剧烈，可能造成排汽温度上升，对机组安全性造成影响。

（4）二次再热压力对汽轮机热耗率的影响虽然小于一次再热压力，但是其与一次再热压力对汽轮机热耗率影响的趋势相同，随着再热压力的升高，机组热耗率也是先降后升，存在一个拐点。某型号汽轮机31MPa/600℃/620℃/620℃的湿冷汽轮机的二次再热压力与热耗率的关系见图 2-9。图中二次再热压力从 2MPa 开始，随着再热压力的提高，热耗率下降；再热压力升高到 2.5MPa 后，下降趋势减缓；达到拐点 3MPa 后，热耗率随着压力升高而升高。

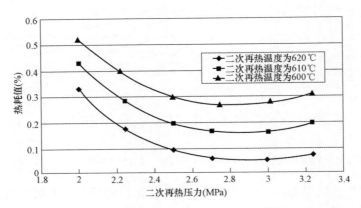

图 2-9　某型号汽轮机二次再热压力与热耗率的关系

综合考虑机组循环效率和中压缸排汽温度、低压缸排汽湿度等因素，对于参数为 31MPa/600℃/620℃/620℃的湿冷汽轮机组，二次再热压力选取建议为 3.0～3.3MPa，考虑中压缸排汽温度，中压缸排汽压力建议取为约 0.45MPa。

第三节　蒸汽温度的选择

进汽温度的变化对于汽轮机热力循环效率的影响一般可简单归纳为：每 10℃主蒸汽温度影响热耗 0.25%～0.30%，每 10℃再热蒸汽温度影响热耗 0.15%～0.20%。因此，与蒸汽压力相比，机组热效率对主蒸汽和再热蒸汽温度的变化更敏感。目前，国内外运行的一次再热机组的最高蒸汽参数为汽轮机侧主蒸汽温度 600℃，再热蒸汽温度 620℃。国内二次再热机组的主蒸汽温度也选择 600℃，再热蒸汽温度有采用 610℃/610℃的，也有采用 620℃/620℃的。无论是一次再热机组还是二次再热机组，国内运行的参数都是世界最高水平。二次再热机组蒸汽温度与一次再热机组差异不大，蒸汽温度的进一步提高都受制于耐热钢材。与汽轮机进汽温度密切相关的主要部件有：汽轮机的转子、内缸和阀门，锅炉的末级联箱，锅炉高温受热面，以及主蒸汽和再热蒸汽热段管道。

一、汽轮机转子、内缸和阀门材料

自 1993 年首台再热温度 593℃、采用先进马氏体转子的机组投运以来，已成功开发了 600℃和 625℃两个温度等级的先进马氏材料用于转子、内缸和阀门。最近 10 多年来，世界上投运的 600℃超超临界汽轮机的最高温部件很多是采用 10%Cr 的马氏体合金材料，如 FB1 和 CB1，分别为锻件和铸件。10%Cr 的马氏体合金在超超临界汽轮机取得了大量成功的运行业绩，采用该材料汽轮机的最高运行参数已达到 610℃。

随着再热汽温提高至 620℃，现有超超临界 600℃汽轮机所用的材料已不能满足强度方面的要求。在高温区域的相关部件，如一次再热汽轮机的中压缸和二次再热机组的高压缸和中压缸的转子、阀门、内缸等材料需要升级为 9%Cr 钢。应用于 625℃等级的 9%Cr 马氏体钢如 FB2 和 CB2 等已开始应用。目前能生产 9%Cr 钢毛坯件的国家有日本、意大利和德国等。对于再热蒸汽温度进一步提高，如在 620～630℃范围内，是否仍然采用 FB2 和 CB2 的问题，根据钢种开发机构的建议，FB2 和 CB2 的最高使用温度可达到 630℃。但是，根据谨慎性原则还需要进行进一步持久性试验，才能得出结论。

奥氏体耐热钢在目前的常规超超临界锅炉中广泛使用。但由于其具有热膨胀系数高、导热系数低、静强度低等先天性缺陷，不适合用于汽轮机转子和内缸。

因此，对于目前的成熟汽轮机材料，再热蒸汽温度不超过 620℃是较为成熟的选择。

二、锅炉末级联箱和主蒸汽、再热蒸汽热段管道材料

适合用于蒸汽温度为 600℃及以上的材料有 P122、P92、P911（E911）三种马氏体型耐热钢。其中 P122 含约 12%的 Cr，P92 和 P911 含约 9%的 Cr 。

P122 钢为住友金属与三菱重工共同开发，该材料的成分特点之一在于其 Cr 含量较高。从抗蒸汽氧化的角度来说，P122 钢比 P92、P911 等更有优势，而且 ASME 标准最初给出的 P122 钢许用应力与 P92 接近，在 600℃状态下大约比 P91 高 30%。因此，日本大部分超超临界机组采用 P122 作为主蒸汽、再热蒸汽管道和联箱材料。但 2004 年日本某电厂出现事故后，对 P122 钢的许用应力大幅度调低，与 P92 相比没有强度优势。P122 较高的 Cr 含量使得其金相组织的控制困难，母材和焊缝中易产生 δ-铁素体，影响材料的冲击韧性和持久强度。因此从 2012 年起，P122 钢的唯一生产商住友金属停止生产 P122 钢。

P92 和 P911 同为 9%Cr 钢，P92 为日本新日铁开发，但目前国内外多个钢管厂可以生产，P911 为欧洲 V&M 钢管公司开发。两种材料主要的成分区别是 W 元素的含量，前者为 1.8%，后者为 1.0%。最初，在欧洲关于 P911 和 P92 孰优孰劣存在较大的争议，但大量试验数据最终证实 P92 的持久强度与 P911 相比有较大的优势。因此在欧洲的新建机组中，P92 应用越来越普遍。

我国的 600℃机组除了最初的玉环电厂采用了部分 P122 作为末级再热器出口联箱材料外，锅炉出口联箱和主蒸汽、再热蒸汽热段管道全部采用 P92 钢。最近的再热温度为 620℃的一次再热和二次再热机组的再热器出口联箱和热再热蒸汽管道也采用了 P92 钢。

P92 材料在 1996 年列入 ASME 标准。由于当时使用的时间不长，原 ASME 标准中 P92

蠕变断裂数据取值较高，材料使用温度为 621℃。根据 P92 材料长期试验的情况，欧洲蠕变委员会（ECCC）2005 年对 T92/P92 蠕变断裂数据进行了重新评估，其材料 10^5h 蠕变持久强度降低，但同时材料允许使用温度调整为 650℃。目前欧洲再热蒸汽温度为 620℃的机组均按照此规定执行。2013 年 9 月 25 日，新版 ASME B31.1《动力管道》中案例 183 规定：P92 大口径管金属温度不得大于 649℃。虽然如此，但是当机组额定蒸汽温度超过 620℃时，考虑汽温的偏差，锅炉联箱的设计温度已经非常接近最高推荐使用温度的上限。随着温度的上升，超过 600℃后，P92 材料的许用应力急剧降低。因此对于蒸汽额定参数超过620℃的机组，锅炉出口联箱和机炉连接管道仍然采用 P92 钢是不合适的。

最高使用温度达到 650℃的马氏体耐热钢是机组蒸汽额定温度跨越 620℃的瓶颈问题之一。日本国立材料研究所（NIMS）较早开始研究新型马氏体耐热钢，开发的代号为 MARBN的耐热钢（9Cr-3W-3CoVNbBN）；日本的新日铁住友金属（新日铁住金）也在该领域开展了研究工作，开发了代号为 SAVE12AD（9Cr-3W-3CoNdVNbBN）的马氏体钢。我国钢铁研究总院和宝钢集团公司在国内率先开展了相关研究工作，开发了代号为 G115 的耐热钢（9Cr-3W-3CoCuVNbBN）。德国瓦卢瑞克公司开发了超级 VM12 钢。其中 SAVE12AD 已经取得 ASME CASE CODE 的认可。这些新型马氏体耐热钢的共同特征是采用 9Cr-3W-3Co 合金，在 600℃以上的持久强度约为 P92 的 1.5 倍，是主蒸汽温度提高到 615℃，再热蒸汽温度提高到 630℃的理想候选钢种。但是这些钢种持久性试验的时间较短，其性能需要进一步论证。

如果蒸汽温度进一步提高到 630℃以上，则目前的马氏体钢（包括已经基本成熟的SAVE12AD 和 G115 钢）则无法胜任锅炉出口联箱材料。美国最早期的超超临界机组，如美国爱迪斯顿电厂，主蒸汽最高压力达到 35MPa，最高温度达到 649℃，在 9%Cr 马氏体钢发明之前，采用了奥氏体不锈钢 316L 作为联箱和机炉连接管道的材料。奥氏体不锈钢的持久强度和抗蒸汽及烟气腐蚀的能力均能满足高达 650℃的蒸汽温度工况。但是，奥氏体不锈钢的导热性能比马氏体钢低得多，膨胀系数数倍于马氏体钢，所以对于厚壁的联箱和管道，金属内外壁温相差较多。尤其在机组启停和负荷变动率较大的工况下，材料热应力大，导致出现裂纹。因此，奥氏体不锈钢不适合用于超超临界机组厚壁部件。630℃以上机组的联箱和管道建议采用铁镍基合金和镍基合金，目前，较为成熟的铁镍基合金有日本住友金属公司研制的 HR6W，较为成熟的镍基合金有原国际镍合金公司研制的 A617 （ASTM UNS N06617）合金及其改良型 CCA617 合金等。

三、锅炉受热面材料

对于参数在 600～620℃的超超临界锅炉，过热器、再热器管的材料根据金属温度从低到高，依次可选用 12Cr1MoVG、T91、T92、TP347HFG、Super304H、HR3C。

对于 600℃锅炉，末级过热器的最高金属中间点计算壁温在 634～657℃范围内，末级再热器的最高金属中间点计算壁温在 643～658℃范围内。当再热蒸汽温度进一步上升到 620℃时，再热器的最高金属中间点计算壁温可达 655～675℃。因此，过热器与再热器的管材选择主要考虑高温持久强度和抗蒸汽及烟气氧化能力，超超临界锅炉的高温受热面均采用了奥氏体不锈钢。TP347HFG、Super304H、HR3C 在高温下的许用应力能满足 600～620℃ 参数锅炉的热强度要求，使得管子的壁厚保持较小的水平。在高温下蒸汽氧化问题是超超临界锅炉中应重点考虑的一个问题，蒸汽温度提高后，可以在高温区域多采用含 25%Cr 的 HR3C 钢。

如果蒸汽温度进一步上升到 630℃，TP347HFG、Super304H 的抗蒸汽氧化性能略显不足，而 HR3C 的抗氧化能力能够胜任。但是温度超过 600℃时，HR3C 的许用应力低于 Super304H，并且随着温度的提高，HR3C 和 Super304H 的许用应力都下降较多。例如，600 ℃超超临界机组的末级过热器受热面若使用 HR3C 材料，管径为 $\phi48×10.5mm$，如温度提高到 630℃，则相同管材规格达到 $\phi48×13$ mm，经济性和传热等方面都不是最优选择，也不满足 GB 16507《水管锅炉》中外内径比应不大于 2 的要求。瑞典山特维克（Sandvik）公司开发的奥氏体不锈钢 Sanicro25 钢已进入 ASME CODE CASE 2753，根据性能参数，其抗氧化性能与 HR3C 相当，许用应力大幅度上升，可认为是蒸汽参数在 620～650℃锅炉的末级过热器和末级再热器高温段管子的候选材料。

四、锅炉水冷壁材料

超超临界二次再热机组主蒸汽压力高于同样蒸汽初温度下的一次再热机组。目前，国内 600℃等级的二次再热机组主蒸汽压力采用 31MPa，高于一次再热机组的 25～28MPa。因此，其给水温度也相应提高了 15～30℃，使水冷壁出口金属温度相应上升。由于设计理念的不同，同等参数下上海锅炉厂设计的塔式锅炉的水冷壁出口温度要高于哈尔滨锅炉厂设计的 Π 型锅炉。但是对于二次再热锅炉的水冷壁高温段，即使按照哈尔滨锅炉厂的设计，一次再热机组水冷壁管常用的 15CrMoG（SA213-T12）等材料的强度依然不够，需要采用 T23 等强度更高的材料。T23 钢在上海锅炉厂设计的一次再热超超临界塔式锅炉中应用较为普遍。尽管 T23 材料强度高，但是其焊接冷裂纹敏感性低，在制造水冷壁等部件时再热裂纹敏感性较高，在一些机组上已出现较严重的水冷壁泄漏。欧洲 600℃机组采用类似的 T24 钢作为水冷壁管，部分机组也遇到类似的问题。为此，对于一次再热超超临界锅炉，目前较为成熟的方法是用 12Cr1MoVG 钢代替 T23 钢。对于主蒸汽压力达到 31MPa 的二次再热机组，给水温度和压力都高于一次再热机组，12Cr1MoVG 钢水冷壁管的壁厚进一步增加，已经达到 DL/T 869—2012《火力发电厂焊接技术规程》规定的现场焊接不采取焊后热处理的管子壁厚极限 8mm。因此，如果进一步提高主蒸汽压力，则其二次再热锅炉水冷壁材料的选择会越来越困难。

五、结论

对于二次再热超超临界机组，如果选择较高的主蒸汽温度和压力，则锅炉、汽轮机、主蒸汽管道的造价相应会增加较多，同时机组厚壁部件的壁厚增加会导致机组启动、停机灵活性下降。受 P92 材料性能的限制，当主蒸汽额定温度超过 600℃时，锅炉末级过热器出口联箱和主蒸汽管道壁厚过厚，而 P92 的替代材料如 SAVE12AD 和 G115 目前还不成熟，因此建议主蒸汽温度采用 600℃。少数示范性机组可以考虑将主蒸汽温度提高

到不大于 615℃ 的水平，以试验 G115、SAVE12AD 等新钢材的性能。

对于再热蒸汽温度的选择，由于管道的允许工作温度将随着压力的降低而升高，所以在机组采用相同材料的前提下，再热蒸汽温度高于主蒸汽温度是可行的。但是，随着再热蒸汽温度提升到 620℃，汽轮机现有的高温材料，如转子 FB2 和内缸 CB2 已用至温度极限，留给锅炉控制温度偏差的余地越来越小。如果再热蒸汽温度提高到 630℃，则已完全达到 FB2 的极限，并且锅炉末级再热器出口联箱和再热热段管道也不适合采用 P92，而需要采用更高等级的 SAVE12AD 和 G115。根据目前 SAVE12AD 钢的推荐最高使用温度，再热汽温采用 630℃ 也已经基本达到其上限。因此，建议一次和二次再热温度采用 610℃ 或 620℃，示范机组可适当提高到 630℃。

第四节　两种主机参数的综合比较

根据本章第三节的分析，如采用与目前 600℃/620℃ 等级超超临界一次再热机组相同的成熟材料制造二次再热超超临界机组，即汽轮机转子和汽缸采用 FB2 和 CB2 材料，锅炉末级过热器和再热器出口联箱，以及主蒸汽、热再热蒸汽管道采用 P92 材料，锅炉高温受热面采用 SUPER304、HR3C 等奥氏体合金材料，则二次再热超超临界机组的主蒸汽压力范围在 31～35MPa 之间，主蒸汽温度为 600℃，再热蒸汽温度在 610～620℃ 之间。因此，在工程选择上，主蒸汽压力和温度、再热蒸汽温度可以有多种组合。本文以 2×1000MW 的项目为例，分析这些组合的两种极端，即主机参数为下限 31MPa/600℃/610℃/610℃ 和上限 35MPa/600℃/620℃/620℃ 两种情况。由于在技术上，两种方案都基本可行，所以分析主要着重于成本和收益。

一、再热汽温 610℃ 和 620℃ 的成本比较

对于锅炉来说，再热汽温为 610℃ 和 620℃ 时造价的变化主要取决于最末一级再热器和联箱的材料和壁厚。由于两个方案材料相同，所以再热温度从 610℃ 提升到 620℃ 后，许用应力的降低和蒸汽比体积的增加将引起最后一级再热器管子和联箱壁厚的小幅增加。该部分增加的质量估计为 15%～18%，由此引起的锅炉增加成本估计为 0.5%～1%，2 台 1000MW 锅炉增加投资约 800 万元。

对于汽轮机而言，随着再热汽温的提升，影响最大的是中压缸、中压阀门和中压转子材料。转子是汽轮机的核心运动部件，它的安全是整个汽轮机安全的关键。转子在传递扭矩的同时还要承受高温、蒸汽压力，以及叶片离心力等载荷的作用。为了保证转子的安全，转子设计需从结构强度到动力学性能多方面进行考虑。

FB1 和 CB1 材料的使用温度最高可以用于额定再热蒸汽参数为 610℃ 的汽轮机。当额定再热汽温达到 620℃ 时，二次再热汽轮机的高压缸和中压缸的转子、汽缸、中联门材料采用 FB2 和 CB2。国内汽轮机厂的做法更保守一些，无论是 610℃ 方案还是 620℃ 方案均采用 FB2 和 CB2。因此，对于国产汽轮机，两个方案对汽轮机造价影响不大，再热汽温由 610℃ 提升到 620℃ 后，材料许用应力的下降会使高、中压模块的质量少许

增加。

对于再热蒸汽热段管道，610℃和 620℃的区别在于材料许用应力的变化和蒸汽比体积的变化。假定再热蒸汽压力和流量不变的情况下，2×1000MW 二次再热超超临界机组的再热蒸汽热段管道质量计算如表 2-2 所示。由于冷段管道单价较低，可忽略其成本变化。

表 2-2　　　　　　再热汽温 610℃和 620℃对再热蒸汽热段管道重量的影响

再热汽温	1/2 容量一次热段管道规格（mm×mm）	1/2 容量一次热段管道单重（kg/m）	一次热段管道质量（2 台机，t）	1/4 容量二次热段管道规格（mm×mm）	1/4 容量二次热段管道单重（kg/m）	二次热段管道质量（2 台机，t）
610℃/610℃	$D_i502×60$	877	559	$D_i648×23$	400	1013
620℃/620℃	$D_i508×69$	1036	660	$D_i654×26$	458	1160

由表 2-2 可以看出，再热汽温从 610℃提升到 620℃后，一次热段管道质量同比增加约 18%，二次热段管道质量同比增加约 13.5%，估算热段管道投资增加约 2300 万元（以 P92 再热热段管单价为 10 万元/t 计）。

二、主蒸汽压力为 31MPa 和 35MPa 的成本比较

主蒸汽压力升高对锅炉的造价影响最大。省煤器至水冷壁管径不变而壁厚增加，因此质量增加较多。而过热器和联箱由于压力升高，管子内径减小，可以抵消部分壁厚增加的质量，总体上过热器和联箱质量小幅上升。根据估算，2×1000MW 级二次再热机组主蒸汽压力从 31MPa 提升到 35MPa，造价增加 3%～4%，锅炉增加投资约 3000 万元。

主蒸汽压力的取值对汽轮机的超高压缸和主汽阀的材料量有所影响。现代汽轮机往往采用模块化设计，进汽量基本相同而进汽压力不同，不会导致模块的调整，只会对通流进行微调，因此汽缸、阀门的尺寸基本不变。虽然主蒸汽压力增大，高压缸和主汽阀壳体壁厚增加，材料消耗量增加，但从整体来看，主蒸汽压力为 35MPa 与 31MPa 相比，汽轮机超高压缸模块材料质量的增加幅度较小，相对汽轮机整体造价而言可以忽略。

与蒸汽压力密切相关的辅机有给水泵、给水泵汽轮机和高压加热器。主蒸汽压力从 31MPa 提升到 35MPa，给水泵扬程和给水泵汽轮机的功率相应增加，高压加热器的水侧水室及换热管束都需要增加壁厚，这些都会引起相关辅机设备的造价上升。不过更高参数的主蒸汽压力提高了热循环效率，适当降低了主给水和低压给水系统的流量，抵消了部分造价上升的幅度。据估算，2×1000MW 二次再热机组主蒸汽压力 35MPa 和 31MPa 相比，前者辅机增加投资约 1500 万元。

主蒸汽管道选用 A335 P92 材料，主给水管道采用 WB36 材料。主蒸汽压力不同时对主蒸汽管道的影响主要是管道壁厚的不同和蒸汽比体积变化引起管道内径的不同。一方面，主蒸汽压力增加，主蒸汽管道和给水管道壁厚要增加；另一方面，主蒸汽压力增加后，蒸汽比体积减小，在质量流量不变的情况下（主蒸汽压力变化对汽轮机进汽量的影响非常小），可以减小主蒸汽管道内径尺寸，但是不影响给水管道的内径。两种因素同时考虑，主蒸汽压力大的方案，主蒸汽管道和给水管道工程量增加。两种压力下，2×1000MW 超超

临界二次再热机组的主蒸汽和主给水管道质量计算如表 2-3 所示。

表 2-3　　　　主蒸汽压力为 31MPa 和 35MPa 对主蒸汽和主给水管道质量的影响

主汽压力 （MPa）	1/2 容量主蒸汽管道规格 （mm×mm）	1/2 容量主蒸汽管道单重 （kg/m）	主给水管道规格 （mm×mm）	主给水管道单位质量 （kg/m）
31	D_i298×91	927	OD610×67	896
35	D_i279×97	956	OD610×73	966

由表 2-3 可以看出，若考虑提高主蒸汽压力后热循环效率上升、主蒸汽流量和主给水流量减小的因素，主汽压从 31 MPa 提升到 35MPa 后，主蒸汽管道质量小幅增加，约为 3%。主给水管道质量增加 7%左右，同时给水阀门由于承压压力上升，相应费用小幅上涨。估算主蒸汽压力为 35MPa 时，与 31MPa 相比，增加主蒸汽、主给水管道及阀门投资约 600 万元（2×1000MW 二次再热机组）。

三、案例：两种参数的成本效益分析

对某 2×1000MW 二次再热项目在主机参数选择论证时，对主蒸汽压力分别为 31MPa 和 35MPa，再热蒸汽温度分别 610℃和 620℃四种不同的进汽参数结合煤耗、设备成本的不同进行了成本和收益分析，相关数据见表 2-4。

表 2-4　　　　　　　　2×1000MW 二次再热机组主机参数比较

蒸汽参数		35.0MPa 600℃/620℃/620℃	35.0MPa 600℃/610℃/610℃	31.0MPa 600℃/620℃/620℃	31.0MPa 600℃/610℃/610℃
汽轮机热耗率 （kJ/kWh）		6966[①]	6994[①]	6991[①]	7026[①]
锅炉效率（%）		94.5	94.5	94.5	94.5
管道效率（%）		99	99	99	99
发电效率（%）		48.35	48.15	48.18	47.94
发电煤耗 （g/kWh）		254	255	254.9	256.2
年耗标准煤（t）[②]		279.4×10⁴/ 203.2×10⁴	280.5×10⁴/ 204.0×10⁴	280.4×10⁴/ 203.9×10⁴	281.82×10⁴/ 204.9×10⁴
年节约标准煤（t）		24200	13200	14300	基准 0
标准煤价格 850 元/t 时 年节煤成本（万元）[②]		2057/1445	1122/765	1216/85	基准 0
标准煤价格 500 元/t 时 年节煤成本（万元）[②]		1210/850	660/450	715/50	基准 0
增加 投资	主机造价增加	锅炉+3800 万元	锅炉+3000 万元	锅炉+800 万元	基准 0
	辅机造价增加	给水泵、给水泵汽轮机、高压加热器 +1500 万元	给水泵、给水泵汽轮机、高压加热器 +1500 万元	无	基准 0
	管道费用增加	主蒸汽、主给水管道 +1000 万元 热段管道+2300 万元	主蒸汽、主给水管道 +600 万元	热段管道+2200 万元	基准 0
	总计	0.86 亿元	0.51 亿元	0.45 亿元	基准 0

蒸汽参数	35.0MPa 600℃/620℃/620℃	35.0MPa 600℃/610℃/610℃	31.0MPa 600℃/620℃/620℃	31.0MPa 600℃/610℃/610℃
标准煤价格 850 元/t 时投资回收期估算（年）[2]	4.2/5.9	4.5/6.6	3.7/5.3	基准 0
标准煤价格 500 元/t 时投资回收期估算（年）[2]	7.1/10.1	7.7/11.3	6.2/9.0	基准 0

① 汽轮机平均背压为 4.6kPa，烟气余热利用给汽轮机带来的热耗收益约 30 kJ/kWh。

② 年运行小时按 5500/4000h 计。

从表中可以看出当煤价较高时，机组提高参数引起的造价上升的回收期很短，且机组年运行小时的波动对回收期的影响较小。机组提高参数的投资回收期与煤价的倒数呈线性关系，年运行小时数的变动对回收期的影响也与煤价的倒数呈线性关系。当煤价较低，且机组运行小时数也较低，选用高参数的投资回收期较长，应引起注意。

主机参数为 31.0MPa、600℃/610℃/610℃时机组发电煤耗为 256.2g/kWh；再热蒸汽温度从 610℃提高到 620℃，发电煤耗同比下降 1.3g/kWh；主蒸汽压力从 31MPa 提高到 35MPa，发电煤耗同比下降 1.2g/kWh；当主机参数达到 35.0MPa、600℃/620℃/620℃时，发电煤耗同比下降 2.2g/kWh，达到 254g/kWh。虽然单纯地提高 10℃再热蒸汽温度与提高 4MPa 主蒸汽压力对煤耗的降低相当，但是从投资收益的比较来看，提高再热蒸汽温度比提高主蒸汽压力经济性更好。

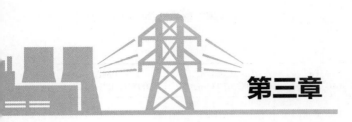

第三章

锅炉设计特点

第一节 炉 型 选 择

目前，世界上大容量机组主流的锅炉型式有 Π 型锅炉和塔式锅炉两种。无论是一次再热锅炉还是二次再热锅炉，这两种炉型在不同的国家都受到广泛的运用。日本和美国的超临界和超超临界机组基本上采用 Π 型锅炉，例如运行了二十多年的日本川越电厂（Kawagoe Thermal Power Station）二次再热机组和日本三菱公司最新设计的二次再热煤粉锅炉都采用了 Π 型锅炉。我国的上海锅炉厂、哈尔滨锅炉厂、东方锅炉厂曾分别向美国和日本引进了一次再热超临界和超超临界 Π 型锅炉的设计和制造技术。哈尔滨锅炉厂和东方锅炉厂分别自主开发了超超临界二次再热 Π 型锅炉，并取得了相关业绩。2015 年投产的安源电厂 2×660MW 超超临界二次再热机组采用了哈尔滨锅炉厂生产的 Π 型锅炉。在欧洲，塔式炉有很多的应用实绩，例如丹麦的 Skærbæk 电厂 3 号锅炉和 Nordjylland 电厂 3 号锅炉都是二次再热的塔式锅炉；德国 2010 年后投运的 800MW 以上的一次再热超超临界机组，如 Karlsruhe 电厂 8 号机组、Lüner 电厂等均采用了塔式锅炉。上海锅炉厂从德国 EVT 公司引进了 800～1000MW 超超临界一次再热塔式锅炉的设计制造技术。2008 年后国内锅炉制造厂纷纷自主开发塔式锅炉技术，如上海锅炉厂开发了 660MW 超超临界一次再热塔式锅炉，哈尔滨锅炉厂也开发了超超临界一次再热褐煤塔式锅炉，目前都已经投运。我国首台 1000MW 超超临界二次再热锅炉为上海锅炉厂开发的塔式锅炉。目前，哈尔滨锅炉厂也开发成功了二次再热塔式锅炉技术，成为国内首家同时掌握两种二次再热炉型技术的公司。苏联曾经开发了 T 型锅炉，并有一定的应用，但是该炉型在我国很少采用，在世界范围内也不是主流炉型。因此本章着重对塔式炉和 Π 型炉的差异进行分析。

一、塔式炉和 Π 型炉总体布置的差异

二次再热塔式炉的炉膛一般为正方形，设置有两个平行的烟道。所有受热面都布置在炉膛上部的第一烟道，第二烟道仅布置 SCR 脱硝反应器，并作为连接第一烟道和空气预热器烟气侧进口的烟气通道。第一烟道和第二烟道连接的水平烟道很短，也不布置任何受热面和设备。空气预热器的位置与 Π 型炉一样，布置在炉膛的后部。典型的二次再热塔式锅炉的布置见图 3-1。

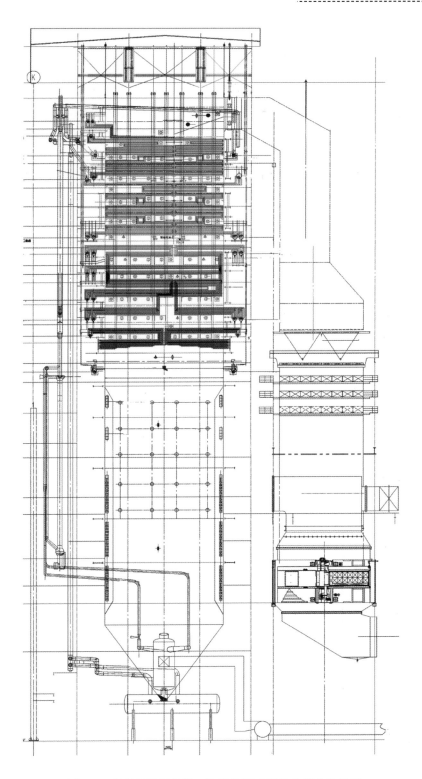

图 3-1 典型的超超临界二次再热塔式锅炉布置纵向视图

　　二次再热Ⅱ型炉炉膛一般为长方形，前后墙的长度大于两侧墙的长度。相同出力条件下Ⅱ型炉的炉膛在宽度方向上大于塔式炉，在深度方向上小于塔式炉。从锅炉结构上来看，Ⅱ型锅炉有炉膛、水平烟道和尾部的竖井烟道，炉膛和水平烟道由折焰角过渡。从受热面布置上来看，Ⅱ型锅炉的炉膛的上部区域布置屏式过热器，也可能布置部分的再热器受热面，其他过热器和再热器布置在锅炉水平和尾部竖井烟道，省煤器布置在竖井烟道。有的二次再热锅炉的竖井烟道分成平行的三个通道，其中分别布置低温过热器、一次再热器的低温部分和二次再热器的低温部分，省煤器则分成三段分别布置在三个竖井烟道的最底部。也有的二次再热锅炉分成平行的两个通道，分别布置一次再热器的低温部分和二次再热器的低温部分，省煤器则分成两段分别布置在两个竖井烟道的最底部。典型的二次再热Ⅱ型炉的布置见图3-2。

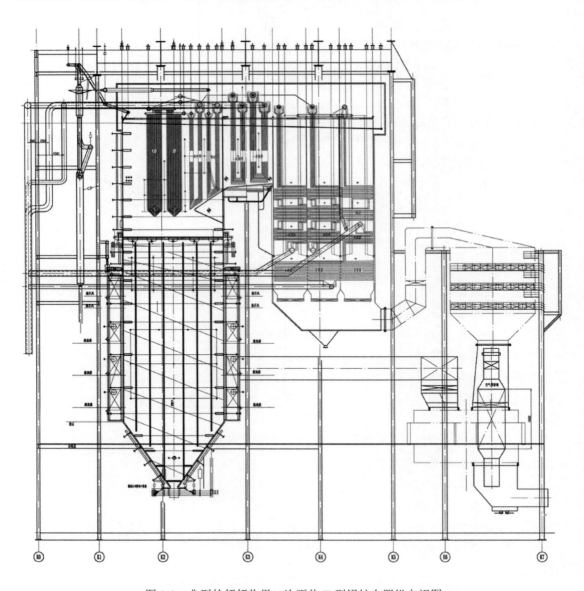

图3-2　典型的超超临界二次再热Ⅱ型锅炉布置纵向视图

两种炉型在炉膛外形、成本、防结渣性上各有千秋。①塔式炉炉膛占地面积较小而炉膛高度较高，属"瘦长"型；Π型炉炉膛占地面积大但炉膛高度较低，属"矮胖"型。炉膛较高的塔式炉的炉架和燃烧室的成本要高于Π型炉。②由于炉膛高度较高，所以塔式炉屏底的烟气温度一般要低于相同容量的Π型炉，这对于燃烧易结渣的煤种来说可减少屏底及以上受热面的结渣风险。从国内外塔式炉的运行经验来看，炉膛上部受热面发生严重结渣的情况较少，而Π型炉大屏严重挂渣或在折焰角部位发生严重结渣的情况却不少见。③塔式炉的炉膛截面积一般较Π型炉小，因此炉膛截面热负荷较高，这增加了炉膛结焦的倾向。但是由于塔式炉炉膛高度高，最上层燃烧器到屏底的距离及燃烧器组件的高度也较大，有利于减轻燃烧器区域结焦的倾向。综合而言，塔式炉炉膛防结焦的能力优于Π型炉，对烟煤和褐煤的煤种适应性较强。

二、炉内烟气流场的比较

Π型锅炉由于有折焰角，所以在炉膛内旋转的烟气在炉顶从第一烟道转向水平道时必然有90°的旋转，使烟气流场复杂。以切圆燃烧的锅炉为例，在炉膛中切向旋转的烟气在流体力学中称为线涡，其特征是流体旋转的线速度随半径的增大而减小，静压的变化则相反，线涡的环向动量基本守恒，即使转弯也不消除（如自然界中的"龙卷"风就是线涡的一种）。线涡在转弯时会产生二次涡。这是由于流体转弯需要向心力，所以外圈流体的静压必然高于内圈。在两侧靠壁处流体的速率减慢，所需的向心力比中心流体小。于是在静压梯度的作用下，烟气沿壁回流形成二次涡。在Π型锅炉炉膛出口处，既有切向燃烧产生的线涡，又有90°转弯引起的二次涡。两者叠加，对于逆时针旋转的火球，炉膛出口断面上右侧旋转加强，左侧的旋转削弱，造成右侧烟气的烟温和流速高于左侧。从炉膛出口上下部的烟温偏差来看，上部烟温低，下部烟温高。因此炉膛出口水平烟道断面上右侧管屏下部的热负荷最高。国内的运行实践也证明爆管往往也发生在此处。这种热偏差的严重程度随着锅炉容量的上升而增大。50MW的锅炉几乎没有热偏差，125MW的锅炉开始出现热偏差，200、300MW和600MW的锅炉问题更为严重。这是采用四角切圆燃烧的Π型锅炉在结构上的缺陷。虽然各锅炉制造厂也采取了一些措施，如采用二次风反向旋转等，但是收效并不明显。对于1000MW的锅炉，采用双火球切向燃烧的方式，两个火球旋转方向相反以降低热偏差。这相当于把一个1000MW的燃烧空间分割为两个500MW的燃烧空间，并不能消除热偏差。

塔式锅炉的所有受热面都布置在第一烟道，如果采用四角切圆燃烧的方式，当呈线涡状态的烟气通过受热面时没有经过转弯，不产生二次涡。而且线涡在运动中能量耗散少，寿命长，环向动量基本守恒，因此旋转的烟气在塔式锅炉炉膛上部运动中受受热面的影响小，能保证受热面均匀受热。当烟气转向第二烟道时，虽然也产生二次涡，但是第二烟道不布置任何受热面，不会造成受热面的热负荷不均。另外，烟气中的能量大部分在第一烟道中被受热面吸收（在第二烟道中的烟气温度约400℃），第二烟道中二次涡造成的热不均匀性小，且烟气通过很长的第二烟道并被脱硝反应器及上游导流板整流，流场和温度场均匀得多，对空气预热器的影响可以忽略。

因此，相比 Ⅱ 型锅炉，塔式炉炉膛出口及各受热面的左右烟温偏差要小。图 3-3～图 3-5 所示为泰州电厂二期 1000MW 二次再热塔式炉的过热器、一次再热器和二次再热器的出口管壁温度分布的实测数据。从泰州电厂二期运行的情况来看，锅炉的水动力稳定性很好，温度分布比较均匀。对于采用前后墙对冲燃烧的 Ⅱ 型锅炉，由于不存在以炉膛竖直方向为轴线的烟气线涡运动，所以实际运行表明，炉膛出口及各受热面左右烟温偏差也较小，受热面壁温分布较均匀。

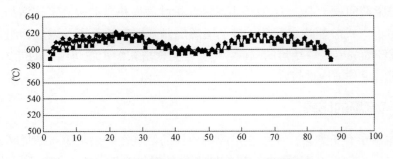

图 3-3　1000MW 工况下高温过热器壁温分布

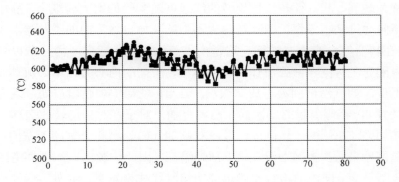

图 3-4　1000MW 工况下一次高温再热器壁温分布

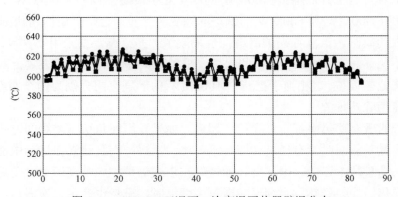

图 3-5　1000MW 工况下二次高温再热器壁温分布

三、受热面布置的比较

塔式炉与 Ⅱ 型炉在三器（过热器、再热器和省煤器）布置上的最大区别是塔式炉三器的所有受热面均为水平卧式布置，而Π型炉的大部分三器受热面为垂直U型布置。水平卧式布置受热面的最大优点是可将受热面中的水完全排放，有利于停炉保养。塔式锅炉的过热器和再热器可参加酸洗。对于垂直U型布置的受热面，由于无法完全排出酸洗液会导致受热面U型管的底部腐蚀，所以Π型炉的过热器和再热器无法进行酸洗。经过酸洗的再热器和过热器，管内清洁度大大提高，可减少锅炉吹管的次数和时间，降低了吹管成本，减少了调试时间。根据德国塔式炉的运行经验，过热器和再热器酸洗后，只要在首次启动阶段通过大容量旁路进行大流量的冷热态清洗，就可达到汽轮机进汽的蒸汽品质要求而无需进行吹管。

水平布置的受热面有利于减少汽轮机固体颗粒侵蚀（SPE）的危害。造成汽轮机固体颗粒侵蚀的主要原因是锅炉受热面中氧化颗粒剥落后被蒸汽带入汽轮机，造成汽轮机动、静叶片受到这些氧化物颗粒的冲击而受到损害。SPE现象在超临界和超超临界机组上发生比较多，因为随着蒸汽温度的上升，受热面管内的高温蒸汽氧化现象加剧，当锅炉发生较大的负荷变化时，尤其是启停过程中，因受冷热温度应力的作用，氧化皮容易脱落，氧化皮在被蒸汽携带运动中发生碰撞而成为坚硬的固体颗粒。因此，SPE现象较多发生在锅炉启停阶段。固体颗粒使汽轮机高、中压缸第1级动静叶片受到侵蚀而严重影响汽轮机效率。造成SPE的原因有多种，锅炉受热面布置的形式也是其中之一。因为停炉后脱落的氧化皮沉积在受热面中，所以锅炉重新启动后它们可能被蒸汽带出锅炉。对于垂直布置过热器和再热器管束的Π型炉，氧化皮沉积在U型管的底部，在启动及低负荷阶段，低流量的蒸汽动量不足以将大的氧化剥离物带出垂直管段，直到负荷较高时，蒸汽动量增加，这些氧化皮才可能被带出。高负荷工况下由于蒸汽所携带的硬质颗粒的动能相对提高很多，对汽轮机叶片所产生的侵蚀危害最大。塔式炉的受热面水平布置，启动阶段虽然蒸汽的流速低，但也容易将氧化皮带走，并被旁路系统直接送入凝汽器。因此，除非是较大的氧化剥落物，在机组启动阶段固体颗粒不会进入汽轮机。而较大颗粒的剥落物由于离心力大，受到汽轮机进汽流道结构的限制，不容易直接冲击汽轮机的动静叶片。

四、对工程整体造价的影响

锅炉型式的不同除了影响了锅炉成本，也影响锅炉地基处理和连接机炉的主蒸汽和再热蒸汽管道的费用。

塔式炉对基础设计的要求较高，特别对锅炉基础的差异沉降要求非常严格，要求锅炉炉架层间移动角小于1/500，各柱不均匀沉降小于15mm。同时锅炉本体荷载主要通过锅炉主钢架立柱传递至基础底板上。1000MW二次再热锅炉单柱的最大垂直静荷载约为60000kN，活荷载约为20000kN，水平荷载约为10000kN。针对上述条件及要求，塔式炉的基础底板厚度较厚。Π型炉由于锅炉本体占地面积较大，所以对沉降控制不像塔式锅炉这么苛刻，锅炉本体的荷载主要由四边共约16根柱子承受，每根柱子承受的最大垂直静荷载约为38000kN，活荷载约为6000kN，水平荷载约为2000kN。因此，Π型炉基础厚度比塔式炉要薄。华东地区某工程对于塔式炉和Π型炉的基础经济比较见表3-1，塔式炉的基础和地

基处理的总成本比 Ⅱ 型炉高约 5.5%。

表 3-1　　　　　　　　　　　　两种炉型地基处理费用对比（单台炉）

造价	塔式炉基础	Ⅱ 型炉基础
混凝土造价（万）	1500	1200
PHC 桩造价（万）	780	960
总 造 价（万）	2280	2160

　　超超临界二次再热机组比一次再热机组增加了一套二次再热蒸汽系统，因此一次再热机组四大管道变成了二次再热的六大管道。超超临界机组的机炉连接管道价格昂贵，是整个电厂投资中很重要的一部分。根据我国通常的锅炉供货分界，六大管道的小部分由锅炉制造厂供货，其余大部分由业主（或总承包商）自行采购。两种炉型给水管道的供货分界都在炉前运转层标高附近，因此由业主（或总承包商）采购的给水管道的数量相差不大。塔式锅炉的主蒸汽管道和再热蒸汽管道由业主（或总承包商）采购的数量较 Ⅱ 型炉增加不少。例如采用塔式炉的 1000MW 二次再热机组主蒸汽管道的重量，比 Ⅱ 型炉重约 38%，再热蒸汽热段管道（包括第一次和第二次再热）的重量，塔式炉比 Ⅱ 型炉高约 36%；再热蒸汽冷段管道的重量，前者比后者高约 100%。其原因在于：①塔式炉本体高于 Ⅱ 型炉。②塔式炉在锅炉侧的主蒸汽管和一、二次热再热蒸汽管为 4 根支管，相比 Ⅱ 型炉数量要多 1 倍。③由于塔式炉采用 100% 容量的高压旁路，且高压旁路布置在锅炉侧，所以在汽轮机侧的主蒸汽管道上设置了较大口径和相当长度的与主蒸汽管材料相同的疏水管，其功能类似于启动旁路，这是 Ⅱ 型炉没有的。如果二次再热机组还同时采用了 100% 中压旁路，则与主蒸汽管类似，机组第一级热再热管道上也设置口径和长度较大的疏水管路，则两种炉型机炉连接管道工程量差距将更大。

第二节　一次再热锅炉和二次再热锅炉的异同

　　一次再热锅炉和二次再热锅炉在设计上的最大区别在于锅炉受热面设计和再热汽温调节方式，而在炉型选择、炉膛设计、燃烧系统设计、启动系统设计、空气预热器设计等方面相差不大。

一、蒸汽参数

　　目前我国除了首台二次再热超超临界机组国电泰州电厂二期的参数（汽轮机侧）为 31MPa/600℃/610℃/610℃ 外，其他投运和在建的二次再热超超临界机组的参数均为 31MPa/600℃/620℃/620℃。国内一次再热超超临界机组参数既有主流的 25MPa/600℃/600℃，又有更高参数的 28MPa/600℃/620℃ 高效超超临界一次再热机组。某 660MW 机组二次再热和一次再热的参数对比见表 3-2。

表 3-2   某 660MW 机组二次再热和某一次再热锅炉侧参数对比

项　　目	单位	二次再热锅炉	一次再热锅炉
汽轮机参数	MPa/℃/℃/℃	31/600/620/620	25/600/600
锅炉参数	MPa/℃/℃/℃	32.55/605/623/623	26.25/605/603
主蒸汽流量	t/h	约 1900	约 2100
过热器出口蒸汽压力（绝对压力）	MPa.	32.55	26.25
过热器出口蒸汽温度	℃	605	605
一次再热蒸汽流量	t/h	约 1660	约 1790
一次再热进口蒸汽温度/压力（绝对压力）	℃/MPa	431/12.16	375/6.80
一次再热出口蒸汽温度	℃	623	603
二次再热蒸汽流量	t/h	约 1400	—
二次再热进口蒸汽温度/压力（绝对压力）	℃/MPa	444/3.94	—
二次再热出口蒸汽温度	℃	623	—
省煤器进口给水温度	℃	330	307
过热蒸汽吸热量	GJ/h	3685	4476
一次再热蒸汽吸热量	GJ/h	864	1098
二次再热蒸汽吸热量	GJ/h	584	—
锅炉总吸热量	GJ/h	5133	5570
过热蒸汽吸热量比例	%	72%	80%
再热蒸汽吸热量比例	%	28%	20%
一次再热蒸汽吸热比例	%	17%	—
二次再热蒸汽吸热比例	%	11%	—

可见，600℃等级的超超临界二次再热锅炉与一次再热锅炉的参数相比，具有如下特点和变化：

（1）过热蒸汽、第一次再热蒸汽压力提高。过热蒸汽出口压力为 33MPa 左右，比一次再热超超临界锅炉出口压力高约 6MPa。如第二章所论证的，更高的过热蒸汽出口压力是因为二次再热汽轮机的热力循环特性导致的，同时更高的蒸汽压力将带来汽轮机热耗降低的好处。一次再热蒸汽压力在 10MPa 以上，约为常规一次再热超超临界再热蒸汽压力的两倍。一次再热蒸汽比体积减小，容积流量下降，但由于压力升高，锅炉各级受压件的壁厚需增加较多，减小了流通截面，所以二次再热锅炉一次再过热器系统阻力不会比一次再热锅炉小，建议不超过 0.22MPa。

（2）二次再热蒸汽压力低。二次再热机组特有的二次再热蒸汽的压力约为一次再热机组再热蒸汽压力的 50%。蒸汽比体积大，在相同流通截面的情况下，汽水阻力增加较多。虽然由于压力低，锅炉二次再热器受压件的壁厚可减小，但考虑制造弯管原因，实际壁厚与一次再热器相当。通过加大管径、减少再热器受热面级数等方式来降低二次再热蒸汽阻力，可以实现二次再热器的阻力与一次再热锅炉的再热器阻力相当，建议不超过 0.26MPa。

（3）主蒸汽和再热蒸汽出口温度基本不变。目前无论是一次再热机组还是二次再热机组，主蒸汽和再热蒸汽的额定温度基本上达到现有管道和联箱材料 P92 的极限，即 600℃和620℃。值得注意的是，由于二次再热锅炉的再热蒸汽温度调节更加困难，所以再热器壁温偏差幅度可能增大，潜在的危险也更大。另外，二次再热锅炉在部分负荷下，再热汽温下降幅度较大，尤其是二次再热汽温。

（4）给水温度提高。一次再热超超临界锅炉的给水温度一般为 300℃，通过布置足够的受热面积可以将排烟温度控制在较低水平。二次再热机组由于主蒸汽压力的提高，给水温度可达 315～330℃。给水温度的提高导致省煤器烟气出口侧气-水温差下降，锅炉排烟温度上升，对锅炉效率有一定影响。在受热面布置相同的情况下，锅炉效率与给水温度的关系曲线见图 3-6。可见，如不采取措施，当给水温度在 315℃以下时，对锅炉效率的影响不大；但是当给水温度超过 315℃时，锅炉效率下降幅度最多可达 0.8 个百分点。通常采取增加省煤器面积，并通过适当增加低温段再热器面积以增加吸热的手段来降低排烟温度。另外省煤器出口工质应有足够的欠焓，以保证水冷壁的安全。通过设计优化，可使得锅炉在较高给水温度条件下，大幅度减少锅炉效率下降。上海锅炉厂某二次再热锅炉给水温度在 315、320℃及 330℃三种方案下，锅炉热力计算结果对比如表3-3 所示。

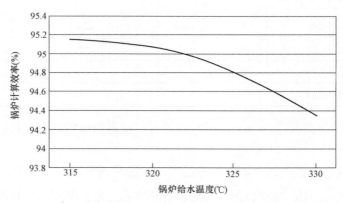

图 3-6　受热面布置相同情况下锅炉给水温度与效率的关系曲线

表 3-3　　　　　　　　　　　不同给水温度下的锅炉效率对比

项　目	单位	数值	数值	数值
给水温度	℃	315	320	330
分离器出口温度	℃	475	477	480
锅炉计算效率	%	+0.05	基准	−0.1

给水温度的提高也影响了锅炉水冷壁管的选材。塔式锅炉不同给水温度下水冷壁的候选材料如表 3-4 所示，其中给水温度 290～300℃是一次再热超超临界机组通常的温度区段。由于设计理念的不同，在锅炉 BMCR 工况下，欧洲流派塔式锅炉省煤器出口的设计工质温度高于日本流派的 Π 型锅炉约 10℃，汽水分离器的工质温度高约 10～20℃。因此，给水温度的提高，对应欧洲流派的塔式锅炉应更关注于水冷壁材料的选择。欧洲的超超临界塔式锅炉的水冷壁采用 T24 作为水冷壁材料，国内早期引进的超超临界塔式锅炉采用与 T24 性能相近的 T23 材料作为水冷壁材料。T23 和 T24 能满足水冷壁温度提高对材料强度的要求，但由于其现场焊接质量难以保证，在欧洲和我国都发生了多起因材料焊接出现裂缝造成的爆管事故。因此，近年来国内锅炉无论是一次再热还是二次再热超超临界锅炉，水冷壁设计中都尽可能避免 T23 和 T24 材料的使用，而用 12Cr1MoVG 代替。由于 12Cr1MoVG 的许用应力小于 T23，所以水冷壁管的壁厚增加了。通过选材计算，在给水温度为 320℃以下时，可以避免使用 T23 材质；在给水温度为 330℃以上时，应采用 T23 材料或更厚的 12Cr1MoVG 钢管（壁厚超过 8mm，超过国内焊接标准规定的不进行现场热处理的限值）。为了确保水冷壁的安全运行，应在结构上进行调整，以减少 T23 材料的现场焊接。

表 3-4 不同给水温度下水冷壁材料的选取

水冷壁材料	给水温度为 290～300℃（一次再热）	给水温度为 315～320℃（二次再热）	给水温度为 330℃（二次再热）
螺旋段	15CrMoG	12Cr1MoVG	12Cr1MoVG
垂直段	12Cr1MoVG	12Cr1MoVG	T23（T24）或 12Cr1MoVG 加厚管

（5）各级受热面吸热量和比例变化。由于二次再热机组效率的提高（包括采用二次再热热力循环、参数提高及其他节能手段），使得锅炉总吸热量下降约 8%，过热蒸汽流量和一次再热蒸汽流量较一次再热锅炉减少约 10%。二次再热锅炉过热蒸汽和再热蒸汽的吸热比例有所调整。过热蒸汽与再热蒸汽吸热比例由一次再热机组的约 80%:20%调整为约 70%:30%，其中一次再热蒸汽吸量约占总吸热量的 16%～18%，二次再热蒸汽吸热量约占总吸热量的 12%～14%。

二、受热面布置

二次再热与一次再热锅炉的不同点主要在于受热面的流程及布置方面，二次再热锅炉与一次再热锅炉相比多了二次再热器，再热器与过热器受热面的配置及布置上也有很大差别。

一次再热塔式锅炉的所有受热面相互平行地从下到上叠加布置在锅炉炉膛上部。国内制造厂设计的二次再热塔式锅炉受热面虽然也全部布置在炉膛上，但与一次再热锅炉的最大区别在于受热面布置区域分为上下两个区域。上部区域的烟气通道分为前后分隔烟道，分别布置一次再热器的低温段和部分省煤器，以及二次再热器低温段和另一部分省煤器；其余受热面布置在下部区域。由于上部区域有了前后烟道的分割，所以可采用挡板对再热汽温进行调节，这是上海锅炉厂在二次再热塔式锅炉上的创新设计。上海锅炉厂典型的 1000MW 等级一次再热和二次再热塔式锅炉的布置见图 3-7。

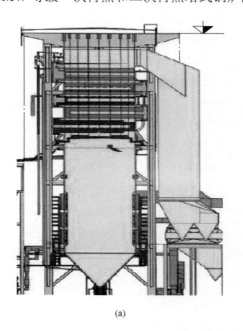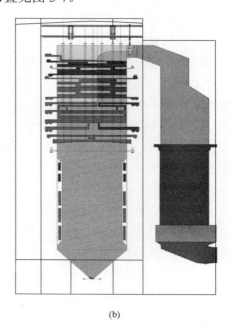

(a)　　　　　　　　　　　　　　(b)

图 3-7　一次再热和二次再热塔式锅炉布置图

（a）一次再热塔式锅炉；（b）二次再热塔式锅炉

　　一次再热 Π 型锅炉和二次再热 Π 型锅炉的受热面布置同样有着较大的差别。由于增加了再热器（通常包括低温段和高温段），所以需要增加锅炉对流受热面的布置位置，并对一次再热锅炉的受热面布置格局进行调整。通常超（超）临界直流一次再热锅炉的屏式过热器布置在炉膛上部，为全辐射受热面；高温过热器布置在折焰角上方，为半辐射受热面；而再热器均为对流受热面。二次再热锅炉往往在屏式过热器和高温过热器之间的折焰角上方位置插入部分或全部第一次再热器的高温段，以保证其足够的吸热量，成为半辐射受热面，因而高温过热器只能布置在其下游，成为接受很少辐射的对流受热面；在高温过热器和一次再热器之间插入二次再热器的高温段，布置在水平烟道位置。对于采用尾部竖井烟道挡板调温技术流派的 Π 型锅炉，一次再热锅炉尾部烟道为一个通道或者通过包墙分隔成两个区域，二次再热锅炉既有分隔为两个通道，也有分隔为三个通道的设计，见图 3-8。增加的一个竖井烟道用于布置二级再热器低温段和省煤器。可见，双尾部竖井烟道一次再热锅炉和三尾部竖井烟道二次再热锅炉的设计思路是类似的，即尾部竖井烟道每个分区的烟气流程末端都布置有省煤器，在其上游分别布置过热器、再热器（一次和二次）的低温受热面，并在每个竖井烟道的烟气出口位置布置挡板，以调节过热器和再热器出口汽温。单尾部竖井烟道一次再热锅炉和双尾部竖井烟道二次再热锅炉的设计思路也是类似的，低温过热器往往设置在（半）辐射区域。

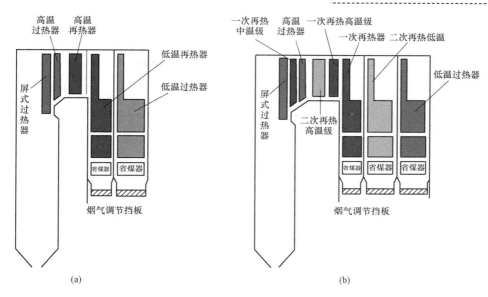

图 3-8　一次再热和二次再热 Π 型锅炉布置示意图
（a）一次再热 Π 型锅炉；（b）二次再热 Π 型锅炉

三、调温方式

超超临界一次再热锅炉和二次再热锅炉过热器的调温方式是相同的，都采用以煤水比调节为主要手段，以过热器级间喷水减温调节为辅助手段的方式。超超临界锅炉采用的都是直流锅型，其水冷壁没有固定的汽水分界面，且热惯性小，水冷壁吸热变化会使加热段、蒸发段和过热段的比例发生变化。由于过热蒸汽的这种特点，所以对过热蒸汽温度的调节采用煤水比作为主要手段。通过改变给水量和给煤量的比例，改变中间点温度，改变过热器吸热和水冷壁吸热的比例，从而调节最终的过热蒸汽出口温度。同时可以在不同的受热面之间布置喷水减温，以调节单级受热面的出口温度和左右侧的温度偏差。汽温调节时以汽水分离器出口工质温度作为汽温调节的前置信号，以喷水减温作为微调手段。通过采用有效的温度调节手段，二次再热锅炉的过热蒸汽出口温度可以在30%～100%BMCR工况下均能达到额定值。

一次再热锅炉再热汽温常用的调节方法有烟气挡板、燃烧器摆动，以及喷水减温。与过热蒸汽不同，再热蒸汽调温采用喷水减温将影响机组热效率，因此机组正常运行时以烟气挡板和燃烧器摆动为主要调温手段，在紧急工况下采用喷水减温。一次再热锅炉再热汽温调温比较简单，再热蒸汽出口温度可以在50%～100%BMCR工况下均保持额定值。随着再热次数的增加，锅炉受热面布置趋于复杂，锅炉再热汽温控制的复杂性和难度大幅增加。二次再热锅炉再热汽温的调节需考虑过热蒸汽温度，以及一次和二次再热蒸汽温度三个变量。二次再热锅炉再热汽温常用的调节方法有烟气挡板、烟气再循环、摆动式燃烧器，以及喷水减温等，也有采用汽-汽换热器和汽-气-汽换热器等手段。二次再热锅炉的二级再热蒸汽出口温度在50%～100%BMCR工况下保持额定值有一定的难度，尤其是第二级再热蒸汽温度要在部分负荷下保持不欠温，需要精心设计，选择合理的调温手段。

四、炉膛选型

锅炉炉膛选型的主要依据是煤种。从燃烧的角度来考虑，炉膛设计的主要依据是炉膛热负荷。因此，无论是一次再热还是二次再热锅炉，在炉膛的选型设计上都没有本质的区别，即在燃烧侧不存在差异，其炉膛热负荷指标取值原则相同。由于二次再热锅炉总吸热量比同容量一次再热锅炉减少约8%，所以总输入热量相应减少，按热负荷指标计算，相同条件下二次再热锅炉的炉膛尺寸应予以缩小。有的锅炉厂设计的超超临界二次再热锅炉的炉膛断面尺寸与相同机组容量和设计煤种的一次再热锅炉是相同的，这样炉膛设计得较为保守，可以降低结渣的风险，进一步保证煤粉燃尽，减少未燃尽碳损失，对提高锅炉效率有利。另外，相同的炉膛设计也可以利用原来一次再热锅炉的成熟结构，提高设计效率，减少设计差错。但是，相对"大"的炉膛会导致炉膛吸热份额增加，不利于锅炉部分负荷下再热汽温达到额定值。

五、燃烧系统

一次再热锅炉和二次再热锅炉的主要差别在于锅内部分，而炉内部分是一致的。目前国内外主流的锅炉厂对于烟煤采用的燃烧系统主要有切向燃烧系统和墙式对冲燃烧系统两大技术流派，均可实现低 NO_x 燃烧。切向燃烧系统也称四角燃烧或八角燃烧，其特点是燃料和助燃空气通过炉膛的四个（或八个）风箱引入，方向指向位于炉膛中心的一个（或两个）假想切圆。随着燃料和空气进入炉膛并着火，从炉膛上方向下看，在炉膛内就形成一个旋转的"火球"或两个旋转方向相反的"火球"（实际为圆柱形）。整体的热量-质量交换过程，每个燃料喷嘴产生的火焰是稳定的。这个位于炉膛中心旋转的"火球"实现了均匀的燃料/空气混合。每台磨煤机分别与四角（或八角）的燃烧器连接。有的锅炉每台磨煤机对应一层燃烧器喷口，有的锅炉每台磨煤机对应两层燃烧器喷口。由于对锅炉炉膛 NO_x 的排放控制十分严格，所以通常在锅炉主燃烧器组件的上方布置1～2层分离燃尽风。

墙式对冲燃烧系统采用旋流燃烧器，分别布置在锅炉的前后墙，沿炉膛宽度方向分几层（通常为3层）采用矩阵式布置。每台磨煤机与一侧墙的一层燃烧器相连接。对冲燃烧的火焰不需要在炉膛形成旋转火球，其燃烧器布置方式能够使热量输入沿炉膛宽度方向分布较均匀，以实现在过热器、再热器区域沿炉宽方向的烟温分布均匀。切向燃烧系统主要依靠炉膛内燃烧器的整体分级燃烧实现低 NO_x 燃烧，墙式对冲燃烧系统主要依靠单个燃烧器实现低 NO_x 燃烧，均起到了很好的效果。

目前，国内设计的 1000MW 和 660MW 二次再热锅炉均每炉配6台磨煤机（5台运行，1台备用），通常要求磨煤机出口的煤粉均匀系数不小于1.0，煤粉细度 R_{90} 不高于18%。在一次再热锅炉上，上海锅炉厂已有660MW锅炉配备5台磨煤机（4台运行，1台备用）的成功运行业绩，其设计的1300MW等级二次再热锅炉采用7台磨煤机，6运1备方式。德国近期投运的 800～900MW 锅炉大多采用4台磨煤机运行，不设备用磨煤机的方式。因此，将来的 1000MW 二次再热锅炉采用 4 台磨煤机不设备用的模式在技术上也是可行的。

六、锅炉附属系统

锅炉的附属设备和系统，如空气预热器、启动系统、锅炉炉外脱硝（SCR）系统、炉架结构等，一次再热锅炉和二次再热锅炉没有区别；而壁温测点系统、控制系统和安全阀的设置，因为二次再热锅炉增加了第二次再热器，因而与一次再热锅炉有所区别，但是其设计原理是相同的。对于上述系统和设备，本书不做详细介绍。

第三节 受 热 面 设 计

国内几家主要电厂锅炉制造厂二次再热塔式锅炉和 Π 型锅炉的受热面设计各有千秋，分别说明如下。

一、二次再热塔式锅炉

如果按常规的一次再热塔式锅炉设计理念，每一级受热面串联布置，会导致无法使所有高温受热面都布置在高烟温区域以得到足够的换热温压，从而需要增加大量换热效率较低的换热面积。二次再热锅炉设计时将一、二次的部分或全部再热器受热面并列布置，以达到不降低任何再热器换热温压的目的，如将锅炉的一、二次高温再热器串联布置，一、二次低温再热器并列布置，或者将锅炉一、二次高温和低温再热器均并列布置。这种布置设计在提高再热器吸收辐射传热能力的同时确保了再热器出口受热面的安全性，可实现换热在对称性和经济性上的平衡。

上海锅炉厂设计的二次再热塔式锅炉受热面布置见图 3-9。在炉膛上部，沿烟气流向依次分别布置有低温过热器屏管，一、二次再热高温再热器冷段（并列），高温过热器、一、二次再热高温再热器热段（并列）。此后烟气通道被隔墙分为前后分隔烟道，前烟道（即分隔烟道隔墙及其朝炉膛方向延长线的前部）布置一次再热低温再热器和部分省煤器，后烟道布置二次再热低温再热器和另一部分省煤器。隔墙顺烟气流向转 90° 延伸到第二烟道入口处，并在此处的水平烟道位置设置垂直布置的烟气挡板用于调节前后烟道烟气流量。低温过热器屏式部分布置在炉膛的出口，主要吸收炉膛内的辐射热量。高温过热器布置在高温再热器的冷段和热段之间，为半辐射受热面。低温过热器为逆流布置，高温过热器则采用顺流布置。一次再热器和二次再热器的布置形式完全相同，均为串联布置的三级受热面。为了提高换热效率和确保受热面的安全性，高温再热器分成冷段和热段，冷段布置在高温过热器上游，热段布置在高温过热器下游。冷段位于高烟温区域，顺流布置，受热面特性表现为辐射式；热段位于中烟温区域，也为顺流布置，受热面特性为半辐射受热面。较多的高温再热器受热面布置在靠近炉膛的位置，接受较多的辐射热，有利于摆动燃烧器调节再热汽温。一、二次低温再热器布置在烟气温度相对较低的区域，逆流布置，受热面特性为纯对流。

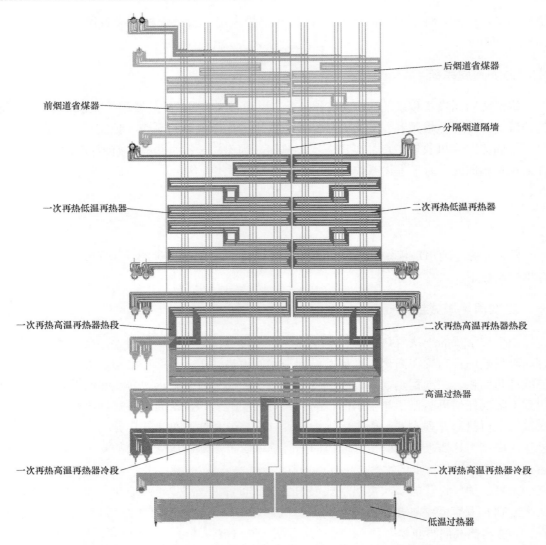

后烟道省煤器

前烟道省煤器

分隔烟道隔墙

一次再热低温再热器

二次再热低温再热器

一次再热高温再热器热段

二次再热高温再热器热段

高温过热器

一次再热高温再热器冷段

二次再热高温再热器冷段

低温过热器

图 3-9　上海锅炉厂设计的二次再热塔式锅炉受热面布置示意图

　　哈尔滨锅炉厂设计的二次再热塔式锅炉受热面布置见图 3-10。烟气流程从下向上依次经一级过热器、三级（末级）过热器、一次再热器高温段、二次再热器高温段、二级（中温）过热器、前烟道二次再热器低温段和后烟道一次再热器低温段、前后烟道省煤器，进行辐射、对流换热后到达省煤器出口烟道。过热器的蒸汽流程依次为：分离器→分离器出口连接管→分隔墙入口联箱→中间隔墙→受热面吊挂管→低温过热器管束→低温过热器出口联箱→低温过热器出口连接管→一级减温器→中温过热器入口连接管→中温过热器入口联箱→中温过热器→中温过热器出口联箱→中温过热器出口连接管→二级减温器→高温过热器入口联箱→高温过热器→高温过热器出口联箱→主蒸汽管道。再热器为对流受热面，一、二次再热器的高温段布置在中烟温区，低温段分别布置于烟温水平适中的前后烟道内，通过调节挡板和烟气再循环调节二次再热汽温。

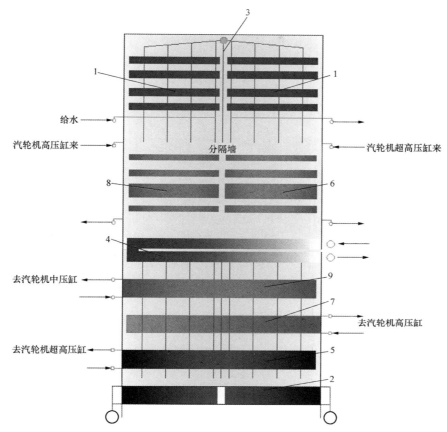

图 3-10　哈尔滨锅炉厂设计的二次再热塔式锅炉受热面布置示意图

1—省煤器；2—一级过热器；3—分隔墙；4—中温过热器；5—末级过热器；6—一次再热器低温段；
7—一次再热器高温段；8—二次再热器低温段；9—二次再热器高温段

　　采用一、二次再热器并列布置的形式，前后烟道区域的烟气通流截面是不同的，依据一、二级再热器的吸热量而定。在前后烟道流量分配比例固定的情况下，一、二次再热汽温的变化趋势是相同的。采用摆动燃烧器或烟气再循环可以对两次的再热汽温同时起到方向一致的调节作用，即同高同低。通过尾部烟气挡板调节在改变前后烟道流量分配比例的情况下，可分别控制一、二次再热汽温。由于各负荷下一、二次再热吸热比例基本相同，低负荷二次再热吸热比例呈略增加的趋势，但变化不大，所以采用尾部烟气挡板的手段，不需要过大的开度调节即可满足。

二、二次再热 Π 型锅炉

　　二次再热 Π 型锅炉双尾部竖井烟道的典型受热面布置示意图见图 3-11。烟气依次流经上炉膛的分隔屏过热器和后屏过热器，炉膛出口的末级过热器，水平烟道的一次再热器高温段和二次再热器高温段后，再进入用分隔墙分成的前、后两个尾部烟道竖井。在前竖井中一部分烟气流经一次再热器低温段和前级省煤器，另一部分烟气则流经二次再热器低温段和后级省煤器。在前、后二个竖井出口布置了烟气挡板以调节流经前、后分竖井的烟气量，用来调节低温再热器的换热量，从而达到分别调节两级再热器汽温的目的。

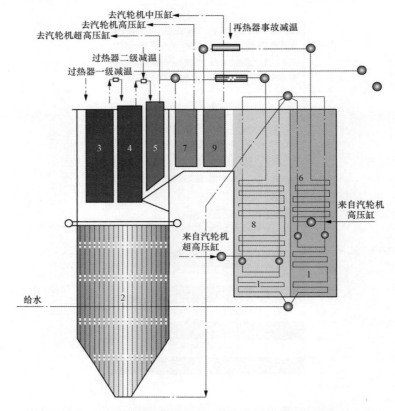

图 3-11　双尾部竖井烟道 Π 型锅炉受热面布置示意图

1—省煤器；2—水冷壁；3—分隔屏过热器；4—后屏过热器；5—末级过热器；6—二次再热器低温段；

7—一次再热器高温段；8—一次再热器低温段；9—二次再热器高温段

　　二次再热 Π 型锅炉尾部三竖井烟道的典型受热面布置示意图见图 3-12。按烟气流程依次为：上炉膛的屏式过热器和一次再热器中温段为全辐射受热面，折焰角上部高温过热器为半辐射受热面，以及布置在水平烟道的一次再热器高温段和二次再热器高温段。尾部烟道通过包墙分隔成三部分，分别布置一次再热器低温段（前竖井烟道）、二次再热器低温段（中竖井烟道）和低温过热器（后竖井烟道）。再热汽温通过尾部三烟道平行烟气挡板调节。省煤器布置在每个竖井烟道的低温过热器和低温再热器下部，采用大口径光管顺列布置。

　　过热器设两级减温，分别位于每两级过热器之间。同一级减温设有左右两个喷水点，两侧减温管路分别用单独的调节阀调节左右两侧管路上的喷水量，消除左右侧汽温偏差。

　　一、二次再热器的高温段都布置在中烟温区的水平烟道，如采用烟气再循环调节再热汽温，可实现良好的调温特性和较大的调温幅度。一、二次再热器的低温段则分别布置于尾部竖井的前后烟道，有利于烟气挡板调温。一次再热器分为高温、中温和低温三段，减小每段受热面焓增，降低偏差。在各段再热器间的连接管上布置事故喷水减温器，可以在事故工况下，保护受热面不超温爆管，同时也起到调节再热汽温的作用。

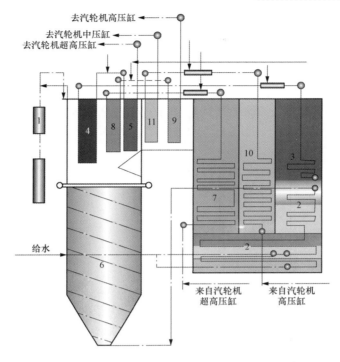

去汽轮机高压缸
去汽轮机中压缸
去汽轮机超高压缸

给水

来自汽轮机超高压缸　来自汽轮机高压缸

图 3-12　尾部三竖井烟道 Π 型锅炉受热面布置示意图

1—汽水分离器；2—省煤器；3—低温过热器；4—屏式过热器；5—高温过热器；6—炉膛；7——一次再热器低温段；

8——一次再热器中温段；9——一次再热器高温段；10—二次再热器低温段；11—二次再热器高温段

　　各级过热器、再热器的连接采用合理的引入引出方式。各级过热器、再热器各段受热面的连接采用大管道连接，使蒸汽能充分混合。引入引出管尽量对称布置，减少静压差，使流量分配均匀，减少汽温偏差。

　　过热器系统和一次、二次再热器系统至少各有一次左右交叉，通常屏式过热器出口与末级过热器之间、再热器低温段出口与再热器高温段之间各进行一次左右交叉。

　　Π 型锅炉的水冷壁流程较塔式锅炉复杂。二次再热 Π 型锅炉的水冷壁流程从省煤器下游的水冷壁下联箱，至汽水分离器进口联箱，主要由炉膛水冷壁、顶棚及包墙系统组成。典型的水冷壁流程示意图见图 3-13。给水从水冷壁下联箱进入下炉膛垂直（或螺旋）管圈，再进入位于靠近屏底的水冷壁中间混合联箱。中间混合联箱沿炉膛布置，以消除下炉膛工质吸热偏差。工质由中间混合联箱引出后进入上炉膛垂直管圈。前墙和两侧墙的工质进入顶棚入口联箱，经顶棚管至顶棚出口联箱。水冷壁后墙的工质进入后墙折焰角斜坡管，再由后墙出口联箱分成两路，分别进入后水冷壁吊挂管和水平烟道两侧包墙管，由连接管送往顶棚出口联箱。顶棚管出口联箱的工质分成两路，一路由顶棚出口联箱引出的大直径连接管将大部分工质送往布置在尾部竖井烟道下面的后烟道前、后、两侧包墙及分隔墙的下联箱（后竖井包墙进口联箱），全部用平行回路向上流动，将工质送往前、后、两侧包墙管及中间分隔墙，集中到后竖井包墙出口联箱再送往布置于锅炉后部的汽水分离器；另一路由顶棚出口联箱引出小部分工质经旁路管直接进入后竖井包墙出口联箱，以减少包墙系统阻力。所有顶棚管和包墙管均采用膜式壁结构。所有包墙管均采用上升流动,以防止低负荷和启动时水动力不稳定。

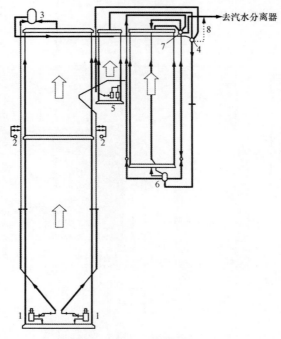

图 3-13　水冷壁流程示意图

1—水冷壁下联箱;2—水冷壁中间混合联箱;3—顶棚入口联箱;4—顶棚出口联箱;5—后墙出口联箱;

6—后竖井包墙进口联箱;7—后竖井包墙出口联箱;8—蒸汽旁路管

第四节　再热蒸汽的温度调节

二次再热锅炉的设计,不是简单地增加二次再热器,而是需要系统地考虑整体布置方案、热力计算、调温方式的选择、温度偏差的控制等一系列问题。二次再热锅炉的设计较一次再热锅炉更为复杂,难度更大,其中再热蒸汽温度的调节是难题,目前还没有十分完美的解决方案来满足下列二次再热锅炉对再热汽温调节的要求:

(1)调节范围大,能分别满足一次和二次再热出口蒸汽温度在锅炉 50%～100%BMCR 负荷范围内保持在额定温度。

(2)参与再热汽温调节的设备或部件结构简单、运行可靠。

(3)调节惯性小,灵敏度高,在配合主蒸汽温度调节手段使用的同时,能独立对主蒸汽、一次和二次再热蒸汽出口汽温进行调节。

(4)对锅炉效率及机组整体热循环效率的负面影响小,甚至无负面影响。

二次再热锅炉再热汽温的调节方法可分为烟气侧调节和蒸汽侧调节两大类。烟气侧调温的原理是通过改变烟气对蒸汽的传热量来改变蒸汽的温度。烟气侧的调温手段有烟气挡板、燃烧器摆动、烟气再循环、受热面吹灰、改变过量空气系数等。蒸汽侧调温的原理是利用其他介质直接改变蒸汽的焓值,来调节蒸汽的温度。蒸汽侧调温装置主要包括汽-汽热交换器、喷水减温等。改变过量空气系数和受热面吹灰对再热蒸汽温度的调节控制性较差，喷水减温能精确调节蒸汽温度，但只能做降温单向调节，并且会降低机组循环热效率。因此，此三种调节方式都不推荐在运行中经常采用。

一、烟气挡板调节

1. Π型锅炉和塔式锅炉挡板的布置

烟气挡板调节是通过改变烟气流量的办法来调节汽温的，这种调温方式是一次再热Π型锅炉，特别是采用对冲燃烧系统的锅炉常用的再热汽温调节方式。一次再热锅炉的尾部烟道分隔成两个并联的烟道，在其中一个竖井烟道中布置再热器和省煤器，另一个竖井烟道中布置低温过热器和省煤器，烟气挡板设置在两个竖井烟道的出口，见图3-8（a）。一次再热的塔式锅炉由于其受热面和烟道布置型式的关系，鲜有采用挡板调节再热汽温的。但是日本石川岛播磨公司（IHI）在日本矶子电厂1、2号600MW超超临界一次再热塔式锅炉，以及德国Lünen电厂800MW超超临界一次再热塔式锅炉上都采用了锅炉上部双烟道烟气挡板调温的方式。烟气挡板可以改变流经两个竖井烟道的烟气分配比例，从而调节再热汽温。二次再热锅炉烟气挡板调节的原理在一次再热锅炉的基础上进行了一些修正，首先将一、二次再热汽温作为一个整体共同调节，其中一级再热汽温达到额定值后，再利用烟气挡板调节一、二次再热吸热量的比例。

二次再热Π型锅炉的尾部可采用三个竖井烟道并列布置，其竖井烟道三挡板调温的示意图见图3-14。三个并列的竖井烟道中的受热面布置的位置和数量根据吸热比例来确定，一次低温再热器布置在前烟道内，二次低温再热器布置在中烟道内，低温过热器布置在后烟道内。在每个烟道出口分别布置烟气调节挡板，共3个挡板。

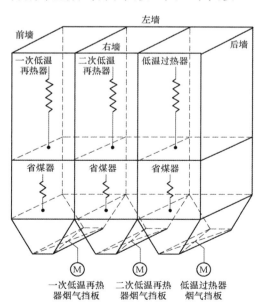

图3-14 二次再热Π型锅炉尾部竖井烟道和烟气挡板示意图

二次再热塔式锅炉的烟气挡板调节方法是采用分割烟道隔墙将上部烟道按前后一分为二。图

3-15 所示为上海锅炉厂的典型布置。一次再热低温再热器和部分省煤器布置在前烟道，二次再热低温再热器和部分省煤器布置在后烟道。前后烟道烟气流量的消长，对两个再热器低温段换热量有明显的影响，一侧增大则另一侧减小。将烟气挡板作为平衡一次再热和二次再热吸热量的手段。

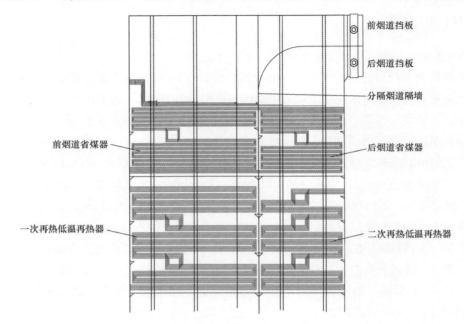

图 3-15　塔式锅炉烟气挡板结构

为防止挡板变形，将其置于烟温不超过 400℃ 的区域内，并采取措施尽量减少烟气对挡板的磨损。平行烟道的隔墙采用膜式壁结构，是低温过热器的一部分，起到良好的冷却作用。

采用烟道挡板调温的主要优点为：①结构简单、挡板操作方便。②在调节再热汽温时对炉膛的燃烧工况影响较小。③调节幅度较大。其主要缺点为：①汽温调节的延迟时间长。②挡板的开度与汽温变化不成线性关系，大多数挡板只在 0～40% 开度范围内比较有效，挡板的调节特性曲线见图3-16。挡板开得较小时易引起磨损，开得较大时又易引起积灰。因此，对于二次再热锅炉，采用挡板调节的控制逻辑设置十分重要。

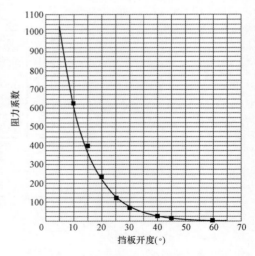

图 3-16　挡板的调节特性曲线

2. 挡板调节的逻辑控制与锅炉设计

挡板调温的最终目标是将主蒸汽温度和一、二次再热蒸汽温度维持在额定温度范围内，主要控制策略应根据工质能量品质的高低，对于不同蒸汽赋予不同的优先级。首先，在锅炉运行的所有负荷范围内，最优先保证能量品质最高的过热汽温在尽可能宽的负荷范围内保持额定温度；其次，在尽可能宽的负荷范围内，优先保证具有较高能量品质的一次再热器的出口汽温；最后，在尽可能宽的负荷范围内保证二次再热器出口汽温或尽量提高二次再热汽温的温度水平。烟气挡板的开度对主蒸汽温度和一、二次再热蒸汽温度都会产生关联影响，因此较一次再热锅炉调控更为复杂。二次再热锅炉烟气挡板调节的逻辑控制原则为：以一、二次再热出口蒸汽温度作为整体，调节过热器吸热和（一、二次）再热器吸热量的分配，在此基础上调节一、二次再热器之间的吸热量分配。

二次再热 Ⅱ 型锅炉尾部竖井烟道的三块烟气挡板，分别调节通过低温过热器、一次再热器低温段和二次再热器低温段的烟气量。再热器调温控制中，相对固定二次再热器的挡板开度，调节低温过热器烟气挡板，以调节过热器吸热量和一级加二级再热器的总吸热量，即一级和二级再热器出口汽温的平均值使其趋于设定温度，这样二次再热锅炉的再热器调温与一次再热锅炉调温控制就非常类似了。同时，用一级再热器的烟气挡板调节一级和二级再热器相互间的热量偏差，使得两者的偏差趋近于零。在这种逻辑下，一级再热器的烟气挡板和低温过热器烟气挡板可以始终保持在调节性能较好的开度范围内。二级再热器烟气调节挡板在机组运行过程中基本维持不动，仅在紧急工况时，根据预置的开度指令进行微调。上述再热汽温控制逻辑图见图 3-17。

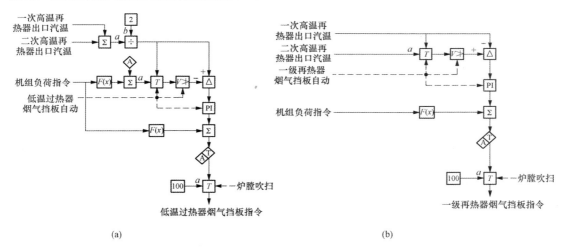

图 3-17　三烟气挡板再热汽温控制逻辑

在锅炉运行时，用烟气挡板调节再热汽温时，必须考虑到对过热汽温的影响。若需提高再热汽温，应在关小过热器侧挡板前，检查是否有一定量的过热器减温水。因为减小过热器侧挡板开度时，低温过热器出口温度降低，此时必须减小减温水量，以保持过热汽温稳定。否则，虽然低温再热器温升增大，但因为低温过热器出口温度下降，会引起主蒸汽温度降低，导致高压缸排汽温度降低，最后高温再热器出口温度变化就不再灵敏。

二次再热塔式锅炉在烟气温度较低的上部烟道设置隔墙，隔墙出口设置两块挡板，分别可调节通过一、二次再热器的烟气流量。这种情况下塔式锅炉还需采用其他手段，如摆动燃烧器或烟气再循环，来调节过热蒸汽出口温度和一、二级再热蒸汽出口平均温度。另外，塔式锅炉的一、二级再热器分别布置在烟道的前、后部分，从烟气流程上看两者是并联关系。

对于这种特殊的结构，如果锅炉和汽轮机设计时能尽可能按如下方式考虑，则锅炉运行中再热汽温的调节会更容易：①一、二次再热蒸汽在机组不同负荷下其吸热量的比例基本保持不变。②锅炉一次再热器和二次再热器对应的各级受热面的进出口烟气温度和蒸汽温度基本相同。以某 660MW 超超临界二次再热机组为例。该机组采用 35MPa/600℃/620℃/620℃的汽轮机入口参数，锅炉采用塔式锅炉，设计煤种为山西烟煤，校核煤种为蒙东煤。锅炉和汽轮机分别为上海锅炉厂和上海汽轮机厂提供，两家制造商在设计时进行了密切配合。根据汽轮机热平衡图，一、二次再热蒸汽在机组各负荷吸热量的比例如表 3-5 所示。一、二次再热器的吸热比例在各负荷下基本为 6:4，因此一、二次再热器设计的前后烟道深度尺寸比例为 6:4。受热面积比例也约为 6:4，与吸热量比例接近。锅炉一、二次再热器采用并联布置的形式，一次再热高温再热器和二次再热高温再热器处于同一个烟温区间内，进出口烟温基本相同。一次低温再热器和二次低温再热器分别位于分隔烟道的前后，通过对再热器各管屏的仔细设计，使得一、二次再热器低温段对应的各级受热面的进出口烟温和蒸汽温度也基本相同，见表 3-6 和表 3-7。上述设计使得一、二次再热器有着天然的平衡性，一、二次再热汽温的变化趋势是一样的。这就意味着同时采用其他再热汽温的调节手段，可以对一、二次再热汽温同时起到方向一致的调节，一旦需要对一、二次再热汽温的变化幅度分别予以微调，则可采用挡板调节。由于各负荷下一、二次再热吸热比例基本相同，低负荷二次再热吸热比例呈略增加趋势，但幅度不大，所以采用尾部烟气挡板的手段，调节较为从容。

表 3-5　　　　　一、二次再热蒸汽在机组各负荷吸热量的比例分配

序号	项　目	单位	BMCR	BRL	THA	75% THA	50% THA	40% THA
1	一次再热吸热比例	%	57.8	59.0	60.3	58.8	57.3	56.7
2	二次再热吸热比例	%	42.2	41.0	39.7	41.2	42.7	43.3

表 3-6　　　　　一、二次再热器各级受热面进出口处烟气温度

序号	项　目		单位	BMCR	BRL	THA	75% THA	50% THA	40% THA
1	一次再热高温再热器冷段	进口	℃	1160	1148	1136	1047	932	882
2	二次再热高温再热器冷段	进口	℃	1160	1148	1136	1047	932	882
3	一次再热高温再热器冷段	出口	℃	1119	1107	1096	1009	903	856
4	二次再热高温再热器冷段	出口	℃	1119	1107	1096	1009	903	856
5	一次再热高温再热器热段	进口	℃	892	884	877	811	743	713
6	二次再热高温再热器热段	进口	℃	892	884	877	811	743	713
7	一次再热高温再热器热段	出口	℃	811	805	799	747	699	678
8	二次再热高温再热器热段	出口	℃	811	805	799	747	699	678
9	一次再热低温再热器	进口	℃	805	799	793	741	692	672
10	二次再热低温再热器	进口	℃	805	799	793	741	692	672
11	一次再热低温再热器	出口	℃	537	531	525	506	494	490
12	二次再热低温再热器	出口	℃	546	541	538	526	520	516

表3-7 一、二次再热器各级受热面进出口蒸汽温度

序号	项 目		单位	BMCR	BRL	THA	75% THA	50% THA	40% THA
1	一次再热高温再热器冷段	进口	℃	540	537	535	534	539	543
2	二次再热高温再热器冷段	进口	℃	548	546	545	548	556	558
3	一次再热高温再热器冷段	出口	℃	589	588	588	590	595	599
4	二次再热高温再热器冷段	出口	℃	592	591	591	594	600	602
5	一次再热高温再热器热段	进口	℃	588	587	587	589	594	598
6	二次再热高温再热器热段	进口	℃	592	591	591	594	600	602
7	一次再热高温再热器热段	出口	℃	623	623	623	623	623	623
8	二次再热高温再热器热段	出口	℃	623	623	623	623	623	623
9	一次再热低温再热器	进口	℃	440	429	419	423	428	430
10	二次再热低温再热器	进口	℃	443	442	444	447	451	452
11	一次再热低温再热器	出口	℃	540	537	535	534	539	543
12	二次再热低温再热器	出口	℃	548	546	545	548	556	558

二、烟气再循环

1. 烟气再循环调温的原理及案例

烟气再循环调温的原理是利用锅炉尾部的部分冷烟气（省煤器下游烟气或引风机下游烟气），通过再循环风机从炉腔下部送入，通过降低炉内的燃烧温度来降低炉腔的辐射换热量，使带入对流受热面的热量增加，同时增大了对流受热面的烟气流速，提高了对流换热系数，从而最终改变锅炉辐射与对流受热面的吸热量比例，达到调节汽温的目的。根据二次再热锅炉受热面布置情况，一、二次再热器高温部分的大部分换热为对流换热，少部分为辐射换热，而低温部分基本上都处于对流换热区域。再循环烟气量增加会增强一、二级再热器的换热，从而提高再热蒸汽温度；当再热蒸汽温度过高时可减少再循环烟气量。烟气再循环调温用于调节再热蒸汽温度的效果是比较明显的。

烟气再循环调节再热汽温在国内外二次再热锅炉中有较广泛的应用，如日本川越电厂和丹麦 Nordjylland 电厂，以及我国的莱芜电厂和安源电厂。川越电厂1、2号炉燃用液化天然气，采用烟气再循环加烟气挡板调节再热蒸汽温度，调节范围很宽，一级再热器可在35%ECR～100%BMCR 之间保证额定汽温，二级再热器可在 50%ECR～100%BMCR 之间保证额定汽温，且再热器均无喷水。Nordjylland 电厂 3 号炉燃用油和煤双燃料，采用烟气再循环加喷水降温的方式控制再热汽温，再循环烟气取自空气预热器后。烟气再循环主要调节二次再热器汽温，喷水减温主要调节一次再热器汽温，这种做法虽然易于运行操作，但是会影响机组的经济性。安源电厂为我国首台 660MW 二次再热超超临界机组，锅炉采用再循环风机加烟气挡板调节再热蒸汽温度。抽取循环炉烟的位置为锅炉省煤器出口，采用三用一备的再循环风机。莱芜电厂为 1000MW 二次再热超超临界机组，再热器系统的调温手段亦为烟气再循环。再循环烟气从引风机出口烟道取出，通过烟气再循环风机引入炉腔下部烟气再循环喷口。炉两侧设置两台烟气再循环风机，单台风机选型采用 60%额定烟气再循环量，2 台风机可提供 120%额定烟气再循环量。

2. 再循环烟气抽出点位置的选择

二次再热机组再循环烟气通常的抽出点位置有两种选择。一种方式是从省煤器出口引出温度较高的含灰烟气，称为原烟气再循环方式。烟气从省煤器出口烟道抽出，通过两根烟道在循环风机入口进行混合，混合后引入循环风机送入炉膛。另一种方式是从引风机出口引出温度较低的经过除尘器除尘后的烟气，称为净烟气再循环方式。烟气从引风机出口引出，经循环风机送入炉膛。这两种烟气再循环方式不同，对于锅炉效率、锅炉下游设备的容量、余热利用方式、循环风机的布置方式、循环风机的数量均有所影响。

原烟气再循环用于塔式锅炉和Ⅱ型锅炉的烟道布置示意图见图 3-18。烟气从省煤器出口引出，可以视为在锅炉范围的内循环。首先，这种循环方式对锅炉效率的影响很小，因为其进入空气预热器的烟气量不变，不影响空气预热器出口烟温，炉膛温度有所降低，对飞灰可燃物含量有一定影响，但可以通过运行方式削弱其影响。其次，省煤器下游的设备如脱硝装置、空气预热器、除尘器、引风机等的烟气流量不会受到循环烟气量变化的影响，如脱硝催化剂量、空气预热器传热面积、除尘器和引风机的容量等均可按无烟气再循环的情况进行设计。第三，从省煤器出口抽取的烟气烟温在 350℃以上，与二次风温度差别较小，较高的烟气温度有助于炉内稳定燃烧。另外，这种方式对于屏底（或炉膛出口）烟温影响较小，对再热汽温的调节效果较好。

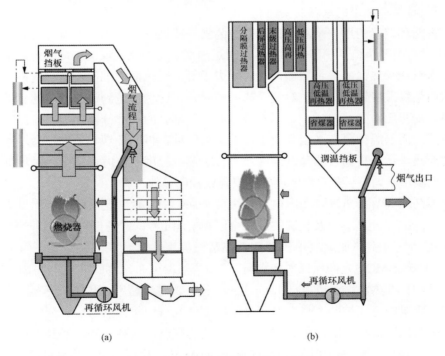

图 3-18　原烟气再循环系统示意图

（a）塔式锅炉原烟气再循环；（b）Ⅱ型锅炉原烟气再循环

原烟气再循环的缺点也是非常明显的。首先，由于烟气温度比较高，而且含尘量比较大，所以烟气再循环风机的叶轮、壳体，以及烟挡板的磨损比较严重。目前常用的再循环风机防磨措施包括：采用低转速风机，转速控制在 1000r/min 以下；使用变频器电动机调节风机转速；采用耐磨的金属材料制作风机叶轮和蜗壳，或者在叶轮上堆焊防磨金属，在蜗壳中贴防磨陶瓷片等。采用了目前的防磨技术后，大部分再循环风机的叶轮仍需每隔半年或一年更换一次，极端案例中再循环风机连续运行时间不超过 3 个月。有的工程考虑在循环风机入口增加除尘设备，降低进入烟气再循环风机的烟气含尘量。但该方法受到除尘设备布置空间的影响，烟气再循环风机不适合布置在锅炉框架内，布置占地较大。而且这种高温烟气除尘器的除尘效果和寿命有待进一步观察。其次，由于再循环风机的吸入口位于烟气负压区域的省煤器出口，吸入口的压力低于炉膛压力较多，所以可能发生炉膛的高温烟气回灌，烧毁设备及引发人身安全事故。因此，原烟气再循环模式的再循环风机必须在机组运行时及锅炉停运后的一段时间内一直处于运行状态。而且考虑到再循环风机前后挡板门烟气冲刷后的严密性下降和存在误操作打开的可能性，不应在线检修故障的再循环风机。

净烟气再循环用于塔式锅炉和 Π 型锅炉的烟道布置示意图见图 3-19。烟气从引风机出口引出，经过除尘器"过滤"后含尘量极低。这种型式的烟气再循环相当于从锅炉的烟风系统外引入烟气进入炉膛，它具有以下优点。首先，引风机出口的烟气压力高于炉膛，因此不存在炉膛炉烟倒灌的安全性问题。再循环风机可以在机组运行中停运，甚至可以利用引风机出口和炉膛压差旁路再循环风机而直接实现烟气再循环。其次，由于烟气的温度较低，烟气中颗粒物极少，所以再循环风机运行环境较好，风机可靠性高。另外这种方案还有着风机的压头较低、厂用电率较小、风机的布置位置相对宽敞等优点。

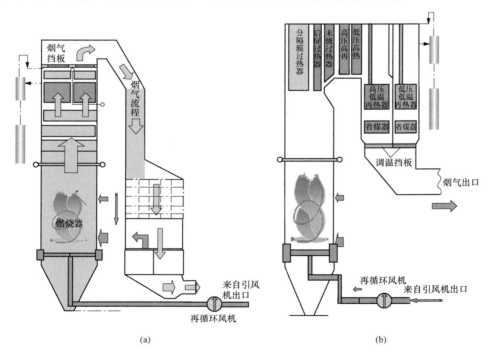

图 3-19 净烟气再循环系统示意图

（a）塔式锅炉净烟气再循环；（b）Π 型锅炉净烟气再循环

净烟气再循环的缺点也较明显。首先，从炉膛到引风机出口的整个烟气系统的烟气量增加了

10%~20%，则空气预热器和低温省煤器的受热面积、除尘器处理的烟气量，以及引风机的选型流量等都相应增加，提高了烟气系统的设备投资。其次，尽管通过空气预热器的烟气量增加了10%~20%，但一、二次风量由于与燃料量有关而仍保持不变，所以空气预热器排烟温度有较明显的提高，并且进入炉膛的烟气温度较低，对燃烧扰动较大，导致锅炉效率下降比较明显。

3. 再循环烟气送入炉膛位置的选择

采用烟气再循环后锅炉的热力特性主要与再循环烟气量及烟气送入炉膛的位置等因素有关。再循环烟气送入炉膛位置通常有三种方案：①送入炉膛底部。②送入燃烧器区域上部。③同时送入炉膛底部和燃烧器区域。炉底送入对于再热器出口汽温的调节效果最好。当再循环烟气从炉膛底部送入时，炉膛温度降低，使辐射吸热量减小，但炉膛出口烟温变化不大。对于对流受热面，由于烟气量增加而使其吸热量增大，而且沿烟气流程，越往后其吸热量增加越多。再热器通常布置在烟温较低的对流换热区域，用烟气再循环调节汽温是很有效的。当锅炉负荷降低时，增加烟气再循环量，使再热器吸热量增加，保持再热汽温不变。一般每增加1%的再循环烟气量，可使再热汽温升高约2℃。如再循环烟气从炉膛燃烧器上部送入，则可降低炉膛出口烟温，这时对再热汽温的调节敏感性不大，通常用来防止屏式过热器超温和对流过热器结渣。而且惰性的烟气从燃烧器区域上部喷入，对燃料的燃尽程度，尤其是低负荷工况下的锅炉燃烧有不利影响。因此，有时也可将再循环烟气同时接入炉膛的上部和下部。低负荷时从炉膛下部送入，起调温作用；高负荷时从炉膛上部送入，起保护作用。不同的烟气送入位置，对锅炉热量特性的影响见图 3-20。如果采用

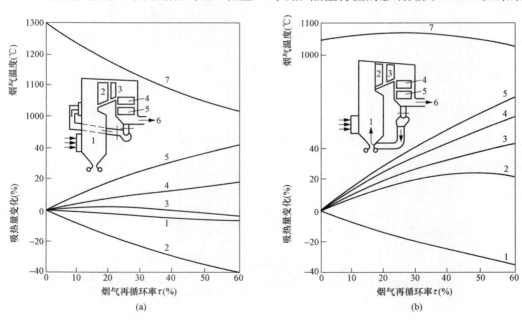

图 3-20　烟气再循环对锅炉热力特性的影响

（a）再循环烟气从炉膛燃烧器上部送入；（b）再循环烟气从炉膛下部送入

1—炉膛水冷壁；2—高温半辐射半对流过热器；3—再热器；4—低温对流过热器；5—省煤器；

6—去空气预热器；7—炉膛出口烟温

从燃烧区域上部输入的方案，随着循环烟气量的增加（即再循环率上升），炉膛出口的屏式过热器（通常为高温过热器）由于处在循环冷烟气影响最大的区域内而吸热量下降明显。高温过热器下游的高温再热器受到冷烟气的负面影响和烟气流量增加的正面影响，两者相互抵消，故其吸热量变化不大。由于喷入点接近炉膛出口，所以炉膛出口烟气温度随着喷入冷烟气量的增加而有明显的下降。但是炉膛的吸热主要为燃烧器区域及附近的辐射吸热，因此在该位置上的冷烟气对炉膛吸热量的影响很小。而在喷入点的下游距离喷入点较远的再热器和省煤器，则由于对流换热占据了其吸热量的绝大部分，在烟气量增加的情况下，换热量也随之大幅度增加。如果采用从炉膛底部输入的方案，随着循环烟气量的增加，炉膛区域的温度将下降，则辐射吸热的炉膛水冷壁的吸热量将下降，但是能保持炉膛出口的烟气温度基本不变。炉膛下游的各级受热面，随着辐射换热和对流换热份额的消涨，离开炉膛越远的受热面对流换热的程度越来越高，其吸热量受烟气流量的影响也越来越高，受烟气再循环率的影响越大。

烟气再循环的主要优点是可以降低炉膛热负荷，能大幅度且灵敏地调节再热器出口蒸汽温度，这对于二次再热锅炉来说是至关重要的。同时，采用了烟气再循环能防止蒸发系统的膜态沸腾和抑制 NO_x 的形成。但是，无论是原烟气再循环还是净烟气再循环，其主要缺点都应当引起高度重视。净烟气再循环会导致锅炉效率下降，部分抵消采用二次再热技术带来的降低机组煤耗的优势，使得二次再热机组的投资收益率下降，甚至不如一次再热机组。而采用原烟气再循环，机组运行再循环风机无法解列，尤其是燃煤电厂，更会因再循环风机的磨损导致其故障率较高，而且烟气再循环风机无法进行在线检修，一旦再循环风机全部（或大部分）停运将导致机组停运。

三、摆动式燃烧器

摆动式燃烧器通过改变火焰中心位置可以改变炉膛中沿高度方向上的最高放热区域温度，从而改变炉膛出口的烟温，达到调节汽温的目的。

摆动式燃烧器大多用于切向燃烧系统。燃烧器可以上下摆动，使得火焰中心随之上下移动，见图 3-21。当再热汽温比额定值低时，燃烧器向上摆动减少炉膛吸热量增加屏底烟温，使得再热蒸汽温度上升；当再热器温度高于额定值时，燃烧器向下摆动将火焰中心

图 3-21 摆动式燃烧器调节再热汽温

下移增加炉膛的吸热量，降低屏底烟气温度，减少再热器吸热量以降低再热汽温。该方法的优点是调节灵敏，惯性小，不需要增加额外的受热面和功率消耗。

摆动燃烧器作为对再热蒸汽的调节手段，主要依靠屏底烟气温度的变化，对于辐射特性敏感的再热器受热面，如墙式再热器或屏式再热器，有良好的调节特性。直流锅炉通常不布置墙式辐射再热器，屏底烟气温度的变化对于再热器烟温变化影响较小，因此摆动燃烧器在直流锅炉中调节特性受到影响。因此，如采用摆动式燃烧器调节再热汽温，在锅炉受热面布置时可考虑将部分再热器受热面布置在辐射换热比例较高的位置。如上海锅炉厂设计的二次再热塔式锅炉对一次再热的塔式锅炉受热面布置进行了改动，大幅提高了再热器的辐射特性，为提高摆动燃烧器的调温灵敏性和幅度创造了条件。图 3-22 为上海锅炉厂设计的一次再热塔式炉和二次再热塔式炉炉膛出口位置的受热面布置。一次再热塔式炉为上海锅炉厂引进型，高温再热器受热面位于一级过热器和三级过热器之后，属于半辐射受热面。并且塔式锅炉炉膛较高，屏底温度较低，因此摆动燃烧器对高温再热器的影响幅度较弱。二次再热塔式锅炉为上海锅炉厂自主开发，一、二次再热高温再热器的一部分冷段受热面布置在低温过热器屏上方，接近于炉膛，为辐射受热面。这部分再热器受热面对燃烧器摆动非常敏感，使得摆动燃烧器的调温性能得到较大改善。

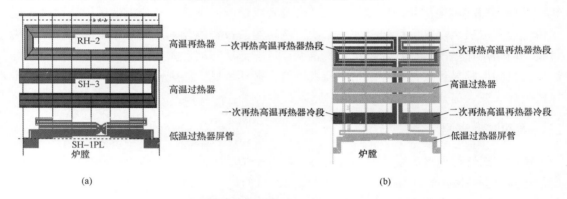

(a)　　　　　　　　　　　　　　　　(b)

图 3-22　直流塔式锅炉高温再热器与炉膛的布置位置关系

（a）一次再热直流塔式锅炉；（b）二次再热直流塔式锅炉

二次再热直流锅炉摆动燃烧器的摆动幅度一般为上下摆动 ±20°～±25°，左右摆动 ±30°，可影响炉膛出口烟温变化约 110℃，对再热汽温调温幅度约为 30℃。炉膛出口烟气温度的变化对于过热蒸汽和再热蒸汽出口温度都会产生影响。理论上，燃烧器在水平位置向上每摆动 1°，可提高一次再热蒸汽温度和二次再热蒸汽温度各约 1.5℃，提高过热蒸汽温度约 0.8℃；燃烧器在水平位置向下每摆动 1°，可降低一次再热蒸汽温度和二次再热蒸汽温度各约 1℃，降低过热蒸汽温度约 0.5℃。但是实际运行的效果可能达不到理论值。一般将摆动燃烧器、烟气挡板、烟气再循环结合使用。采用燃烧器摆动在各负荷工况下可降低烟气再循环率 4%～6%。

燃烧器摆动在运行中需要注意以下几点：

（1）应考虑屏底烟气温度的变化对过热蒸汽温度产生影响，通常抬高燃烧器角度后，为维持过热汽温，需先增加过热器喷水量，再调整煤水比；放低燃烧器角度后，需先减少过热器喷水量，再调整煤水比。

（2）应关注燃烧器区域的结渣情况，以免燃烧器摆动不灵活，甚至卡死。

（3）为保证摆动机构能维持正常工作，应避免燃烧器摆角长期运行在同一位置（0°位置除外）。尤其不允许长时间停在向下的同一角度，这会使得相邻燃烧器受烟气涡流影响，易造成燃烧器冲刷磨损和喷嘴卡死，不能正常工作。每班至少应人为地缓慢摆动燃烧器 1～2 次，摆动幅度应大于 20°。

四、汽-汽热交换器

汽-汽热交换器（Biflux）采用过热蒸汽来加热再热蒸汽，调节改变汽-汽热交换器的再热蒸汽流量，达到控制再热蒸汽温度的目的。

汽-汽热交换器有管式（分散式）和筒式（集中式）两种结构，如图 3-23 所示。汽-汽热交换器在一次再热锅炉中也有调节再热蒸汽温度的应用。管式热交换器采用 U 型管套管结构，外套管管径通常为 159～219mm，内装多根 $\phi32\sim\phi42$ 的 U 型管。过热蒸汽在小管内流过，再热蒸汽在外套管内通过。如某 670t/h 自然循环锅炉，采用 $\phi194\times11mm$ 的 U 型管，内装 7 根 $\phi42\times5mm$ 小管，共装 48 套。筒式结构的汽-汽热交换器安装在锅炉外。筒式热交换器通常在 $\phi800\sim\phi1000$ 的圆筒内装置蛇形管，过热蒸汽在筒内的蛇形管中流动，再热蒸汽在筒内多次横向迂回冲刷，具有更高的传热系数，可以节省金属消耗量。

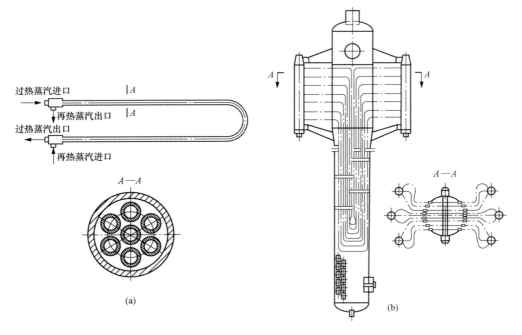

图 3-23 汽-汽热交换器

（a）管式；（b）筒式

通过装在外部的三通调节阀改变流过汽-汽热交换器的再热蒸汽量。流过汽-汽热交换器的再热蒸汽量多，则吸收过热蒸汽的热量就越多，再热蒸汽温度提高幅度越大。

由于汽-汽热交换器是以过热蒸汽加热再热蒸汽来实现调温的，所以它适用于以辐射过热器为主、总的汽温特性为辐射特性的锅炉。因为这种锅炉的过热器蒸汽温度随锅炉负荷降低而升高，而再热汽温随负荷的降低而降低。在汽-汽热交换器中，过热蒸汽用多余的热量加热再热蒸汽，使过热蒸汽温度与再热蒸汽温度都能控制在额定范围内。但采用这种方法调节再热蒸汽温度，会使过热器系统的阻力有所提高，锅炉的钢材消耗量也有所增加。

五、气–汽–汽热交换器

气-汽-汽热交换器（Triflux）是原德国 EVT 公司的一项专利技术。Triflux 是一种三流式热交换器，采用管套管的形式布置在烟道内，结构形式见图 3-24。主蒸汽在内管中流动，再热蒸汽在管间流动，烟气在管外流动。

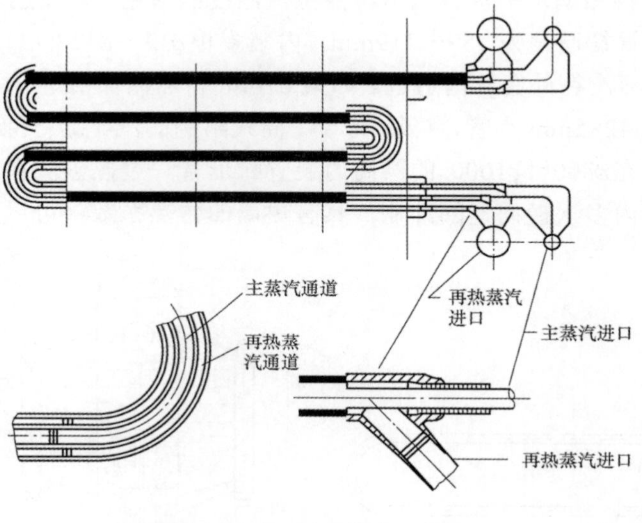

图 3-24　Triflux 结构示意图

Triflux 的工作原理如图 3-25 所示，曲线 a 和 b 分别表示过热蒸汽温度和再热蒸汽温度随锅炉负荷变化的趋势。高负荷时再热汽温高于过热汽温，热量传递的方向是从烟气侧到再热蒸汽侧，从再热蒸汽侧到过热蒸汽侧；低负荷时过热汽温高于再热汽温，热量传递的方向是从过热蒸汽侧到再热蒸汽侧，从烟气侧到再热蒸汽侧。在过热蒸汽侧辐射汽温特性和烟气侧对流汽温特性的共同作用下，Triflux 可以在较大负荷范围内保持恒定的再热蒸汽温度。

Triflux 出口的再热蒸汽温度可以通过进入 Triflux 的过热蒸汽温度或进入 Triflux 的过热蒸汽量进行调节，见图 3-26。进入 Triflux 的过热蒸汽温度通过喷水减温调节，蒸汽量通过旁路阀调节。当需要在较大的负荷变化范围内保持恒定的再热蒸汽温度时，可以同时采用上述两种方法。

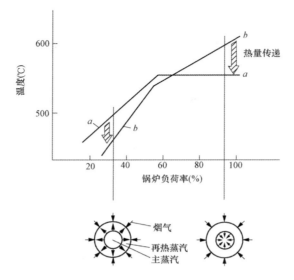

图 3-25 不同负荷下 Triflux 中热量传递的方向

a—过热蒸汽；*b*—再热蒸汽

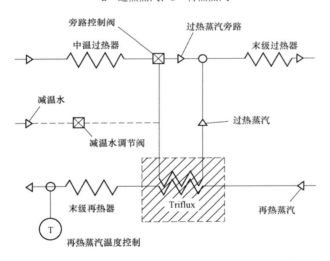

图 3-26 采用 Triflux 调节低压再热器汽温示意图

    Triflux 在德国用于一次再热锅炉再热汽温的调节已有很多年的运行经验。它的优点包括：①不受炉型的限制，既可应用于塔式锅炉，也可应用于Π型锅炉。②可以调节任何一侧的再热汽温，如果用于二次再热锅炉，可以独立地调节一、二级再热器两侧的出口蒸汽温度。③可以像普通受热面一样布置在炉膛内，不需要额外占用炉内或炉外空间。④可以在较大范围内保持恒定的再热蒸汽温度。

六、各种再热蒸汽温度调节方式的比较

    通过烟气挡板、摆动燃烧器、烟气再循环、Biflux 和 Triflux 的组合使用，二次再热机组一、二次再热器独立的汽温调节是可以实现的。对于烟气侧调节方式，燃油锅炉可以采

用烟气再循环、摆动燃烧器、烟气挡板的相互组合进行调节，燃煤锅炉应尽量避免采用烟气再循环，可以采用烟气挡板和摆动燃烧器进行调节。对于蒸汽侧的调节方式，大型二次再热锅炉可采用 Triflux 进行调节。

国内燃煤 Π 型锅炉再热蒸汽的温度调节主要采用挡板调温+烟气再循环方式，或者挡板调温+烟气再循环+燃烧器摆动的调节手段，通过挡板可对一、二次低温再热器汽温进行分别调节，配合以燃烧器摆动和（或）烟气再循环的调节手段，增加调节的敏感性和范围。国内燃煤塔式锅炉再热蒸汽的温度调节采用燃烧器摆动调节+挡板调温的方式，同时也考虑在此基础上增加烟气再循环的调节手段。目前，国内还没有采用气-汽-汽热交换器方式调节再热汽温的应用。

本部分所述的几种二次再热锅炉再热汽温控制的优缺点对比见表 3-8。

表 3-8　　　　　　　　　各种再热汽温控制方法的比较

序号	名称	优　点	缺　点	适用炉型
1	烟气挡板	结构简单、操作方便；对炉膛的燃烧工况影响较小，且调节幅度较大；可独立调节一、二次再热汽温	延迟时间长，挡板的开度与汽温变化不成线性关系，易磨损和积灰；同时影响过热汽温	大部分用于Π型锅炉；塔式炉应用较少
2	摆动式燃烧器	调节灵敏，惯性小，不需要增加额外的受热面和功率消耗	调温幅度受限；容易卡涩，导致无法摆动；对对流受热面不敏感；不可独立调节一、二次再热汽温	切向燃烧锅炉
3	烟气再循环	对再热汽温调节范围大，调节灵敏；同时可降低炉膛热负荷，抑制NO_x的形成	投资大，运行及维护费用高，影响锅炉效率；对于燃煤锅炉，再循环风机易磨损，会影响机组可用率；不可独立调节一、二次再热汽温	燃油或燃气锅炉
4	Biflux	传热系数很高，因此用较少的受热面可以得到较大的调节幅度；适应各种燃料，不影响锅炉效率；可独立调节一、二次再热汽温	调温速度相对较慢，动态特性差；使热器系统的阻力有所提高；布置在炉外，占用空间较大	通用
5	Triflux	传热系数高，调节范围大；适应各种燃料，不影响锅炉效率；炉内布置；可独立调节一、二次再热汽温	使过热器系统的阻力有所提高，结构复杂，投资大	通用
6	过量空气系数调节	无需增加初投资，无动力消耗	对锅炉效率影响大，增加NO_x排放，调节精度低，仅可作为辅助手段，较少采用	通用
7	喷水减温	调节灵敏、精细；可独立调节一、二次再热汽温	单向调节，只能降温；影响机组效率，作为事故状态下的保护措施	通用
8	吹灰调节	无需增加初投资，几乎无动力消耗	调节精度低，重复性差，仅可作为辅助手段，较少采用	通用

第四章

汽轮机设计特点

汽轮机是一种大型高速回转式动力机械，是现代火力发电厂中应用最广的原动机，材料工业的发展、计算机技术的应用、自动化水平的提高，极大地促进了大型汽轮机组的生产和应用。

我国制造汽轮机的历史是从 1953 年开始的，上海汽轮机厂 1955 年制造出了我国第一台 6MW 汽轮机。之后哈尔滨汽轮机厂、东方汽轮机厂等相继建厂，建立起了比较完整的汽轮机制造工业。20 世纪六七十年代，我国自主设计制造了 100、125、200、300MW 汽轮机，蒸汽参数从中压中温到高压高温，从超高压到亚临界，为我国制造业的发展和我国电力工业的发展做出了巨大的贡献。从 20 世纪 80 年代开始，我国逐渐从发达国家引进先进的汽轮机制造技术，包括 300、600、900、1000MW 机组，机组参数从亚临界到超临界，再到超超临界。2002 年 9 月，随着国家"863"计划"超超临界燃煤发电技术"的启动，国内各大动力设备制造厂相继引进国外成熟的超超临界发电技术，采用引进核心技术，再消化吸收，最终实现完全国产化的技术路线，使我国汽轮机的设计制造技术达到了新的高度。截至 2017 年 6 月底，我国已有 96 台百万等级容量的超超临界机组投入运行。特别是 2015 年 9 月，我国自行设计制造的泰州电厂 1000MW 二次再热机组的顺利投运，标志着我国已完全掌握大容量、高参数机组的设计制造技术，并且达到国际先进水平。

第一节　二次再热汽轮机的总体设计

一、机型选择

大型纯凝式汽轮机在机型选择时主要考虑轴系数量、汽缸数量、末级叶片等多个因素，同时这些因素又是相互制约、相互影响的。

1. 轴系数量

汽轮机的机型按轴系数量可分为单轴汽轮机和双轴汽轮机。目前世界上绝大多数汽轮发电机组的布置型式为单轴型式。在美国、日本出现了少量双轴汽轮机（见表 4-1），其主要原因是当时机组单机功率的增长很快，导致单轴机组在技术上受到一定的限制，在日本的 1000MW 和美国的 1300MW 一次再热机组上有采用双轴机型的应用实践。

表 4-1   美国和日本典型的大容量双轴汽轮机主要情况

序号	国家	电厂名称	制造商	容量（MW）	蒸汽参数（MPa/℃/℃）	投产年份
1	美国	Cumberland 1、2 号	ABB	1300	24.2/538/538	1972
2	美国	Amos 3 号	ABB	1300	24.2/538/538	1973
3	美国	Gavin 1、2 号	ABB	1300	24.2/538/538	1975
4	美国	Mountaineer 1 号	ABB	1300	24.2/538/538	1980
5	美国	Rockport 1、2 号	ABB	1300	24.2/538/538	1989
6	美国	Zimmer	ABB	1300	24.2/538/538	1991
7	日本	原町 1 号	东芝	1000	24.5/566/593	1997
8	日本	原町 2 号	日立	1000	24.5/600/600	1998
9	日本	三隈 1 号	三菱	1000	24.5/600/600	1998
10	日本	橘湾 1 号	东芝	1050	25/600/610	2000
11	日本	橘湾 2 号	三菱	1050	25/600/610	2001
12	日本	常陆那珂 1 号	日立	1000	24.5/600/600	2002

单轴机组的技术限制因素主要有以下几点：

（1）汽轮机排汽面积的限制。随着汽轮机的容量越来越大，汽轮机的排汽面积也不断增长，而在低压缸数量不变的情况下，要求末级叶片的高度也不断加大。然而叶片材料的强度限制了末级叶片的高度。

（2）长轴系的稳定性问题。轴系的振动问题直接关系着机组的安全运行。影响轴系振动的因素主要是轴系振动特性设计、轴系加工装配和支承系统特性设计等，任何一个环节出现问题都会导致轴系的振动特性发生恶化。而汽轮机的轴系振动特性与汽轮机汽缸数量直接相关，对于单轴机来说，汽缸越多则轴系越长，振动问题和应力分布越复杂，轴系的稳定性越难控制。

（3）汽轮机的差胀增加。汽轮机汽缸和转子之间由于温度变化条件不同，导致两者之间会产生相对胀差，汽轮机轴系越长，相对胀差就越大。过大的相对胀差会造成汽轮机动静间隙加大，影响汽轮机效率和机组的安全运行。

由于单轴机组具有较好的经济性和运行方便性，世界上绝大多数汽轮发电机组都采用单轴型式。而随着新技术和新材料的不断涌现，设计计算技术不断提高，单轴机的容量上限也在不断提高。在单轴机组的制约因素逐步得到解决后，多轴机组已极少采用。因此，除了少数用户有特殊需求外，目前在常规背压条件下，我国 1000MW 一次再热和二次再热机组均采用单轴机型。对于一次再热机组，单轴机型最大容量可达到 1300MW 等级（五缸六排汽）；对于二次再热机组，单轴机型最大容量也可达 1000MW；对于低背压机型可采用六缸六排汽。

2. 汽缸数量

大容量中间再热式汽轮机均采用多缸汽轮机，汽缸的数量受汽缸结构型式、末级叶片、再热级数和单个汽缸所能达到的通流能力等多种因素影响。例如采用高压缸和中压缸合缸型式，可减少一个汽缸数量；又如二次再热机组的再热系统比一次再热机组增加了一次再热，对汽轮机来说将增加了一个汽缸等。以超超临界单轴湿冷机组为例，典型汽缸组合型式见表4-2。

表 4-2   大容量超超临界单轴湿冷机组的典型汽缸组合型式

容量和再热次数	汽 缸 设 置
600MW/一次再热	两缸两排汽（1个高中压合缸、1个低压缸）
	三缸四排汽（1个高中压合缸、2个低压缸）
	四缸四排汽（1个高压缸、1个中压缸、2个低压缸）
1000MW/一次再热	四缸四排汽（1个高压缸、1个中压缸、2个低压缸）
	五缸六排汽（1个高压缸、1个中压缸、3个低压缸）
600MW/二次再热	五缸四排汽（1个超高压缸、1个高压缸、1个中压缸、2个低压缸）
1000MW/二次再热	五缸四排汽（1个超高压缸、1个高压缸、1个中压缸、2个低压缸）
	六缸六排汽（1个超高压缸、1个高压缸、1个中压缸、3个低压缸）

对于多缸汽轮机，汽缸的膨胀、转子的膨胀，以及汽缸与转子之间的相对膨胀是汽轮机设计和安装过程中需重点考虑的问题。在汽轮机设计时应通过汽缸和转子的热膨胀计算，选择合适的汽缸死点及转子相对死点（推力轴承）的位置，并留出膨胀间隙，保证汽轮机的安全运行。

3. 汽轮机配汽方式

汽轮机的配汽方式主要分为喷嘴不分组的全周进汽型式和喷嘴分组的非全周进汽型式两种。

对喷嘴不分组的全周进汽结构型式无调节级，其进汽压力及焓降均与流量成正比。机组的运行模式为"定-滑"模式，汽轮机进汽量的调节是通过主汽阀节流或滑压改变进汽压力的方式实现的。这种结构型式的高压第一级叶片不存在部分进汽引起的冲击载荷，叶片应力与机组负荷同步变化，叶片应力水平相对较低。

对喷嘴分组的非全周进汽（喷嘴调节）的结构型式设有调节级，可通过改变部分进汽度的大小调节汽轮机的流量和级的进汽压力、焓降。调节级进汽的非对称性引起不对称的蒸汽力作用在转子上，导致轴系稳定性降低。该结构的调节级叶片在低负荷、最小部分进汽时应力远大于额定负荷工况，加上部分进汽的冲击载荷等因素，使该级叶片的动强度设计成为整个机组安全性的关键环节之一。

上述两种配汽方式各有优缺点，其中喷嘴分组的非全周进汽在部分进汽度下的机组运行经济性较高，因此在亚临界和超临界机组中得到广泛的应用。然而随着机组初参数的逐渐增高，在超超临界参数（大于或等于27MPa/600℃）条件下，该配汽方式的调节级工作条件更加苛刻，喷嘴调节级的结构型式会出现下列明显不足：

（1）对于百万千瓦等级机组，蒸汽流量和压力荷载大幅增加，受强度所限，单流调节级需要改为双流调节级，将使级效率出现下降。

（2）部分进汽的配汽方式在超超临界参数下更容易形成汽隙激振源，不利于机组在部分负荷下的安全运行。

因此，对于百万千瓦等级的超超临界机组，喷嘴调节的配汽方式在安全性、可靠性、经济性、运行灵活性等方面逐渐被全周进汽方式所超越。目前，国内主要汽轮机生产厂生产的大容量百万千瓦等级的超超临界机组，已全部采用全周进汽的配汽方式。

4. 补汽阀和节流调节

机组采用全周进汽配汽方式后，汽轮机的进汽压力与流量成正比，运行方式为"定-滑"模式，即机组仅在最大流量（VWO）工况运行时，进汽压力才达到额定值。但这会出现下列两个问题：

（1）全周进汽的滑压运行模式没有用足蒸汽压力的能力，这种能力的损失随机组设计流量余量的增加而增加。按 VWO 工况进汽量为 1.03～1.05 倍 TMCR 工况进汽量来计算，如 VWO 工况汽轮机进汽压力为 p，则在 TMCR 或 TRL 工况汽轮机进汽压力将减低为（0.95～0.97）p，THA 工况汽轮机进汽压力继续降低为（0.88～0.92）p。

（2）为使机组能满足电网要求的一次调频能力，全周进汽的配汽方式通常采取节流调节的方式。但这种方式势必引起汽轮机经济性的下降，例如 5%的全周进汽节流将使汽轮机热耗率增加约 12kJ/kWh。

为了合理利用汽轮机额定压力的潜力，获得更高的经济效益，同时实现一次调频的要求，上海汽轮机厂生产的一次再热超超临界机组采用外置补汽调节阀的配置型式。外置的补汽阀是在主汽阀后与主调节汽阀并列引出的调节阀，主蒸汽经补汽阀节流后，进入高压缸某级后继续膨胀做功。当汽轮机达到 TMCR 或 THA 工况后，补汽阀开启，超出额定流量的部分由补汽阀提供。采用补汽阀后，有下列明显优点：

（1）主调节汽阀在额定流量下可设计为全开，没有节流损失，充分利用了汽轮机的通流能力和承压能力，可使机组在额定工况热耗率降低 20～35kJ/kWh，并可提高各工况下的机组效率。

（2）采用补汽阀后，原则上机组不需主调节汽阀长期节流备用以具备调频能力，避免了约 12kJ/kWh 的节流损失。

（3）补汽阀的反应速度较快，并且在迅速增加负荷时，蒸汽压力变化量较小，具有良好的调频性能，能够满足电网对机组一次调频的要求，有利于提高电网的稳定性。

但是补汽阀也存在下列不利因素：

（1）由于补汽进入汽轮机的汽流方向垂直于汽缸内的蒸汽流动方向，对高压缸内原有的轴向汽流造成扰动，所以当补汽阀开启后，高压缸的轴振会有所上升。

（2）设置补汽阀系统后，汽轮机的进汽系统需增加补汽阀及进出管道、油动机及控制系统，机组的投资成本增加。

（3）由于补汽阀出口蒸汽旁路了高压缸的前几级叶片，补汽阀开启后将明显降低机组的热经济性。以补汽量为总进汽量的 8%为例，汽轮机热耗将增加约 50kJ/kWh，补汽量越大，热耗增加量就越大。

正是因为"全周进汽配汽方式+补汽阀技术"相对其他类型机组而言，具有更高的经济性和可靠性，所以在国内一次再热超超临界机组中得到大量应用，并取得了良好的效果。但是在二次再热机组中，主蒸汽压力比一次再热机组高得多，超高压缸进汽压力达 31～35MPa。与一次再热机组相比，二次再热机组的超高压缸转子直径更小，叶片更短，如果仍然使用补汽阀技术，将对超高压转子造成相对更大的扰动。因此，为了超高压缸的安全运行，目前 1000MW 等级二次再热机组均不设补汽阀，超高压缸体上不设抽汽口和补汽口，机组采用节流调节或其他手段满足机组的一次调频要求。对于 660MW 等级二次再热机组，由于补汽量较少，有设补汽阀的案例。

二、蒸汽参数对选型的影响

汽轮发电机组的蒸汽参数与机组容量、材料性能、经济性和制造技术等多方面相关。采用二次再热后，汽轮机各汽缸的进、出口压力和温度相较一次再热机组都有了较大的变化，典型的 1000MW 一次再热机组和二次再热机组蒸汽参数对比见表 4-3。

表 4-3　　　　　　　　典型 1000MW 一次再热和二次再热机组蒸汽参数对比

项　　目	单位	二次再热	一次再热 A	一次再热 B
额定主蒸汽压力（TMCR）	MPa（a）	31	26.25	28
额定主蒸汽温度	℃	600	600	600
额定超高压缸排汽口压力	MPa（a）	11.40	—	—
额定超高压缸排汽口温度	℃	431.3	—	—
额定高压缸排汽口压力	MPa（a）	3.67	6.04	6.68
额定高压缸排汽口温度	℃	446.1	369.1	373.6
额定一次再热蒸汽进口压力	MPa（a）	10.66	5.43	6.22
额定一次再热蒸汽进口温度	℃	620	600	620
额定二次再热蒸汽进口压力	MPa（a）	3.225	—	—
额定二次再热蒸汽进口温度	℃	620	—	—
主蒸汽额定进汽量	t/h	2614	2950	2903
一次再热蒸汽额定进汽量	t/h	2438	2470	2426
二次再热蒸汽额定进汽量	t/h	2084	—	—
额定排汽压力（TMCR）	kPa（a）	5.0	4.9	5.0

由表 4-3 可知,超超临界二次再热汽轮机与一次再热汽轮机的参数相比,具有如下特点,对汽轮机的总体设计产生了较大的影响。

（1）主蒸汽压力提高。受低压缸排汽湿度所限,目前一次再热机组的主蒸汽压力最高为 28MPa;而二次再热机组由于多了一级再热,所以有条件将主蒸汽压力提高到 31～35MPa。二次再热机组相对较高的主蒸汽压力,给汽轮机超高压缸的强度和密封设计带来一定的难度,但由于多了一级再热,二次再热机组的超高压缸和高压缸的焓降及进汽/排汽压比反而比一次再热机组有所降低,为超高压缸和高压缸的强度设计带来了有利的因素。

（2）中压缸进汽压力降低。二次再热机组的中压缸进汽压力约为 3～3.5MPa,大大低于一次再热机组中压缸 5～6MPa 的进汽压力。因此，中压缸的进汽和排汽比体积大幅增加，二次再热机组中压缸的容积流量接近同容量一次再热机组的 2 倍，给中压缸的设计（特别是 1000MW 二次再热机组）带来了较大的困难。

（3）主蒸汽和再热蒸汽温度基本相同。受耐热钢 P92 材料的限制，目前不论是一次再热机组还是二次再热机组，主蒸汽温度最高选择均为 600℃，再热蒸汽温度最高选择为 620℃。因此，对中压缸进汽压力较低的二次再热机组来说，中压缸进口蒸汽过热度较高。为了保证低压缸模块的可靠性，必须降低中压缸的排汽压力，以使进入低压缸的蒸汽温度降低到 400℃ 以下的安全范围。

（4）低压缸的进汽压力降低。由于低压缸进汽压力降低，蒸汽比体积大幅增加，所以需将中低压缸连通管和低压缸进汽腔室相应放大。与一次再热机组相比，二次再热机组由于低压缸进汽压力较低，所以低压缸排汽的湿度有所降低，有利于提高低压缸的通流效率。

第二节　上海汽轮机厂二次再热汽轮机

一、总体技术特点

上海电气电站设备有限公司上海汽轮机厂（以下简称"上汽"）研制的 1000MW 超超临界二次再热汽轮机的总体型式采用单轴五缸四排汽，由 1 个单流圆筒型超高压缸、1 个双流高压缸、1 个双流中压缸和 2 个双流低压缸组成（见图 4-1）。

图 4-1　上汽生产二次再热超超临界汽轮机立体剖视图

该汽轮机通流部分由超高压、高压、中压、低压四部分组成。超高压部分为单流型式，共 15 个反动级，采用全周进汽的配汽方式；高压和中压部分均采用双流型式，均为 2×13 级；低压部分由两个低压缸组成，采用双流型式，共 2×2×5 级。机组的回热系统共设 10 级回热抽汽。

汽轮机各级叶片级均采用全三维马刀型叶片，并采用变反动度的设计方式。各级叶片级的反动度根据叶片的汽流进出角度、焓降等条件来确定，以形成最佳的叶片级组合，提升整个汽缸的通流效率。

超高压、高压、中压、低压缸采用串联布置，各汽缸之间采用一个轴承的单支点型式，全部五缸由六只径向轴承来支承。单支点的支承型式较为紧凑，可有效缩短轴系的长度，提高轴系的稳定性。同时，单支点的支承型式使轴承比压高，采用高黏度的润滑油，稳定性较好。径向轴承的技术参数见表 4-4。

表 4-4　　　　　　　　　　　径 向 轴 承 技 术 参 数

轴瓦号	轴径尺寸（mm）	轴瓦形式	轴瓦受力面积（cm²）	比压（MPa）	失稳转速（r/min）	设计轴瓦温度（℃）
1	$\phi 250 \times 160$	椭圆	400	1.47	>4500	<110
2	$\phi 380 \times 300$	椭圆	1140	1.53	>4500	<110
3	$\phi 475 \times 425$	袋式	2030	1.64	>4500	<110
4	$\phi 530 \times 530$	袋式	2809	2.48	>4500	<110
5	$\phi 560 \times 560$	袋式	3136	3.04	>4500	<110
6	$\phi 560 \times 425$	袋式	2380	1.91	>4500	<110

机组整个超高压缸、高压缸和中压缸的静子件用猫爪支承在汽缸前后的两个轴承座上。而低压部分的静子件中，外缸质量与其他静子件的支承方式是分离的，即外缸的质量完全由与之焊接的凝汽器颈部承担，其他低压部件的质量通过低压内缸的猫爪由其前后的轴承座来支承。所有轴承座与低压缸猫爪之间的滑动支承面均采用低摩擦合金，优点是具有良好的摩擦性能，不需要润滑，有利于机组膨胀顺畅。

整台机组滑销系统的死点位于超高压缸与高压缸之间的 2 号轴承座。在 2 号轴承座内装有径向推力联合轴承，整个轴系以此为死点向两端膨胀（如图 4-2 所示）；而超高压缸的后猫爪和高压缸的前猫爪在 2 号轴承座处也是固定的；中压外缸与低压内缸，以及低压内缸与低压内缸之间以推拉杆的形式连接，静止部件的轴向膨胀依靠推拉杆实现，减少低压缸的相对膨胀。整个机组的动静膨胀方向是相同的，滑销系统在运行中通流部分动静之间的胀差比较小，有利于机组快速启动。

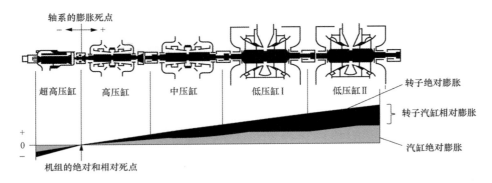

图 4-2　上汽二次再热机组膨胀系统图

机组的盘车装置采用径向柱塞式液压马达驱动。液压马达具有低速高扭矩的特点，油来源于顶轴油，安装于超高压转子调节汽阀端的顶端，位于 1 号轴承座内。盘车装置是自动啮合型的，配有超速离合器，能使汽轮机冲转到一定转速后自动退出，并能在停机时自动投入，盘车转速为 60r/min。

汽轮机外形见图 4-3。

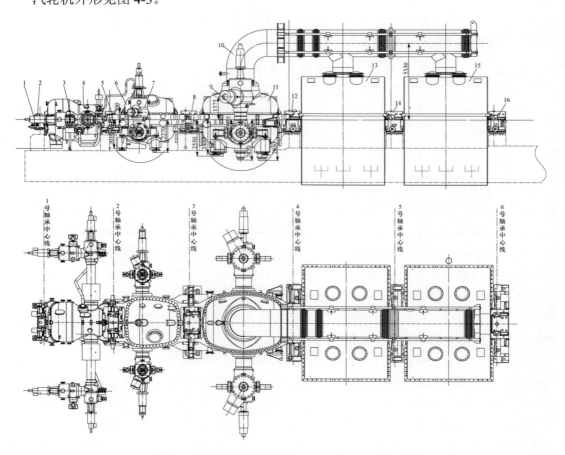

图 4-3　上汽生产超超临界二次再热汽轮机外形

1—液压马达；2—1 号轴承座；3—超高压主汽阀；4—超高压缸；5—2 号轴承座；6—高压缸；7—高压主汽阀；

8—3 号轴承座；9—中压汽阀；10—中低压连通管；11—中压缸；12—4 号轴承座；13—低压缸 I；

14—5 号轴承座；15—低压缸 II；16—6 号轴承座

二、超高压缸结构特点

上汽生产二次再热机组超高压缸采用全三维的变反动度叶片级，压比焓降小，无抽汽口，取消了一次再热机组采用的补汽腔室。超高压缸采取典型的筒型缸设计原则，即采用单流、全周进汽设计，共 15 个反动级，外汽缸为圆筒型，无水平中分面，见图 4-4。超高压缸内不设隔板，反动式的静叶栅直接安装在内缸上，有 1 级低反动度叶片和 14 级扭叶片。

超高压缸采用全周进汽、没有调节级的配汽方式，超高压主汽阀及调节汽阀通过罩形螺栓与汽缸连成一体。与一次再热机组相同，该配汽方式与喷嘴调节级相比，更加适合进汽压力高、蒸汽流量大的大型超超临界机组，消除了附加的汽隙激振源；同时高压第一级叶片的焓降远低于喷嘴调节，也解决了第一级叶片的安全性问题。

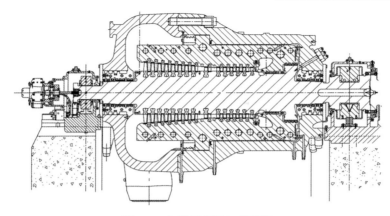

图 4-4　上汽超高压缸剖面图

圆筒型超高压缸结构是该机组的另一技术特点。超高压缸的内缸采用垂直纵向中分面的结构，外缸为筒形设计，沿轴向以垂直中分面分为进汽缸和排汽缸两部分，无法兰外伸端。由于汽缸垂直剖分面的截面积远小于水平中分面，所以这种汽缸结构轴向作用力小，对螺栓轴向密封应力的要求较低；整个汽缸壁厚沿圆周方向一致，使得机组在启动、停机或快速变负荷时缸体的温度梯度较小，热应力保持在较低的水平。同时，沿着轴向的垂直中分面结构可以根据工作温度选择不同的材料，降低机组的造价。由于二次再热机组的超高压缸上没有回热抽汽口，所以其应力水平低于有抽汽口的高压模块，为主蒸汽压力提高到 30MPa 以上甚至35MPa 创造了有利的条件。

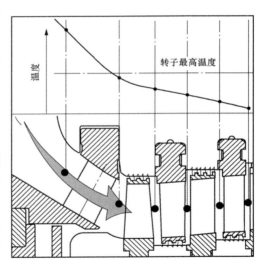

图 4-5　第一级斜置静叶

在超高压缸径向进汽向轴向叶片级折转的过程中，首级采用低反动度叶片级，静叶采用斜置 45°（如图 4-5 所示），切向进汽，结构紧凑，漏汽损失小。一方面，第一级斜置静叶片整体结构可避免喷嘴端部磨损，斜置转向的大动静间隙可有效防止对静叶的反射冲蚀；另一方面，第一级采用低反动度叶栅，级速度比冲动式低，静叶相对出汽角大，可大幅度减小颗粒的速度，降低固体颗粒冲蚀的危害。此外，第一级斜置静叶会产生较大的焓降，也可降低转子的工作温度。

三、高、中压缸结构特点

上汽生产二次再热 1000MW 机组的高、中压缸结构较为类似，均采用双流型式，内、外双层缸设计，水平中分面结构，分为上、下两半。高、中压缸双流程的内缸支撑在外缸内，外缸通过猫爪搭在轴承座上，高压缸调节汽阀端猫爪直接固定在 2 号轴承座上。上汽高、中压缸剖面图见图 4-6。

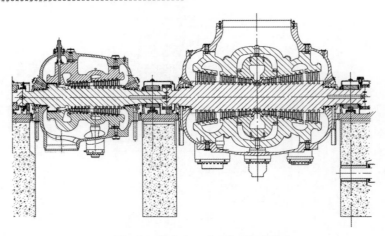

图 4-6　上汽高、中压缸剖面图

1000MW 机组的高、中压汽缸均为 2×13 级，中部两侧双流切向进汽，与超高压缸相同，第一级采用斜置静叶，较大的轴向动静距离可有效防止固体颗粒冲蚀。排汽口位于汽缸底部的中间位置。

超超临界二次再热机组进汽温度较高，目前最高已达 620℃，针对进汽温度的提高，相应采用了 FB2 和 CB2 等更好的铸锻件材料。

为了冷却高压和中压转子，除第一级采用低反动度叶片级（反动度约为 20%）外，还采取了一种切向涡流冷却技术。即在高、中压缸进汽段上开有切向进汽孔，利用涡流的原理，可使高压和中压再热蒸汽的汽温下降 15℃ 左右，以达到降低中压转子温度的目的（见图 4-7）。高温进汽仅局限于内缸的进汽部分，中压外缸只承受排汽较低的压力和温度，可使汽缸法兰承受的荷载较小。

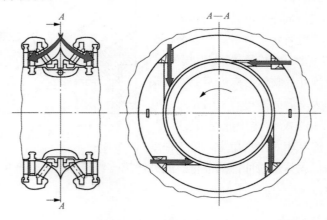

图 4-7　切向涡流冷却示意图

四、低压缸结构特点

汽轮机低压缸的进汽压力较低，蒸汽比体积较大，因此低压缸的体积较大，采用两个双流型式低压缸，内、外缸双层缸设计，低压缸剖面见图 4-8。由内缸、外缸、持环和静叶组成,焊接的外缸和内缸均为水平中分结构,共 2×2×5 级。

低压外缸与轴承座分离,采用现场焊接直接与凝汽器刚性连接,质量由凝汽器承受,减少了汽轮机机座的基础载荷。低压外缸膨胀的死点在凝汽器基础和导向装置上。低压外缸与内缸之间的胀差通过内缸猫爪处的汽缸补偿器和端部汽封补偿器进行吸收。从外缸伸入缸内的各部件也均采用补偿器进行连接。

低压内缸通过其前后各两个猫爪,搭在前后两个轴承座上,支撑整个内缸、持环及静叶的质量。低压内缸两侧底部设有横向定位键槽与基础埋件相连接,防止低压内缸横向和周向移动。低压内缸以推拉装置与中压外缸连接,减少低压缸的相对膨胀。

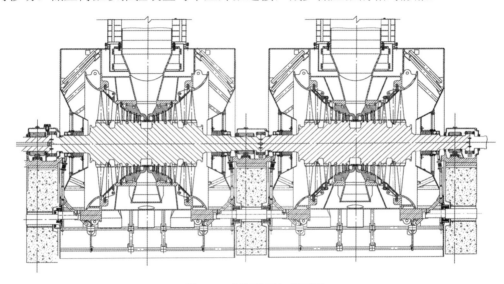

图 4-8　上汽低压缸剖面图

超超临界机组低压缸的排汽湿度较大,因此末级叶片采用抗腐蚀性能较好的 17-4PH 材料,低压末级及次末级叶片采用了新型的激光表面硬化技术,结构上设计足够通量的疏水槽和采用中空的末级静叶,以提高材料整体的抗应力腐蚀及抗水蚀性能。

五、主要技术参数

上汽生产二次再热 1000MW 机组的主要技术参数见表 4-5。

表 4-5　　　　　　　上汽 N1000-31/600/620/620 型汽轮机主要技术参数表

编号	项　目	单位	技术参数
1	机组型式	—	超超临界、二次中间再热、五缸四排汽、单轴、凝汽式
2	额定功率/最大功率	MW	1000/1040
3	额定主蒸汽压力(TMCR)	MPa(a)	31
4	额定主蒸汽温度	℃	600
5	额定超高压缸排汽口压力	MPa(a)	11.40

编号	项 目		单位	技 术 参 数
6	额定超高压缸排汽口温度		℃	431.3
7	额定高压缸排汽口压力		MPa（a）	3.67
8	额定高压缸排汽口温度		℃	446.1
9	额定一次再热蒸汽进口压力		MPa（a）	10.66
10	额定一次再热蒸汽进口温度		℃	620
11	额定二次再热蒸汽进口压力		MPa（a）	3.225
12	额定二次再热蒸汽进口温度		℃	620
13	主蒸汽额定进汽量		t/h	2614
14	一次再热蒸汽额定进汽量		t/h	2438
15	二次再热蒸汽额定进汽量		t/h	2084
16	额定排汽压力（TMCR）		kPa（a）	5.0
17	配汽方式		—	全周进汽
18	额定给水温度		℃	315
19	额定转速		r/min	3000
20	给水回热级数		—	4 高 5 低 1 除氧
21	低压末级叶片长度		mm	1146
22	通流级数	超高压缸	级	15
		高压缸	级	2×13
		中压缸	级	2×13
		低压缸	级	2×2×5
23	机组外形尺寸（长、宽、高）		m	约 35×14×8.1
24	启动方式		—	超高、高、中压联合启动
25	机组质量	转子	t	超高压转子：约为 22 高压转子：约为 27 中压转子：约为 45 低压转子：约为 96
		上汽缸	t	超高压外缸进汽段：约为 43 超高压内缸：约为 16 高/中压外缸：约为 41/52 高/中压内缸：约为 40/48
		下汽缸	t	超高压外缸排汽段：约为 26 超高压内缸：约为 17.5 高/中压外缸：约为 45/54

编号	项　目		单位	技　术　参　数
25	机组质量	下汽缸	t	高/中压内缸：约为 44/54 低压外缸：约为 70 低压内缸：约为 57
		汽轮机本体总质量	t	约为 1350
		超高压主汽阀调节汽阀	t	3.13×2
		高压主汽阀调节汽阀	t	36.6×2
		中压主汽阀调节汽阀组件	t	60.95×2
		安装时最大件名称、质量	t	中压缸整体、263
		检修时最大件名称、质量	t	超高压缸整体、126

第三节　东方汽轮机厂二次再热汽轮机

一、总体技术特点

东方汽轮机有限公司（以下简称"东汽"）研制的超超临界 1000MW 等级二次再热机组是在百万千瓦等级一次再热汽轮机的基础上，对热力系统、配汽方式、通流、中低分缸压力、进排汽结构等进行了改进和优化，总体提升了机组的经济性。

东汽超超临界 1000MW 等级二次再热机组为单轴五缸四排汽型式（见图 4-9 和图 4-10）。机组为冲动式，共由五个模块组成，分别为 1 个超高压模块、1 个高压模块、1 个中压模块和 2 个低压模块。其中超高压缸为反向布置，超高压缸的进汽端朝向高压缸。机组采用无调节级、全周进汽设计，新蒸汽经超高压缸做功后经一次再热进入高压缸做功，再经过二次再热后进入双流中压模块做功后进入两个双流低压模块，做功后排入凝汽器。

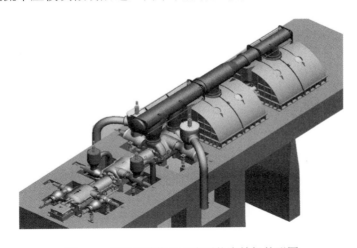

图 4-9　东汽超超临界二次再热汽轮机外形图

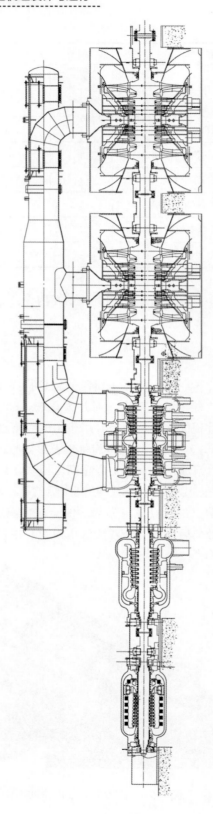

图 4-10　东汽超超临界二次再热汽轮机纵剖面图

超高压、高压、中压缸所有级次叶片均采用枞树型叶根，自带围带加半圆阻尼块设计；低压缸前 2 级采用菌型叶根，自带围带预扭成圈设计；低压缸次末级采用叉型叶根，围带成圈叶片设计；静叶采用数控加工自带小冠的焊接叶片，加工和定位精度高。采用全三元分析技术完成了汽轮机各缸压力级整缸分析。

5 个汽缸转子采用双轴承支撑，靠背轮刚性、沉头液压螺栓连接。1～6 号轴承采用稳定性好的可倾瓦轴承，轴瓦表面有巴氏合金层，可倾瓦支承在轴承座上，运行期间随转子方向可自由摆动，以获得适应每个瓦块的最佳油楔。7～10 号轴承采用承载能力高的椭圆瓦轴承，提供运行转速所要求的轴承稳定性。径向轴承技术参数见表 4-6。

表 4-6　　　　　　　　　　径 向 轴 承 技 术 参 数

轴瓦号	轴径尺寸（mm）	轴瓦形式	轴瓦受力面积（cm²）	比压（MPa）	失稳转速（r/min）	设计轴瓦温度（℃）
1	$\phi300\times180$	可倾瓦	540	1.05	>4000	<107
2	$\phi381\times229$	可倾瓦	872	1.18	>4000	<107
3	$\phi381\times229$	可倾瓦	872	1.08	>4000	<107
4	$\phi406.4\times254$	可倾瓦	1032	1.16	>4000	<107
5	$\phi533.4\times314$	可倾瓦	1675	1.12	>4000	<107
6	$\phi533.4\times314$	可倾瓦	1675	1.29	>4000	<107
7	$\phi558.8\times406.4$	椭圆瓦	2271	1.64	>4000	<107
8	$\phi558.8\times406.4$	椭圆瓦	2271	1.81	>4000	<107
9	$\phi558.8\times406.4$	椭圆瓦	2271	1.66	>4000	<107
10	$\phi584.2\times406.4$	椭圆瓦	2374	1.79	>4000	<107

机组滑销系统设有三个绝对死点（如图 4-11 所示），分别位于中、低压缸间轴承箱下、低压缸（A）和低压缸（B）中心线附近，死点处的横键限制汽缸的轴向位移。同时，在前轴承箱及低压缸纵向中心线前、后设有纵向键，用于导向汽缸沿着轴向自由膨胀。1～3 号轴承箱均采用滑动设计，底部使用摩擦系数较低的自润滑滑块。转子膨胀的相对死点位于 2 号（超高压缸与高压缸之间）轴承箱内。

该机组采用无调节级设计方案，采用 2 只超高压主汽阀带 2 只超高压调节汽阀，高压阀门为 2 只主汽阀带 2 只调节阀，中压阀门为 4 只主汽阀带 4 只调节阀。超高压、高压、中压主汽调节阀均布置于汽缸两侧运行平台上方，可简化汽缸下部管系布置，其中超高压、高压调节阀与汽缸直接连接，无导汽管，压损小。阀门均采用浮动支架支撑。

机组的盘车装置安装在汽轮机与发电机之间，用于机组启动和停机冷却阶段，带动转子低速旋转，以减小转子变形。盘车装置由电动机和齿轮系组成，可以通过手动的方式启动，也可在自动的方式下启动。当汽轮机转速冲转超出盘车转速时，通过离心力甩开盘车装置，盘车电动机将自动停止。

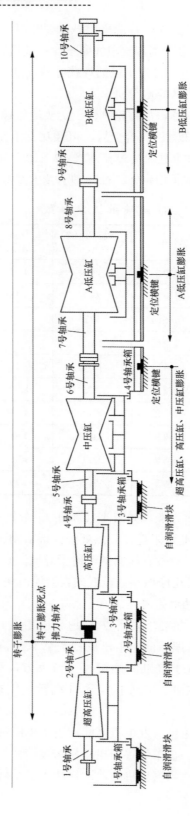

图 4-11 东汽二次再热汽轮机滑销系统图

二、超高压缸结构特点

东汽二次再热机组超高压缸采用双层缸结构，取消喷嘴室，水平切向进汽，无调节级节流配汽，共 10 级。

超高压内缸为筒形缸，材料采用 CB2。内缸采用红套环密封，仅在高压进汽部位处法兰留有螺栓，内缸红套环外设置隔热屏。筒形缸具有形状简单、结构对称、热变形小、对汽轮机启停和变负荷工况适应性好等优点。超高压缸剖面见图 4-12，筒形内缸模型见图 4-13。

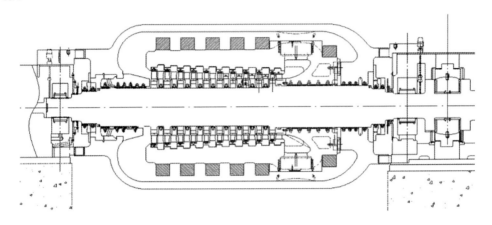

图 4-12　东汽超高压缸剖面图

图 4-13　东汽超高压筒形内缸模型

超高压外缸沿用东汽一次再热百万千瓦机组的传统结构，材料为 **Cr-Mo-V** 铸钢，采用下猫爪支撑方式；因主蒸汽温度达 600℃，为防止外缸超温，在高压进汽弯管靠近外缸处引入冷却蒸汽，对外缸内壁进行隔离与冷却，冷却蒸汽取自一级抽汽管道。

超高模块采用厂内总装，内外缸整体发运至现场的模式。

三、高压缸结构特点

机组高压缸采用单流双层缸结构，带 1 隔板套，内缸和隔板套分段处为抽汽口。整个模块与东汽超超临界一次再热 660MW 分缸机组中压模块类似，采用了水平切向进汽结构。

高压模块也是整体发货至现场。东汽高压缸剖面见图 4-14。

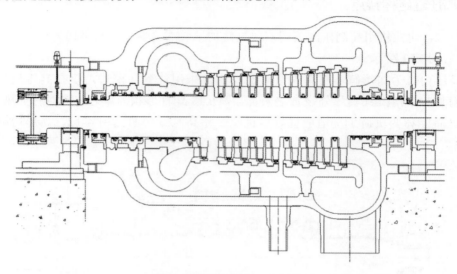

图 4-14 东汽高压缸剖面图

四、中压缸结构特点

东汽二次再热机组中压缸采用双分流对称布置结构，有 3 级抽汽。整个模块结构采用常规一次再热 1000MW 中压缸结构，但相比普通中压缸，具有进汽温度高（一次再热 600℃、二次再热 620℃）、压力低（一次再热 6MPa、二次再热 3MPa）的特点。针对温度高的特点，中压缸延续了传统双层缸结构，使其具有合理的温度场，同时内缸采用耐高温 CB2 铸钢。针对压力低、中压容积流量大于一次再热 1000MW 机组的特点，中压通流面积增大，中压内、外缸尺寸略大于一次再热 1000MW 中压汽缸。东汽中压缸剖面见图 4-15。

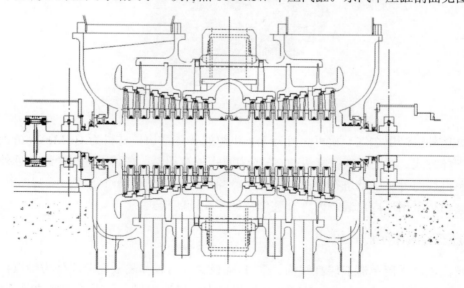

图 4-15 东汽中压缸剖面图

五、低压缸结构特点

东汽二次再热机组低压模块由两个低压缸组成，设计采用三层缸结构。

每个低压缸为分流式三层焊接结构，由低压外缸、低压内缸和低压进汽室三部分组成。每个独立的内缸支承在外缸内四个凸台上，内、外缸间用键连接便于轴向和横向定位。在内、外缸之间蒸汽进口处设有波纹管膨胀节，此处允许内、外缸之间有相对位移，并防止空气渗入凝汽器。靠发电机端的低压缸设盘车装置。排汽缸采用逐渐扩大型排汽室技术，使排汽缸具有良好的空气动力性能。低压外缸整缸分成上、下、左、右四块组成，可整体组装，分块运输。东汽低压缸剖面见图4-16。

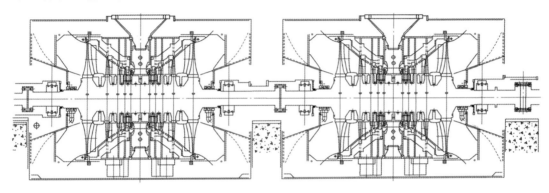

图4-16 东汽低压缸剖面图

与一次再热机组相比，二次再热机组的低压缸进口蒸汽压力和温度略低，设计进汽参数分别为0.43MPa、342℃。较低的低压缸入口蒸汽参数一方面增加了中压缸焓降，减少了低压缸焓降，用一级高效的中压长叶片取代了一级低压短叶片，提高了机组经济性；另一方面可减少低压内缸内外壁温差和压差，防止低压内缸变形，控制低压缸内漏。

六、主要技术参数

东汽1000MW级二次再热汽轮机的主要技术参数见表4-7。

表4-7　　　　东汽1000MW级二次再热汽轮机主要技术参数表

编号	项　目	单位	技 术 参 数
1	机组型式	—	超超临界、二次中间再热、五缸四排汽、单轴、凝汽式
2	额定功率/最大功率	MW	1060/1100
3	额定主蒸汽压力（TMCR）	MPa（a）	31
4	额定主蒸汽温度	℃	600
5	额定超高压缸排汽口压力	MPa（a）	10.58
6	额定超高压缸排汽口温度	℃	420.7
7	额定高压缸排汽口压力	MPa（a）	3.49

续表

编号	项 目		单位	技 术 参 数
8	额定高压缸排汽口温度		℃	448.8
9	额定一次再热蒸汽进口压力		MPa（a）	9.93
10	额定一次再热蒸汽进口温度		℃	620
11	额定二次再热蒸汽进口压力		MPa（a）	3.07
12	额定二次再热蒸汽进口温度		℃	620
13	主蒸汽额定进汽量		t/h	2833
14	一次再热蒸汽额定进汽量		t/h	2485
15	二次再热蒸汽额定进汽量		t/h	2134
16	额定排汽压力（TMCR）		kPa（a）	5.0
17	配汽方式		—	全周进汽
18	额定给水温度		℃	323
19	额定转速		r/min	3000
20	给水回热级数		—	4高5低1除氧
21	低压末级叶片长度		mm	1200
22	通流级数	超高压缸	级	10
		高压缸	级	9
		中压缸	级	2×8
		低压缸	级	2×2×5
23	机组外形尺寸（长、宽、高）		m	约44×10×8
24	启动方式		—	超高、高、中压联合启动
25	机组质量	转子	t	超高压转子：约为16 高压转子：约为21 中压转子：约为40 低压转子：约为80
		内汽缸	t	超高压内缸：约为33 高压内缸：约为21 中压内缸：约为26 低压内缸：约为75
		外汽缸	t	超高压外缸：约为58 高压外缸：约为65 中压外缸：约为118 低压外缸：约为24
		汽轮机本体总质量	t	约为2200
		超高压主汽阀调节汽阀	t	28.1×2
		高压主汽阀调节汽阀	t	40.9×2
		中压主汽阀调节汽阀组件	t	48.5×2
		安装时最大件名称、质量	t	高压模块、160
		检修时最大件名称、质量	t	低压转子、81

第四节　哈尔滨汽轮机厂二次再热汽轮机

一、总体技术特点

哈尔滨汽轮机厂有限责任公司（以下简称"哈汽"）研制的 1000MW 级超超临界二次再热汽轮机采用单轴、五缸四排汽，由 1 个超高压缸、1 个高压缸、1 个中压缸和 2 个低压缸组成（见图 4-17）。超高压、高压和中压转子采用单支点支撑，共有 4 个支持轴承支撑，2 根低压转子和发电机转子均采用双支承结构。汽轮机转子全部支持轴承均采用可倾瓦轴承，每个可倾瓦带有 6 个独立垫块，所有垫块通过支点定位到轴承环上，可根据转子的情况自动对中。

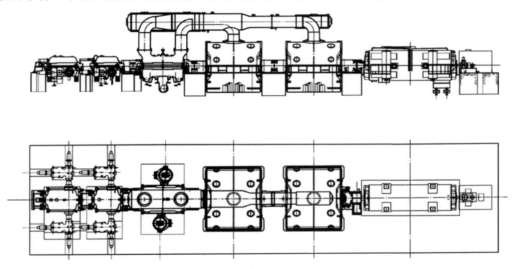

图 4-17　哈汽生产的超超临界二次再热汽轮机外形图

汽轮机超高压缸和高压缸采用单流结构，中压缸和两个相同的低压缸模块均采用双分流的通流技术，选用长度为 1220mm 的低压末级叶片。采用反动式通流技术、小直径多级数叶栅，保证通流效率。超高压缸采用无调节级全周进汽方式，减小阀门损失和部分进汽损失；超高压缸和高压缸采用 2×180° 切向蜗壳进汽技术，以减小进口部分的流动损失。

超高压主汽调节联合阀门和高压主汽调节联合阀门，均采用两个主汽阀和调节阀结构，通过大型法兰直接与汽缸相连，布置在超高压缸和高压缸两侧进汽口处，阀门高低位布置，弹性滑动支撑，对汽缸附加力较小。中压汽阀采用主汽阀碟与调节阀碟共享一个阀座的联合汽阀型式，阀门结构紧凑，阀门与汽缸直接连接，减少了管道损失。中压联合汽阀上装有与高压主汽阀相同结构的精过滤网，可防止再热器及管道中的固体颗粒进入中压阀门及中压缸。

机组采用多死点滑销系统（见图 4-18）。死点分别位于低压缸 1 和低压缸 2 中心附近，以及 4 号轴承箱底部横向定位键与纵向导向键的交点处，每个低压缸分别以本身的死点向电、调端自由膨胀。超高压、高压及中压汽缸均采用定中心梁推拉系统，连同前轴承箱、2 号轴承箱，以及 3 号轴承箱一起向机头方向膨胀。

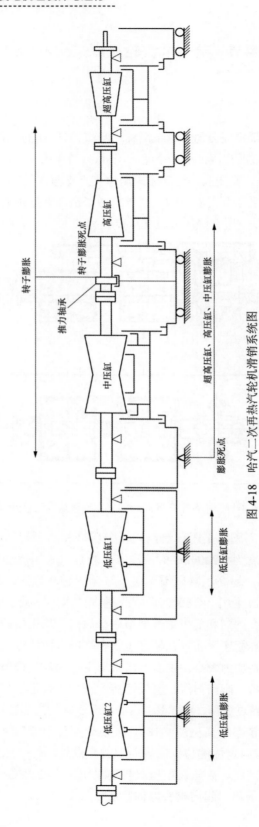

图 4-18　哈汽二次再热汽轮机滑销系统图

转子的膨胀死点位于推力轴承处，推力轴承布置在高压缸与中压缸之间的轴承箱上。转子以此为基点，超高压转子和高压转子向机头方向膨胀，中压转子和低压转子向发电机方向膨胀。各轴承箱底板与基架之间设置润滑油槽，可在机组安装期间及机组运行时注入润滑脂。

该机组采用电动盘车装置，为蜗轮蜗杆、齿轮复合减速摆轮啮合的低速盘车装置，盘车装置的齿轮与转子联轴器上的齿轮相互啮合。当汽轮机停机时盘车装置自动啮合，汽轮机启动后转速超过盘车转速时，盘车装置齿轮自动脱开。

二、超高压缸和高压缸的结构特点

哈汽二次再热机组的超高压和高压模块均为单流结构（见图 4-19）。超高压有 13 级反动式压力级，高压有 11 级反动式压力级，压力级的隔板分别装入内缸的环形凹槽中，在内缸的电端布置进汽口和调整转子推力的平衡鼓。超高压缸和高压缸采用切向全周进汽，节流调节，滑压运行。超高压和高压模块采用整体发货，可缩短安装周期。

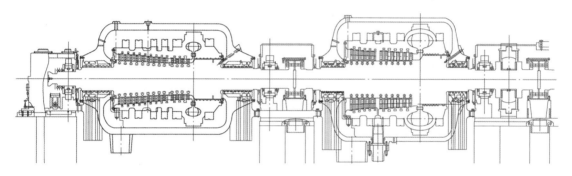

图 4-19　哈汽超高压缸和高压缸剖面图

超高压和高压内缸有别于传统的中分面法兰螺栓密封型式，采用红套环密封（见图 4-20），仅在进汽部位处法兰留有 10 个螺栓，以保证内缸中分面的密封性。

(a)　　　　　　　　　　　　　　　(b)

图 4-20　哈汽超高压和高压内缸的红套环密封

（a）装配图；（b）分解图

超高压缸和高压缸进汽均采用切向蜗壳，以减小第一级导叶进口参数的切向不均匀性。第一级静叶片采用横向布置型式，以配合切向蜗壳全周进汽型式。同时第一级采用了低反动度大焓降叶片级，能够将第一级静叶后温度降低 20℃，从而降低第一级叶轮和转子表面的温度，改善高压转子的工作条件，见图 4-21。

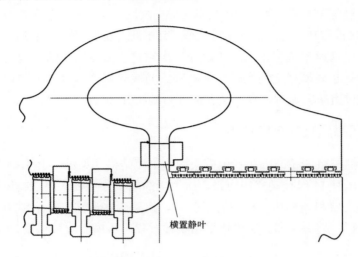

横置静叶

图 4-21　第一级横置静叶示意图

三、中压缸的结构特点

中压模块为双层缸、对称分流结构（见图 4-22），共有 2×10 级反动式压力级。中压内、外缸均采用铸造结构，在水平中分面处形成上下两半。中压内缸下半分别利用左右两侧中分面处伸出的搭子坐落在外缸下半部分的支承平台上，中压外缸采用上猫爪支承方式支承在轴承箱上。

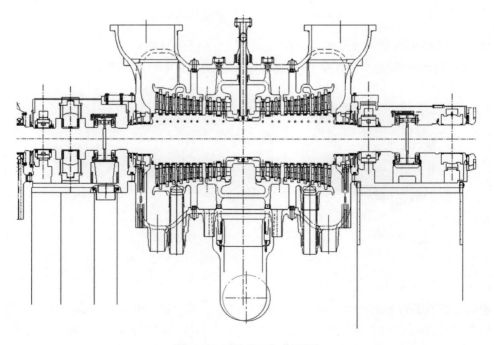

图 4-22　哈汽中压缸剖面图

中压缸的进汽压力虽然已经降低，但进汽温度依然最高，因此中压内缸采用 CB2 材料，以提高缸体高温性能；中压转子采用 FB2 材料，满足转子强度设计要求。为了降低中压进汽前几级的温度，该机组设计了中压转子的蒸汽冷却系统。冷却蒸汽来自高压缸平衡鼓一段漏汽，经节流降压后引入中压转子表面。冷却蒸汽流量约为 5～10t/h。冷却蒸汽使中压进汽与中压转子隔开。同时在汽轮机运行时抽取适量的高压缸汽封漏汽（设计温度为 550℃），引入中压第一级隔板与叶轮组成的封闭空间，对转子表面进行冷却。中压第一级动叶片采用枞树型叶根，冷却蒸汽到达转子表面后再通过第一级隔板汽封，其中一小部分通过通过第一级动叶与静叶之间的径向汽封流入主流蒸汽；大部分则通过第一级动叶枞树型叶根底部间隙流入第二级静叶前和第二级静、动叶之间。中压转子冷却结构如图4-23 所示。

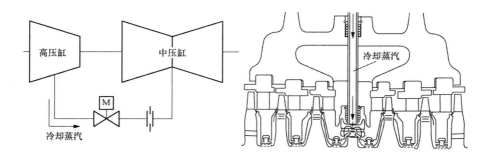

图 4-23　中压转子冷却结构

四、低压缸的结构特点

低压缸采用分流、落地式结构，由内外两层缸组成。外缸分成两段，内缸通过支撑臂坐落于基础上的外缸撑脚处，结构上采用了落地轴承座和落地式内缸技术，低压缸共 2×2×5 级，末级动叶片长度为 1220mm。

落地式低压轴承座采用焊接结构。整个低压轴承座通过基架牢固地与基础相连接，不采用悬梁结构，以保证轴系工作的稳定性。低压内缸也采用落地式结构。汽缸两侧对称地设有一对侧翼，内缸侧翼支撑通过外缸的刚性撑脚刚性地支撑在基础上，以保证机组运行时低压内缸中分面高度变化较小，不受外缸膨胀和变形影响。

低压内缸的进汽口与中低压连通管之间通过法兰螺栓连接，内缸与外缸进汽口之间通过波形筒密封连接，以补偿内缸、外缸和连通管之间的相对膨胀量。

低压末级隔板采用空心精密铸造设计，静叶片表面设有疏水缝隙，末级产生的疏水水滴由疏水缝隙收集，通过空心的静叶片、空心内外环，由下半部分的疏水管流入凝汽器。哈汽低压缸剖面见图 4-24。

五、主要技术参数

哈汽二次再热1000MW 机组的主要技术参数见表 4-8。

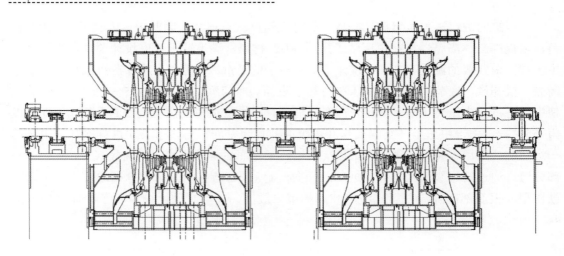

图 4-24 哈汽低压缸剖面图

表 4-8   哈汽 N1055-31/600/620/620 型汽轮机主要技术参数

编号	项 目	单位	技 术 参 数
1	机组型式	—	超超临界、二次中间再热、 五缸四排汽、单轴、凝汽式
2	额定功率/最大功率	MW	1055/1100
3	额定主蒸汽压力（TMCR）	MPa（a）	31
4	额定主蒸汽温度	℃	600
5	额定超高压缸排汽口压力	MPa（a）	8.68
6	额定超高压缸排汽口温度	℃	390.5
7	额定高压缸排汽口压力	MPa（a）	3.16
8	额定高压缸排汽口温度	℃	463.9
9	额定一次再热蒸汽进口压力	MPa（a）	8.12
10	额定一次再热蒸汽进口温度	℃	620
11	额定二次再热蒸汽进口压力	MPa（a）	2.78
12	额定二次再热蒸汽进口温度	℃	620
13	主蒸汽额定进汽量	t/h	2721
14	一次再热蒸汽额定进汽量	t/h	2494
15	二次再热蒸汽额定进汽量	t/h	2178
16	额定排汽压力（TMCR）	kPa（a）	5.0
17	配汽方式	—	全周进汽
18	额定给水温度	℃	315
19	额定转速	r/min	3000
20	给水回热级数	—	4 高 5 低 1 除氧
21	低压末级叶片长度	mm	1220

续表

编号	项 目		单位	技 术 参 数
22	通流级数	超高压缸	级	13
		高压缸	级	11
		中压缸	级	2×10
		低压缸	级	2×2×5
23	机组外形尺寸（长×宽×高）		m	约42×12×8
24	启动方式			超高、高、中压联合启动
25	机组质量	转子	t	超高压转子：约为24 高压转子：约为20 中压转子：约为39 低压转子：约为81/84
		内汽缸	t	超高压内缸：约为33 高压内缸：约为25 中压内缸：约为29 低压内缸：约为75
		外汽缸	t	超高压外缸：约为71 高压外缸：约为66 中压外缸：约为97 低压外缸：约为104
		汽轮机本体总质量	t	约为1750
		超高压主汽阀调节汽阀	t	35×2
		高压主汽阀调节汽阀	t	37×2
		中压主汽阀调节汽阀组件	t	36×2
		安装时最大件名称、质量	t	超高压模块、160
		检修时最大件名称、质量	t	低压转子、84.4

第五章

耐热钢材料特性

第一节 火电用耐热钢的性能要求和种类

一、超超临界机组耐热钢的性能要求

超超临界机组的锅炉、汽轮机和机炉相连的主蒸汽和再热蒸汽管道的很多部件长时间运行在高温高压工况下。如现有的二次再热超超临界锅炉的一次汽水侧受热面的运行压力接近 40MPa；汽轮机高压缸主汽阀的工作压力也在 30MPa 以上；锅炉的末级过热器和再热器的蒸汽温度接近甚至超过了 600℃，设计金属中间点壁温最高可达 675℃；而汽轮机高压缸和中压缸的进汽部分承受的蒸汽温度在 600℃和 620℃；主蒸汽管道和再热蒸汽管道的运行温度也分别在 600℃和 620℃。同时，锅炉的受热面还需承受烟气腐蚀、烟气颗粒磨损等，与高温蒸汽接触的机炉部件和管道也经受着蒸汽氧化的考验。这些部件的材料在机组运行期间将产生如下性能变化：

（1）金属材料长期在高温高压及腐蚀的环境下服役，微观组织和晶体结构将不可逆地随着时间而恶化，引起材料性能的下降甚至失效。因此，要求金属材料在高温长期运行过程中组织稳定性好。

（2）烟气侧腐蚀和磨损导致锅炉受热面的壁厚减薄，随着运行时间的增加可能导致受热面管泄漏。蒸汽侧的高温腐蚀导致蒸汽通流的部件产生氧化皮，随着机组运行时间和启停次数的增加，氧化皮不断增厚和剥落。锅炉的过热器和再热器管道及其联箱、主蒸汽和再热蒸汽管道、汽轮机进汽阀门及导汽管道中一旦发生高温蒸汽氧化，将导致以下三种不良后果：①锅炉受热面管道的氧化皮堆积在管道内表面，因为氧化皮导热系数低，且剥落堆积的氧化皮使得管径减小，蒸汽冷却能力下降，所以会导致管道金属壁温超温。②锅炉受热面管道、联箱及阀门过流部件的氧化皮剥落，将导致管道堵管和阀门卡涩。③锅炉、管道和阀门中的氧化皮颗粒高速进入汽轮机后将对汽轮机的叶片和隔板产生冲蚀，即固体颗粒侵蚀（SPE）现象。可见，良好的抗腐蚀性能也是耐热钢重要的化学性能之一。

（3）火电机组启停和负荷变动较为频繁，使锅炉厚壁部件和汽轮机的转子因较大的温度变化速率导致热应力增加。长此以往这些部件会产生热疲劳损伤。

理想的火电用耐热钢需要有较好的力学性能，如强度、塑形、韧性、抗疲劳性能，以及高温持久强度等。

此外,从材料的工艺性能考虑,耐热钢应具备较好的冶炼、铸造性能,以及较好的冷、热处理性能和焊接性能。如锅炉水冷壁管材施工现场焊接的热处理条件差,应尽量选择一种焊接工艺上可避免进行焊后热处理的钢材。

金属材料的物理性能对设备部件也非常重要。物理性能包括密度、线膨胀系数、比热容、导热率等。例如汽轮机的转子材料需要具有线膨胀系数低的特性,以满足从机组冷态启动到满负荷不同蒸汽温度下对汽轮机各部件膨胀及间隙的要求。

耐热钢的总体材料性能要求见表 5-1,本节将对耐热钢最重要的两个性能——高温强度性能和耐腐蚀性能做详细的介绍。

表 5-1 耐热钢总体材料性能要求

材料性质		材料要求和评估
高温强度	蠕变强度	基材和焊缝的蠕变强度
	持久强度	在 10^5、2×10^5、3×10^5h 持久高温条件下的应力变化
	热疲劳	在非稳定热循环工况如启动和停机时厚壁部件的热疲劳
	蠕变疲劳	在启动、变负荷运行和停机时管道蠕变疲劳的交互作用及其寿命的评估
抗腐蚀	烟气侧腐蚀	锅炉受热面及水冷壁燃烧侧腐蚀
	蒸汽侧氧化	蒸汽管子、管道内表面和过流部件表面氧化皮的厚度和脱落特性
成分		组织的长期稳定性
焊接特性		可焊性、焊缝持久强度和稳定性
加工制造特性		良好的冷热加工工艺性能
修理特性		使用多年的管子的焊接特性
检测和质量评估特性		各种监测试验的适用性
成本		材料成本和附加的加工制造成本

(一)金属的高温强度性能

火力发电机组的许多设备是在高温下工作的,如锅炉、汽轮机等。对于这些设备和部件的性能要求,不能以常温下的力学性能来衡量。金属材料在高温下的力学性能与室温下相比有显著不同。金属材料的高温力学性能指标主要有蠕变极限和持久强度。

1. 蠕变极限

金属材料在一定温度和应力的长期作用下,随着时间的延长会出现缓慢的应变增加现象,称为蠕变,即材料在应力的持续作用下,尽管其应力小于屈服极限,但材料仍不断地发生塑性变形。在这种情况下,材料在高温下的强度与载荷作用的时间相关。载荷作用的时间越长,引起一定变形速率或变形量的形变抗力(蠕变极限)及断裂抗力(持久强度)就越低。金属材料发生蠕变现象的温度,约为 0.3~0.4 倍材料的熔点温度(以热力学温度计)。碳素钢和碳锰钢在 400℃左右会出现蠕变现象,合金钢发生蠕变的温度要达到 450℃。金属发生蠕变需要的荷载比该温度下金属的屈服应力要低得多。由于蠕变的存在,所以不能笼统地确定材料在某一高温下的强度，因为材料的高温强度也与时间因素有关。而材料在常温下的强度则与时间因素无关，除非试验时加载的应变速率非常高。金属材料在高温下不仅强度降低，而且塑性也降低。应变速率越低，载荷作用时间越长，塑性降低得越显著。

蠕变极限是为保证在高温长时间载荷作用下部件不致产生过量塑性变形的抗力指标。如汽轮机叶片在高温下如果发生过量蠕变，则汽轮机转子将不能正常运转。蠕变还会产生疲劳损伤，使高温疲劳强度下降。

2. 应力松弛

与蠕变现象伴随出现的还有高温应力松弛现象。金属在高温和应力的作用下，随着时间的增长，总的变形量不变，但是弹性变形不断转变为塑形变形，使得应力值缓慢降低。如一个紧固螺栓在高温长时间作用下，其预紧力会逐渐下降。因此，对于汽轮机的高温汽缸螺栓，通常要求在汽轮机运行两个大修间隔期间的剩余应力不小于汽缸接合面的最小密封应力。

3. 持久强度

持久强度是指材料在一定温度下和规定的持续时间内引起断裂的最大应力值。持久强度表示钢材在高温的长期作用下抵抗断裂的能力，持久强度越大，表示使其断裂所需要的外力越大，钢材在高温环境中能承受应力的能力就越大。持久强度是表征耐热钢材强度的重要依据，是电厂设备高温部件材料选择的重要指标之一。目前，超超临界机组蒸汽参数的不断提高对锅炉及汽轮机部件用高温材料提出了更高的要求。在超超临界条件下，通常耐热钢材需要满足如下条件：在工作温度下 10^5h 的持久强度不低于 100MPa。对于一种新的钢材，进行 10^5h 持久强度试验将花费很长时间，为节省时间，可将低于 10^5h 的持久断裂应力值外推至 10^5h。持久强度试验的时间越长，外推到 10^5h 的持久强度就越准确。虽然没有普遍的规定要求最低的持久强度试验时间，但对于电厂用热强钢，最低应不低于 10^4h 的持久强度。比较可靠的持久强度数据通常从 3×10^4h 试验时间以上外推。这是因为有的钢材时效稳定性较差，在高温下服役一段时间后，晶粒结构会发生变化，产生一些有害相，导致持久强度在一定时间后出现向下的转折点。

例如日本住友金属与三菱重工共同开发的马氏体耐热钢 P122，初始的持久强度由较短的试验时间（约 10^4h）得出的数据外推至 10^5h，得到的许用应力数值与 P92 钢接近，在 600℃时大约比 P91 钢高 30%。该材料的成分特点之一是其 Cr 含量达到约 12%，从抗蒸汽氧化的角度来说，12%Cr 的 P122 钢比 9%Cr 的 P92、P91、P911 钢等更有优势。由于初期的强度数据与 P92 钢接近，所以日本大部分超超临界机组均采用 P122 钢作为主蒸汽、再热蒸汽管道和联箱的材料。但是该材料较高的 Cr 含量使得其金相组织的稳定性控制困难，服役 3×10^4h 后母材和焊缝中产生了含铁和钨的 Laves 相，材料的冲击韧性和持久强度发生较大幅度下降。2004 年日本某机组发生 P122 钢联箱事故后，对 P122 钢的许用应力大幅度调低，与 P92 钢相比，P122 钢在强度上处于劣势。

类似的情况也出现在 P92 钢的作用上。早期由于 P92 钢试验时间有限，因此外推 10^5h 持久强度较高；但随着试验时间的增加，其外推 10^5h 持久强度出现了 10% 以上幅度的削减。欧洲蠕变合作委员会（ECCC）在 1999 年和 2005 年分别给出了两版 P92 钢不同温度下 10^5h

持久强度的数据。图 5-1 和表 5-2 所示分别为 ECCC 推荐的两版 P92 钢持久强度数据及 GB 5310—2008《高压锅炉用无缝钢管》推荐的持久强度数据。

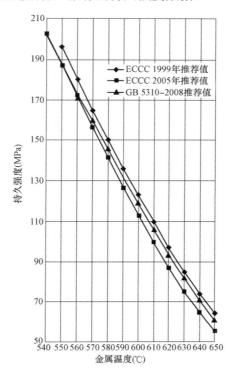

图 5-1　P92 钢不同版本的持久强度数据对比曲线

表 5-2　　　　　　　　　　　　**P92 钢不同版本的持久强度对比数值**

温度（℃）	540	550	560	570	580	590	600	610	620	630	640	650
ECCC 1999 年推荐值（MPa）		196	180	165	151	136	123	110	97	85	74	64
ECCC 2005 年推荐值（MPa）	202	187	172	157	142	127	113	100	87	75	65	56
GB5310—2008 推荐值（MPa）		171	160	146	132	119	106	93	82	71	61	

注　1. ECCC 推荐数据是 DIN EN10216-2（2007）的重要技术支撑。

　　2. 摘自 GB 5310—2008 的推荐数据为最小值。

4. 蠕变极限与持久强度的关系

电厂设备在设计中往往需要既考虑材料的蠕变极限，又考虑材料的持久强度。对于不同的部件，因其功能的不同而有所侧重。对某些高温零件，如锅炉受热面管子和联箱，对蠕变变形要求并不严格，主要是要求在使用期间不发生破裂。因此对炉管和联箱材料的主要性能要求为持久强度方面的要求，在设计时主要以持久强度作为依据，蠕变极限则作为校核使用。而对需要严格限制其蠕变变形的高温零件，如蒸汽轮机叶片，在设计时则以材料的蠕变极限作为主要参考，但也必须有持久强度的数据，以衡量该材料在使用中的安全可靠程度。

5. 许用应力

钢材的许用应力指设计时允许零部件承受的最大应力值，它是综合考虑钢材的强度特性、零部件所受的载荷特性、环境情况、钢材冶炼加工质量、计算精确度和零部件的重要性等因素后加以规定的数值。各国对许用应力的计算方法有所差异，以下分别举例说明。

（1）GB 50764—2012《动力管道》规定，管子及管件用钢材的许用应力，应根据钢材的有关强度特性取下列三项中的最小值：

$$\frac{R_{\mathrm{m}}^{20}}{3}, \ \frac{R_{\mathrm{eL}}^{t}}{1.5} \ 或 \ \frac{R_{\mathrm{p0.2}}^{t}}{1.5}, \ \frac{\sigma_{\mathrm{D}}^{t}}{1.5} \tag{5-1}$$

式中　R_{m}^{20}——20℃时的抗拉强度最小值，MPa；

R_{eL}^{t}——设计温度下的下屈服强度最小值，MPa；

$R_{\mathrm{p0.2}}^{t}$——设计温度下 0.2%规定非比例延伸强度最小值，MPa；

σ_{D}^{t}——设计温度下 10^5h 持久强度平均值，MPa。

（2）GB/T 16507.1—2013《水管锅炉　第 1 部分：总则》规定，碳素钢、合金钢的许用应力取下列各值中的最小值：

$$\frac{R_{\mathrm{m}}^{20}}{2.7}, \ \frac{R_{\mathrm{eL}}}{1.5} \ 或 \ \frac{R_{\mathrm{p0.2}}}{1.5}, \ \frac{R_{\mathrm{eL}}^{t}}{1.5} \ 或 \ \frac{R_{\mathrm{p0.2}}^{t}}{1.5}, \ \frac{\sigma_{\mathrm{D}}^{t}}{1.5}, \ \frac{\sigma_{\mathrm{n}}^{t}}{1.0} \tag{5-2}$$

式中　R_{eL}——材料室温下的下屈服强度最小值，MPa；

$R_{\mathrm{p0.2}}$——材料室温下 0.2%规定非比例延伸强度最小值，MPa；

σ_{n}^{t}——材料设计温度下蠕变极限平均值（稳态蠕变速率为 1×10^{-5}%/h），MPa。

（3）美国 ASME 标准《锅炉及压力容器规范（BPVC）》Section II Division D 强制性附录 1 要求，当材料使用温度低于蠕变温度时，材料的选择可不考虑其蠕变极限强度和持久强度，许用应力取下列五项中的最小值：

$$\frac{S_{\mathrm{T}}}{3.5}, \ \frac{2}{3}S_{\mathrm{Y}}, \ \frac{1.1}{3.5}S_{\mathrm{T}}R_{\mathrm{T}}, \ \frac{2}{3}S_{\mathrm{Y}}R_{\mathrm{Y}}, \ 0.9S_{\mathrm{Y}}R_{\mathrm{Y}} \tag{5-3}$$

式中　S_{T}——室温下规定的最小抗拉强度，MPa；

S_{Y}——室温下规定的最小屈服强度，MPa；

$S_{\mathrm{T}}R_{\mathrm{T}}$——室温下的抗拉强度；

$S_{\mathrm{Y}}R_{\mathrm{Y}}$——室温下的屈服强度。

当材料使用温度高于蠕变温度时，材料的选择应优先考虑其蠕变极限强度和持久强度，许用应力取下列三项中的最小值：

$$F_{\mathrm{avg}}SR_{\mathrm{avg}}, \ SR_{\mathrm{min}}/1.25, \ 1.0S_{\mathrm{c}} \tag{5-4}$$

式中　SR_{avg}——设计温度下 10^5h 持久强度平均值，即 σ_{D}^{t}，MPa；

SR_{min}——设计温度下 10^5h 持久强度最小值，MPa；

F_{avg}——用于 10^5h 内断裂的平均应力的乘法系数，在温度小于或等于 815℃时，F_{avg} 取 0.67；

S_{c}——产生 0.01%/1000h（即 1×10^{-5}%/h）蠕变率的平均应力。

（4）欧洲标准 EN12952-3《水管锅炉及其辅机安装》规定，许用应力取下列三项中的最小值：

$$\frac{R_{m}^{20}}{2.4}, \quad \frac{R_{p0.2}^{t}}{1.5}, \quad \frac{R_{mTt}}{1.25} \tag{5-5}$$

式中　$\dfrac{R_{mTt}}{1.25}$——设计温度 t、设计寿命 T 下持久强度平均值，MPa。

T 为 2×10^{5}h，如设计寿命小于 2×10^{5}h，则 T 至少应为 1×10^{5}h，当 $T=1\times10^{5}$h 时，应按 $\dfrac{R_{mTt}}{1.5}$ 计算。

（二）金属的耐腐蚀性能

金属的化学稳定性即其耐腐蚀性能。金属的腐蚀分为化学腐蚀和电化学腐蚀，在发电厂环境中，这两种腐蚀往往同时存在。腐蚀产生的金属损害的形式包括均匀腐蚀、点腐蚀、晶间腐蚀和穿晶腐蚀。超超临界机组常见的金属材料腐蚀可分为煤灰腐蚀（又称烟气腐蚀）、蒸汽腐蚀、垢下腐蚀、应力腐蚀、疲劳腐蚀等。

1. 煤灰腐蚀

火力发电厂锅炉上的煤灰腐蚀又称高温腐蚀或烟气腐蚀。高温积灰所生成的内灰层含有较多的碱金属，它与飞灰中的铁、铝等成分，以及烟气中通过松散的外灰层扩散进来的氧化硫在较长时间里发生化学反应，生成碱金属的硫酸盐复合物。熔化或半熔化状态的碱金属硫酸盐复合物与再热器和过热器的合金钢发生强烈的氧化反应，使壁厚减薄，应力增大，使管子产生里蠕变，管壁变得更薄，最后导致爆管。

锅炉的高温受热面（水冷壁、过热器和再热器等）由于运行在高温烟气环境下，其管壁温度较高处的烟气侧会发生高温腐蚀。水冷壁、过热器和再热器烟气侧的煤灰腐蚀与部件工作环境的温度、烟气成分、煤质成分和煤粒的运动状况等因素有关，具有腐蚀速度快、腐蚀区域相对集中，以及突发性等特点。

煤粉是造成高温腐蚀的因素之一，含有较多未燃尽煤粉的气流直接冲向受热面管时，除了造成受热面管附近的温度增加和形成还原性气氛外，还将直接冲刷金属管壁，导致磨损和腐蚀的发生。如在锅炉水冷壁区域往往发生金属的高温腐蚀。这是因为煤粉在气流的作用下，在贴壁附近燃烧，使其周围区域严重缺氧，形成还原性气氛，导致炉内腐蚀性气氛增强。在含氧量较低且 CO 含量较高的区域，H_2S 的含量较高，导致严重的高温腐蚀。

烟气侧高温腐蚀还与低熔点的沉积物有关。烟气中主要沉积物的熔点在 $400\sim900℃$ 范围内，这也是锅炉受热面及水冷壁烟气侧的工作温度范围，这些沉积物会加剧受热面及水冷壁的高温腐蚀。煤灰腐蚀与燃料的灰沉淀物成分有关，高碱和高硫燃料腐蚀比较严重。当蒸汽温度高于 $565℃$ 时，燃料灰分中含有较多的 S、V 及碱性物质等成分，往往在覆盖有熔盐或积灰层下的管壁上发生烟灰腐蚀。燃料中含有的 S、V 及碱性物质越多，炉管金属的耐蚀性、耐热性越差，腐蚀越易发生。腐蚀也与温度有关。腐蚀大约从 $550\sim600℃$ 时开始发生，一般在 $700℃$ 温度以下，灰分沉淀物的温度越高，腐蚀速度就越快。另外，不同金属材料对烟灰腐蚀的温度敏感性也不同。有研究表明，硫酸铁引起的烟灰腐蚀对于不同的金属材料，其腐蚀最强烈的温度范围是不同的。对于含 Cr 量大于 25% 的合金，温度范围在 $600\sim$

650℃；对于含 Cr 量小于 25%的合金，温度范围在 650～700℃。研究表明，虽然在 600～700℃范围内往往出现金属烟灰腐蚀的最严重区间，但是当温度超过 725℃时，腐蚀程度会出现较大下降，750℃以上的烟气侧腐蚀则大多数消失。美国能源署提出的 21 世纪先进超超临界燃煤火电计划（Vision21），考虑到美国的很多燃煤含硫量较高，为了降低燃料、温度对金属的烟灰腐蚀，把主机参数定为 760℃（第一阶段）及 800℃（第二阶段）。

在超超临界条件下，锅炉的水冷壁、过热器及再热器等材料的烟气侧应具有耐高温、耐煤灰冲刷腐蚀等性能。

2. 蒸汽氧化

金属高温蒸汽氧化是指在高温下金属与蒸汽发生氧化反应，生成氧化物的过程。反应式为

$$3Fe+4H_2O \longrightarrow Fe_3O_4+4H_2 \uparrow \tag{5-6}$$

初期氧化和氧化膜生成是氧化过程的两个基本阶段。初始阶段是氧在金属的表面形成吸附膜，当吸附膜达到饱和状态时，在金属表面会形成氧化物晶核，这些晶核将在金属表面横向生长而形成连续致密的氧化膜。金属在蒸汽中进行氧化反应形成氧化膜是一个不可避免的过程。氧化膜形成很快，一旦形成后氧化速度便会减慢。但随着运行时间的增加，在超温或温度、压力剧烈波动等情况下，由于管子基体金属和氧化膜不同的热膨胀量，金属表面的氧化膜会产生裂纹，裂纹的存在使得基体金属直接暴露于氧化环境之中，延续了氧化的进程，氧化层也开始向双层、多层发展。双层氧化膜初期呈 Fe_3O_4 和 Fe_2O_3 的致密双层结构，该过程的氧化动力学规律是抛物线规律。其中内层是铁与水蒸气阳离子直接氧化的结果。氧原子往基体金属扩散和铁原子向表面扩散是双层结构生成的基本过程，该双层结构具有保护作用。当反应温度高于 450℃时，Fe_3O_4 不能形成保护膜使铁与水蒸气不断进行氧化反应；当温度超过 570℃时，热力学平衡被打破，氧化动力学呈直线规律生成三层结构的氧化膜，包括 FeO、Fe_3O_4 和 Fe_2O_3。FeO 层疏松、无致密性，会使金属抗氧化能力下降，对整个氧化膜的稳定性有很大的影响。上述为金属在恒温和较干燥环境下的氧化机理，实际运行的锅炉金属高温蒸汽氧化机理是非常复杂的，涉及温度波动及蒸汽氧化的反应，形成的氧化膜一般由多层组成。锅炉管道中的氧化皮见图 5-2。

(a) (b)

图 5-2 锅炉管道中的氧化皮

（a）奥氏体合金形成的氧化皮；（b）氧化皮沉淀在锅炉管子中

随着机组运行时间的延长，氧化膜的厚度增加，在锅炉的频繁启动、停炉或升降负荷

过程中，管子温度变化幅度很大，由于基体金属和氧化膜的热膨胀系数不同，基体会对表面的氧化膜产生拉或压的作用，这些作用都会导致氧化膜开裂。如 SA213TP347H 钢材的膨胀系数一般为（16～20）×10^{-5}/℃，而氧化铁的膨胀系数一般为 9.1×10^{-6}/℃。由于膨胀系数的差异，在多层氧化层达到一定厚度时，温度发生变化，尤其是剧烈或反复变化，氧化皮会很容易从金属基体剥离[见图 5-2（a）]，并堆积在受热面管的"死角"部位[见图 5-2（b）]。当锅炉启动时氧化皮便会阻塞蒸汽的回路或减少其流通面积，容易引起因管子过热而导致的爆管事故。一部分氧化皮还会飞溅到汽轮机动静叶片上，造成磨损。这种情况往往发生在蒸汽温度较高的超（超）临界机组。

二、耐热钢的分类及特性

根据正火后的金相组织特性，耐热钢分为珠光体耐热钢、贝氏体耐热钢、铁素体耐热钢、马氏体耐热钢和奥氏体耐热钢，铁素体和奥氏体各占约 50%的耐热钢也可称为双相不锈钢。也将含有铁素体组织的珠光体耐热钢、贝氏体耐热钢、铁素体耐热钢、马氏体耐热钢统称为铁素体耐热钢。

1. 珠光体耐热钢

正火后组织为铁素体加珠光体，若正火冷却速度较快或合金元素含量较高，则组织为铁素体加贝氏体耐热钢。珠光体耐热钢为低合金耐热钢，主要合金元素为铬、钼、钒，总含量在 5%以下。超超临界机组常用的珠光体耐热钢有 Cr-Mo 系和 Cr-Mo-V 系，如 12CrMo、15CrMo、10CrMo910、12CrMoV、12Cr1MoV 等。珠光体耐热钢的金属最高工作温度在 500～580℃。合金元素含量较低的 Cr-Mo 钢一般用于该温度范围内的锅炉水冷壁、受热面管道和联箱，合金元素较高的 Cr-Mo 钢和 Cr-Mo-V 钢可用于 550℃和 580℃以下的汽轮机主轴、叶轮等。珠光体耐热钢在以上温度区间内有足够的强度和组织稳定性，以及较好的抗腐蚀能力，并且具有良好的工艺性能和较低的价格。当 Cr-Mo 钢和 Cr-Mo-V 钢的使用温度超过 550℃和 580℃时，其组织不稳定性加剧，抗腐蚀能力下降，热强度也有显著的降低。

2. 贝氏体耐热钢

一般地，贝氏体耐热钢指在常温及使用温度下组织中除共析铁素体外以贝氏体为主的耐热钢。贝氏体耐热钢一般为低合金耐热钢，通常进行正火+回火的最终热处理，当壁厚较大时也可采用淬火+回火的热处理。根据化学成分和热处理工艺的不同，组织可为完全贝氏体，也可为铁素体+贝氏体，其中一部分贝氏体也可能被马氏体和珠光体取代。

贝氏体耐热钢的主要特点是其允许的最高使用温度较高，通常按其化学成分的不同为500～580℃。贝氏体耐热钢具有较为良好的加工工艺性能，焊接工艺中对热处理要求较高，在二次再热超超临界电厂中广泛用于锅炉受热面管子、给水管道、电厂中温蒸汽管道、锅炉中温联箱等。典型的钢种有 T/P23、T/P24、15NiMnMoNbCu（WB36）等。

3. 铁素体耐热钢

对铁素体耐热钢的定义，各参考文献中有不同的描述，一般认为铁素体钢指在常温下呈铁素体组织且高温下不发生奥氏体转变的耐热钢。这类钢常含有较多的铁素体形成元素，如铬、硅、铝等，含铬量一般在 13%～27%之间。该类钢具有良好的抗氧化及抗含硫气氛腐蚀的性能，但脆性较大，冷加工和焊接性能较差。

美国 ASME 标准 SA 335《高温用无缝铁素体钢管技术条件》中"应用范围"的注规定：将铬含量小于或等于 10%的低/中合金钢定义为铁素体钢。按照 ASME A335 的注释，超超临界机组中常用的 T91/P91、T92/P92、E911 钢的 Cr 含量约为 9%，可算作铁素体钢，但是 P122 等 Cr 含量约为 12%的不能算作铁素体钢。锅炉和管道用的 9%～12%Cr 钢，如 T91/P91、T92/P92，以及超超临界汽轮机所用的转子及汽缸材料含 10%～12%Cr 钢〔如 X12CrMo（W）VNbN10-1-1〕和含 9%钢（如 FB2、CB2），虽然有文献将其称为铁素体钢，但笔者认为按照我国以钢组织分类钢种的原则，应归类于马氏体钢。

4. 马氏体钢

正火加回火后得到马氏体或马氏体加少量铁素体组织的耐热钢称为马氏体钢。按 Cr 含量，主要有 9%Cr 和 12%Cr 系列。9%Cr 系列的合金钢 Cr 含量约为 9%，并加入 Mo、N6、AL、N 等元素；12%Cr 系列的合金含铬量约为 12%，并加入强化元素钨、钼、钒等元素。

马氏体耐热钢的特点是抗氧化和抗腐蚀性能较好，并具有很强的高温持久强度，大部分成熟马氏体钢的组织持续稳定性高，加工和焊接工艺性能较好，其线膨胀系数与珠光体耐热钢接近。超超临界机组中常见的 12%Cr 系列马氏体钢有 X20CrMoWV121（F11）、X20CrMoV12（F12）、T122、P122、NF12 等，常见的 9%Cr 系列马氏体钢有 T91、P91、T92、P92、E911 等。这些耐热钢用于 600℃ 等级的超超临界锅炉高温过热器和再热器进出口联箱、锅炉再热器和过热器管道，以及主蒸汽和再热器蒸汽热段管道，通常最高的使用温度为 590～620℃。对于初参数达到 650℃ 及以上的锅炉，其水冷壁高温段可能采用 T91 或 T92 钢。用于超超临界汽轮机的 12%Cr 系列钢可用于工作温度在 610℃ 以下的高压缸和中压缸转子，如上汽生产汽轮机高中压缸转子采用 X12CrMoWVNbN10-1-1 钢，内缸采用 GX12CrMoVNbN9-1 钢；哈汽高、中压缸转子采用 14Cr10.5Mo1W1NiVNbN 钢；东汽高、中压缸转子采用 1Cr10Mo1NiWVNbN 钢。这些钢材名义上为 12%Cr 钢，实际的含 Cr 量则为 10%左右。用于工作温度为 610～630℃ 的转子和内缸的材料有 13Cr9Mo2Co1NiVNbNB （FB2）和 ZG13Cr9Mo2Co1NiVNbNB （CB2）等 9%Cr 系列钢。

与珠光体钢相比，9%Cr 钢和 12%Cr 钢的 Cr 含量由 1%～2%增加到了 9%～12%，提高了钢的耐腐蚀性能。这是由于在钢表面形成了比较致密的 Cr 的氧化物 Cr_2O_3，阻止了钢被继续氧化。一般来说，钢中的含 Cr 量越高，钢抗氧化和抗腐蚀的性能就越好。Cr 元素还具有固溶强化的作用。但是随着含 Cr 量的增加，晶体的组织稳定性将受到影响。含 Cr 量超过 11%的马氏体钢在高温下服役一段时间后会产生 δ 铁素体和 Laves 相，前者会导致钢的强度下降，后者会降低钢的韧性。

目前，用于蒸汽参数为 630～650℃ 锅炉的新型马氏体耐热钢也在研究中。该新型材料含 Cr 量约为 9%，并加入约 3%的 W 和 3%的 Co 提高其热强度。较为成熟的新材料有 SAVE12AD 和 G115 钢，后者还添加了 0.9%的 Cu，但是两种材料在 630～650℃ 温度下的长期持久特性有待进一步观察。用于蒸汽参数不超过 630℃ 汽轮机的马氏体耐热钢可以选择较为成熟的 FB2 和 CB2，另外日本及国内相关单位也在研制含 3%Co 的新型马氏体钢，但使用温度能否超越 630℃还有待试验证明。

自从 20 世纪 70 年代末美国、日本和欧洲开展 9%～12%Cr 马氏体钢的研究以来，研究人员一直在致力于提高马氏体钢使用温度上限。20 世纪 80 年代初，日本启动了超超临界发电技术的研究计划。计划第一阶段（1981～1993 年），开发应用在 31.4MPa/593℃/593℃/593℃条件下的 9%～12%Cr 马氏体耐热钢，以及在 34.3MPa/649℃/649℃/649℃条件下用于二次再热机组的奥氏体钢；第二阶段（1994～2000 年），开发应用在 30MPa/630℃/630℃条件下用于一次再热机组的 9%～12%Cr 马氏体钢。20 世纪 80 年代后 600℃等级的马氏体耐热钢研发成功，如普遍应用的 P91、P92。近年来，630℃等级的马氏体耐热钢也基本研发成功，如已经列入 ASME CODE CASE 的 SAVE12AD。目前还未能开发出适用于 650℃及以上参数的马氏体钢，主要是因为对于 650℃温度的 9%～12%Cr 钢，要兼顾蠕变强度、抗蒸汽氧化性和组织稳定性三个方面具有极高的挑战性。

5. 奥氏体钢

常温下，基体为奥氏体组织或只含少量铁素体的奥氏体-铁素体复相组织的耐热钢称为奥式体钢，其合金元素的总含量一般在 50%以下。

奥氏体钢是不锈钢的一种，含有较多的镍、铬、钨、锰、氮等元素。其中 Cr 对钢的抗腐蚀性起到决定性作用。Ni 是促进奥氏体形成的元素，起到提高组织稳定性的作用。Ni 和 Cr 配合作用，如在 18%Cr 钢中加入 8%Ni，可获得完整的奥氏体组织，使得钢材具有高的高温持久强度、组织稳定性和抗腐蚀性。Cr 和 W 可起到固溶强化的作用，尤其是两者结合，可获得更高的强度。超超临界机组常用的奥氏体钢有 18-8（18Cr-8Ni）系列和 25-20（25Cr-20Ni）系列。

常见的 18-8 系列奥氏体耐热钢有 TP304H、Super304H（10Cr18Ni9NiCu3BN）、TP347H、TP347HFG。18-8 系列奥氏体耐热钢中主要含有 17%～20%Cr、8%～14%Ni，其他元素中 Mn 含量小于或等于 2.0%，Si 含量小于或等于 1.0%，C 含量小于或等于 0.10%。

常见的 25-20 系列奥氏体耐热钢有 HR3C（07Cr25Ni21NbN）、NF709、SAVE25。25-10 系列奥氏体耐热钢中主要含有约 25%Cr、20%Ni，其他元素中 Mn 含量小于或等于 1.0%、Si 含量小于或等于 0.4%，C 含量小于或等于 0.06%，Nb 含量约为 0.3%，N 含量约为 0.25%。

奥氏体钢可以通过晶粒细化提高抗蒸汽氧化的能力。由图 5-3 可知，同样为 TP321H 不锈钢，晶粒度为 8～10 等级钢种的抗高温氧化性能为 3～4.5 等级钢种的 2.5 倍左右。研究发现，TP347H 钢经过细晶粒化处理后的 TP347HFG，晶粒细度达到 8 级以上，其抗蒸汽氧化能力和钢的蠕变、持久强度都得到了大幅度的改善，见表 5-3。

表 5-3　　　　　　TP347HFG 钢和 TP347H 钢的高温持久强度对比（MPa）

温度（℃）	540	550	580	600	610	620	630	640	650	660	670	680
07Cr18Ni11Nb[*]（TP347H）				132	121	110	100	91	82	74	66	60
08Cr18Ni11NbFG[*]（TP347HFG）						132	122	111	99	90	81	73

* 摘自 GB 5310—2008《高压锅炉用无缝钢管》。

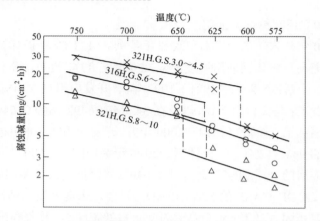

图 5-3　不同的不锈钢在水蒸气中的高温氧化能力对比

对奥氏体不锈钢管内表面进行喷丸处理，不仅可以使表面晶粒细化，而且可以促使钢材内部的 Cr 向外扩散，在钢管内表面形成 Cr_2O_3 氧化膜层，其致密性远优于原来钢管的 Fe_3O_4 氧化膜层。因此，通过喷丸处理的表面抗高温蒸汽腐蚀能力大大加强。例如为提高 Super304H 钢管内壁的抗蒸汽氧化能力，主要措施是采用管内壁喷丸处理。喷丸处理的不利之处是喷丸处理后对管子弯头需进行固溶化处理，固溶化处理后喷丸效果有一定的降低。但由于固溶化处理影响的区域占总受热面面积的比例很小，所以运行中由此产生的氧化层剥离物很少。图 5-4 所示为采用管内壁喷丸和不喷丸的 Super304H 钢抗氧化能力的对比，以及与含 Cr 量更高的 25Cr 钢 HR3C（不喷丸）的对比。由图可知，管内壁喷丸是防止汽侧腐蚀的有效措施。

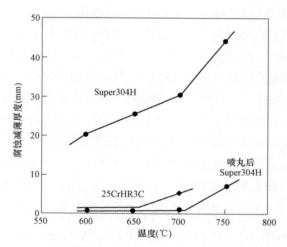

图 5-4　Super304H 管内壁喷丸处理后抗氧化能力对比

注：时间为 1000h。

奥氏体钢虽然具有热持久强度高、抗腐蚀性能好、相对成本较低的优点，但是也存在热膨胀系数较高、导热系数较低、静强度较低等缺点，因此奥氏体钢不适合制造锅炉的联箱、主蒸汽管道，以及汽轮机转子。欧洲和美国在 1951～1964 年建造了多台超超临界参数机组，容量跨度为 7～325MW，主蒸汽和再热蒸汽温度最高达到 650℃，主蒸汽压力达到 32MPa。美国 1957 年投产的 Philo 电厂 6 号机组为超超临界二次再热机组，容量为125MW，参数为 31MPa/621℃/566℃/566℃，1959 年投运的 Eddystone 电厂 1 号机组为超超临界二次再热机组，容量为 325MW，参数为 34.5MPa/649℃/566℃/566℃。受当时的材料限制，这些机组采用了奥氏体钢作为联箱等厚壁部件材料。由于奥氏体钢的上述缺点，这些机组的厚壁高温部件均发生了较严重的热疲劳问题。Eddystone 电厂 1 号机不得不降低蒸汽参数运行。到 20 世纪 60 年代后期，美国新建火电机组的蒸汽参数均降低至24.1MPa/538～566℃，这一"保守"的蒸汽参数维持了 20 余年。直到 20 世纪 80 年代，美国橡树林国家实验室开发出 T91/P91 钢和 90 年代日本新日铁公司开发出 T92/P92 钢等一系列马氏体耐热钢，以及欧洲的 COST501 计划和 COST522 计划开发出用于 593℃及以上的汽轮机转子和汽缸的马氏体合金铸锻件后，超（超）临界机组才在稳定性和经济性上超过了亚临界机组。

三、镍基合金

镍基合金是以镍为基体（含量一般大于 50%），在 650～1000℃范围内具有良好的持久强度和抗蒸汽氧化、抗烟气腐蚀能力的高温合金。按其热处理工艺可分为固溶强化型合金和时效强化型合金。镍基合金中可以溶解较多合金元素，如含有较高的 Cr、Co、W、Mo，并可添加少量的 Cu、B、N 、Al 和 Cr 来提高抗氧化性抗腐蚀性，其他元素主要起强化作用。因此，镍基合金能保持较好的组织稳定性，具有比奥氏体钢更高的高温强度和更好的抗腐蚀能力。

镍基合金可用于蒸汽参数高于 650℃的超超临界火电机组，尤其是蒸汽参数达到 700℃的超超临界机组。镍基合金的开发历史悠久，广泛用于军工、航天、化工等领域，以及电力行业的燃气轮机和脱硫系统中，为开发 700℃参数的先进超超临界机组奠定了基础。国内外的 700℃超超临界火电开发计划目标之一是对现有镍基合金进行改型，并开发出适合 700℃参数的新型镍基合金材料用于锅炉的过热器和再热器管子、过热器和再热器联箱、四大管道管件和阀门、汽轮机高温转子、汽缸和进汽阀门等高温部件。

目前，国际上较为成熟的镍基合金有 Inconel 740 及其改进型、Inconel 617 及其改进型、Nimonic 263 和 Haynes 230。我国也开发了类似于 740 合金和 617 合金的镍基合金 C-HRA-1和 C-HRA-3 合金。目前已经制造出上述合金的锅炉管道、联箱、阀门，以及用于汽轮机的铸锻件，并在多个试验平台上完成或正在进行挂炉试验。我国 700℃机组的高温材料试验平台于 2015 年底于华能南京热电厂建成。

镍基合金的价格非常昂贵，Inconel 740 合金和 Inconel 617 合金的单价是马氏体耐热钢的 5～10 倍。为此，国内外有关公司和研究机构开发了降低 Ni 含量、提高 Fe 含量的铁-镍基合金，其强度和抗腐蚀能力介于镍基合金和奥氏体不锈钢之间，但是成本比镍基合金大大降低。中国开发的铁镍金合金 GH2984 及其改进型 GH984G 在舰船锅炉上应用了十多年，取得了成功，并作为我国 700℃机组的候选锅炉管材在华能南京热电厂的高温材料试验平台上开始进行相关测试。而日本开发的 HR6W 铁镍基合金则已经纳入了 ASME 标准的 Code Case。

第二节　锅炉和主蒸汽、再热蒸汽管道主要材料

一、锅炉和主汽、再热管道主要材料的性能参数及其对比

1. 热膨胀系数

马氏体钢（T/P91、T/P92、G115）、镍基合金（Inconel 740H、Inconel 617、Haynes 282）、贝氏体钢 T23、奥氏体钢〔TP310H（UNS. S31042）、Sanicro25〕的热膨胀系数及对比见图 5-5。由图可知，马氏体钢的热膨胀系数最低，而奥氏体钢的热膨胀系数约为马氏体钢的 1.5 倍，因此奥氏体钢不适合用于汽轮机转子。

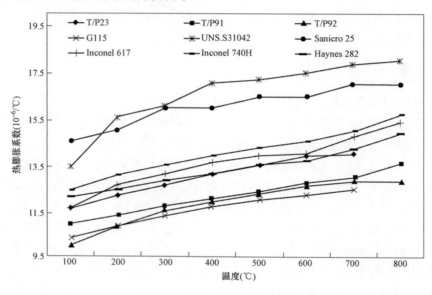

图 5-5　各钢材热膨胀系数

2. 导热系数

马氏体钢（T/P91、T/P92、G115）、镍基合金（Inconel 740H、Inconel 617、Haynes 282）、贝氏体钢 T23、奥氏体钢[TP310H（UNS. S31042）、Sanicro25]的导热系数及对比见图 5-6。由图可知，奥氏体钢和镍基合金的导热系数相差不大，都较小；马氏体钢的导热系数在 200～500℃范围内几乎比镍基合金和奥氏体合金高 1 倍；贝氏体钢的导热系数最大。奥氏体钢和镍基合金的导热系数低，用于厚壁部件时应密切关注其热疲劳。

3. 许用应力

用于 600℃等级超超临界锅炉联箱和主蒸汽、再热蒸汽管道的马氏体钢 P91、P92、P911 和 SAVE1 2AD，用于 650℃等级超超临界锅炉联箱和主蒸汽、再热蒸汽管道的铁镍基合金 HR6W，以及用于 700℃及 760℃等级的镍基合金 Inconel 617（UNS N00617）和 Inconel 740H（UNS N07740）的许用应力见表 5-4，其数值对比曲线见图 5-7。由于 P122 钢长期组织稳定性不佳，目前已经暂停使用和生产，所以本书不作讨论。

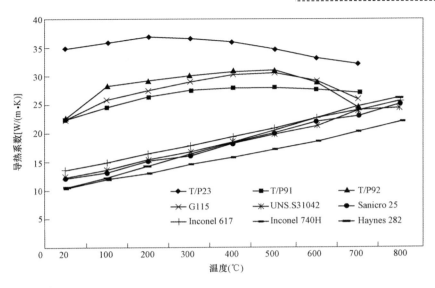

图 5-6　各钢材导热系数

表 5-4　　　　用于超超临界（600～760℃）锅炉联箱及管道材料的许用应力

最高金属温度（℃）	P91（MPa）	P92（MPa）	P911（MPa）	SAVE12AD（MPa）	G115（MPa）	HR6W（MPa）	617（MPa）	740H（MPa）
400	152.8	151	153.5	153	133	152	110.3	276
450	140.9	144	145.4	146	129	147	109	276
500	125.8	135	133.6	135	123	143	107.8	276
550	102.3	123	113.7	121	114	140	106.6	276
600	61.6	77	70.4	103	101	113	106.2	274
650	28.9	38.3	—	44	56	80.6	105.3	226
700	—	—	—	44	58.4		80.9	146
750							50.7	84.1
800							31.5	34.5

注：P91 钢的许用应力摘自 ASME 标准《锅炉及压力容器规范》Section II-D 篇，P92 钢的许用应力摘自 ASME 标准 B31.1《动力管道》CODE CASE 183-1（2013 年 12 月 25 日通过），P911 钢的许用应力摘自 ASME 标准 A335-03《高温用无缝铁素体合金钢公称管》CODE CASE 2327，SAVE1 2AD 钢的许用应力摘自 ASME 标准《锅炉及压力容器规范》CODE CASE draft，HR6W 钢的许用应力摘自 ASME 标准《锅炉及压力容器规范》CODE CASE 2684-1，Inconel 617 钢的许用应力摘自 ASME 标准 B31.1-2010，Inconel 740H 钢的许用应力摘自 ASME 标准《锅炉及压力容器规范》CODE CASE 2702。

　　用于 600℃等级超超临界锅炉过热器和再热器管子的奥氏体钢 Super304H、TP347HFG、TP304H、TP347H、TH310H、Sanicro25，以及用于 700℃及 760℃等级的镍基合金管子

Inconel617（UNS N00617）和 Inconel 740H（UNS N07740）的许用应力见表 5-5，其数值对比曲线见图 5-8。Sanicro25 的许用应力摘自 ASME 标准《锅炉及压力容器规范》CODE CASE 2753，Inconel 617 的许用应力摘自 ASME 标准《锅炉及压力容器规范（2010）》，Inconel 740H 的许用应力摘自 ASME 标准《锅炉及压力容器规范》CODE CASE2702。

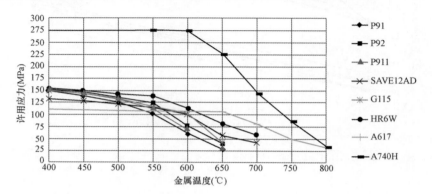

图 5-7　用于超超临界（600～760℃）锅炉联箱及管道材料许用应力对比

表 5-5　　　　用于超超临界（600～760℃）锅炉高温受热面管子材料的许用应力

最高金属温度（℃）	Super 304H（MPa）	TP347HFG（MPa）	TP304H（MPa）	TP347H（MPa）	TP310H（MPa）	HR3C（MPa）	Sanicro25（MPa）	617（MPa）	740H（MPa）
400	121.9	129.5	106.7	115.8	121.9	163.3	168	110	276
450	118.7	126.4	103	115.8	118.7	161.4	167	109	276
500	115.6	123.8	99.3	114.7	115.6	157.9	164	108	276
550	112.4	121.4	91.7	112.4	84.8	153.1	160	106	276
600	108	107.9	63.9	90.9	48.8	106.6	154	106	274
650	77.8	66.2	41.7	53.9	27.4	69	111	105	226
700	47	39.1	26.5	31.8	16	41.2	64.4	81	146
750	26.2	9.9	17.3	18.9	10	10.6	37.1	50.4	84.1
800	13.1	—	11.2	10.9	6.1	—	—	31.3	34.5

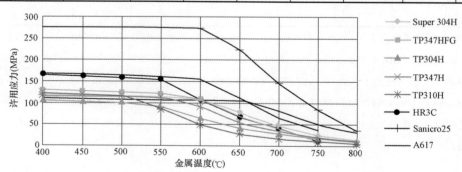

图 5-8　用于超超临界（600～760℃）锅炉高温受热面管子材料的许用应力对比

4. 各钢材耐腐蚀性能

各种马氏体钢和奥氏体钢的耐蒸汽腐蚀和烟气腐蚀能力的实验室对比数据见表5-6。

表5-6 各钢种的耐蒸汽腐蚀和烟气腐蚀能力

项目	T23	T91/P91	T92/P92	T122/P122	TP304H	TP347H	TP347HFG	SUP304H	HR3C
奥氏体晶粒度	—	—	—	—	5.4	6.0	8.7	8.5	4.5
蒸汽高温氧化腐蚀下的氧化皮厚度（650℃，10^3h，μm）	84（600℃，500h）	90（总层深）		50（总层深）	35（内层）	27（内层）	17（内层）	18（内层）	<2.5（内层）
煤灰腐蚀（650℃、20h下的质量损失，mg/cm²）	—	119	110	—	45	28	28	35	12

5. 各钢材推荐的最高使用温度

钢材的最高使用温度主要考虑材料的持久强度、组织稳定性和抗腐蚀能力。随着机组参数的不断提高，不少现有材料的设计金属壁温已经接近推荐的最高使用温度。然而钢材的最高使用温度是一个推荐值，同一种材料在不同国家、不同标准体系下可能并不一致。另外，随着对某种材料使用时间和使用数量的增加，也可能对该类材料的最高使用温度做出修正，可能提高或降低材料的使用温度上限。如我国特种设备规范 TSG G0001—2011《锅炉安全技术监察规程》对锅炉常用的合金钢提出的使用温度上限见表5-7；某国外锅炉制造厂的企业标准从对材料蒸汽腐蚀的角度对部分材料提出的使用温度上限见表5-8。两者对同一材料的使用温度上限做出了不同的规定。

表5-7 锅炉用钢管材料及使用温度上限

钢的种类	牌号	标准编号	适用范围		
			用途	工作压力（MPa）	壁温（℃）
合金钢	15Ni1MnMoNbCu	GB 5310	联箱、管道	不限	≤450
	15MoG，20MoG	GB 5310	受热面管子	不限	≤480
	12CrMoG，15CrMoG	GB 5310	受热面管子	不限	≤560
			联箱、管道	不限	≤550
	12Cr1MoVG	GB 5310	受热面管子	不限	≤580
			联箱、管道	不限	≤565
	12Cr2MoG	GB 5310	受热面管子	不限	≤600*
		GB 5310	联箱、管道	不限	≤575
	12Cr2MoWVTiB	GB 5310	受热面管子	不限	≤600*
	12Cr3MoVSiTiB	GB 5310	受热面管子	不限	≤600*
	07Cr2MoW2VNbB（T23/P23）	GB 5310	受热面管子	不限	≤600*
	10Cr9Mo1VNbN（T91/P91）	GB 5310	受热面管子	不限	≤650*
		GB 5310	联箱、管道	不限	≤620

钢的种类	牌号	标准编号	适用范围		
			用途	工作压力（MPa）	壁温（℃）
合金钢	10Cr9MoW2VNbBN（T92/P92）	GB 5310	受热面管子	不限	≤650*
		GB 5310	联箱、管道	不限	≤630
	07Cr19Ni10（TH304H）	GB 5310	受热面管子	不限	≤670*
	10Cr18Ni9NbCu3BN（Super304H）	GB 5310	受热面管子	不限	≤705*
	07Cr25Ni21NbN（HR3C）	GB 5310	受热面管子	不限	≤730*
	07Cr19Ni11Ti（321H）	GB 5310	受热面管子	不限	≤670*
	07Cr18Ni11Nb（TP347H）	GB 5310	受热面管子	不限	≤670*
	08Cr18Ni11NbFG（TP347HFG）	GB 5310	受热面管子	不限	≤700*

* 此处壁温指烟气侧管子外壁温度，其他壁温指锅炉的计算壁温。GB 5310 同时指出，超临界及以上参数锅炉受热面管子在设计选材时，应充分考虑内壁的蒸汽氧化腐蚀。

表 5-8　　　　　某国外公司对锅炉受热面管子使用温度上限的规定

ASME 牌号	EN 牌号	最高允许使用温度（℃）
SA-209-T1	16Mo3	480
SA-213-T12	13CrMo4-5	540
SA-213-T22	10CrMo9-10	550
SA-213-T23	7CrWVNb 9-6 （HCM2S）	550
T24	7CrMoVTiB10-10	550
	VM12	600
TP347HFG	X8CrNi19-11	660
SA-213-S304H	X10CrNiCuNbN18-9-3	680
HR3C	（25Cr -20Ni -Nb -N）	690

6. 各标准牌号对照

我国对火电厂锅炉和管道用钢管进行了编号，由于很多钢材是由国外开发研制的，所以工程上经常采用 ASME 标准牌号或者欧洲标准牌号。表 5-9 所示为常用超超临界机组锅炉和管道用钢的牌号对照。

表 5-9　　　　　常用超超临界机组锅炉和管道用钢牌号对照

序号	GB 标准钢的牌号	其他相近的钢牌号			
		ISO	EN	ASME/ASTM	JIS
1	20G	PH26	P235GH	A-1、B	STB 410

序号	GB 标准钢的牌号	其他相近的钢牌号			
		ISO	EN	ASME/ASTM	JIS
2	20MnG	PH26	P235GH	A-1、B	STB 410
3	25MnG	PH29	P265GH	C	STB 510
4	15MoG	16Mo3	16Mo3	—	STBA 12
5	20MoG	—	—	T1a	STBA 13
6	12CrMoG	—	—	T2/P2	STBA 20
7	15CrMoG	13CrMo4-5	10CrMo5-5、13CrMo4-5、	T12/P12	STBA 22
8	12Cr2MoG	10CrMo9-10	10CrMo9-10	T22/P22	STBA 24
9	12Cr1MoVG	—	—	—	—
10	12Cr2MoWVTiB	—	—	—	—
11	07Cr2MoW2VNbB	—	—	T23/P23	—
12	12Cr3MoVSiTiB	—	—	—	—
13	15Ni1MnMoNbCu	9NiMnMoNb5-4-4	15NiCiMoNb5-6-4	T36/P36	—
14	10Cr9Mo1VNbN	X10CrMoVNb9-1	X10CrMoVNb9-1	T91/P91	STBA 26
15	10Cr9MoW2VNbBN	—	—	T92/P92	—
16	10Cr11MoW2VNbCu1BN	—	—	T122/P122	—
17	11Cr9Mo1W1VNbBN	—	E911	T911/P911	—
18	07Cr19Ni10	X7CrNi18-9	X6CrNi18-10	TP304H	SUS 304H TB
19	10Cr18Ni9NbCu3BN	—	—	（S30432）	—
20	07Cr25Ni21NbN	—	—	TP310HNbN	
21	07Cr19Ni11Ti	X7CrNiTi18-10	X6CrNiTi18-10	TP321H	SUS 321H TB
22	07Cr18Ni11Nb	X7CrNiNb18-10	X7CrNiNb18-10	TP347H	SUS 347H TB
23	08Cr18Ni11NbFG	—	—	TP347HFG	—

二、T92/P92 钢

T92/P92 是一种 9%Cr 含量的马氏体合金钢。该钢由日本新日铁公司在 T91/P91（9Cr-1Mo-V-Nb）的基础上开发，已正式被收录到 GB 5310—2008《高压锅炉用无缝钢管》，ASME 标准 SA-213《锅炉、过热器和换热器用无缝铁素体和奥氏体合金钢管》、SA-335《高温用无缝铁素体合金钢管》，以及欧洲标准 EN 10216-2-2007《压力用无缝钢管》等标准中。在 ASME A182《高温用锻制或轧制合金钢和不锈钢管法兰、锻制配件、阀门与部件》、ASME A336《高温承压件用合金钢锻件》中命名为 F92。与 T91/P91 中只含 0.85%～1.05%Mo 而不含 W 不同，T92/P92 中加入 1.5%～2.5%W 取代部分 Mo，Mo 的含量降低到 0.3%～0.6%。W 在钢中既可固溶于铁素体，也可形成 W 的碳化物，提高钢的强度。W 与 Mo 复合与单独的 W 或单独的 Mo 相比，可大大提高固溶强化的效果。与 T/P91 相比，T/P92 在 500℃ 以下的力学性能大致相当；但在 500℃ 以上，T/P92 的持久强度更高，并且具有良好的持久塑性。

550℃下 T/P92 的许用应力比 T/P91 高 7%，600℃下 T/P92 的许用应力比 T/P91 高 25%，650℃下 T/P92 的许用应力比 T/P91 高 32%。在 400℃以下，P92 与 P91 的延伸率和断面收缩率大致相同，400℃以上 P92 略低。时效后 P92 的冲击值有所下降，但也处于较高水平。此外，P92 有良好的韧性、可焊性及加工性能。P92 的抗蒸汽氧化性能与 P91 基本相同，抗高温腐蚀性能略好。焊接试验证明 P92 有较好的抗裂性，预热温度为 100℃时止裂，采用钨极气体保护焊、手工电弧焊和埋弧焊等三种工艺得到的焊接接头的力学性能、650℃的持久强度均满足要求。在电厂长期运行后取样进行的持久试验表明，该钢种的持久强度几乎没有降低。与 P122 相比，P92 性能略好。由于 W 含量较高，所以 P92 在长期高温运行中有可能出现蠕变脆化，作为厚壁部件时有Ⅳ型裂纹的倾向。虽然 T/P92 问世以来已有 20 多年历史，但是其持久性能仍然在持续试验中。

P92 钢目前广泛用于 600℃等级超超临界锅炉的联箱、主蒸汽管道和再热蒸汽热段管道；T92 钢目前广泛用于 600℃等级超超临界锅炉的过热器和再热器受热面管子。将来 650～760℃等级超超临界锅炉的水冷壁也可能采用 T92 钢。

T92/P92 推荐的最高使用温度上限历经多次变化，国内外标准还不统一，同一个标准不同年份版本的相关描述也不尽相同。我国特种设备规范 TSG G 0001—2011《锅炉安全技术监察规程》规定，P92 用于锅炉集箱及主蒸汽和再热蒸汽管道时最高计算壁温不应超过 630℃；T92 用于锅炉受热面管子时，烟气侧管子外壁温度不应超过 650℃。ASME B31.1《动力管道》CODE CASE 183（2007 年）规定，外径大于或等于 89mm（3.5in）的 P92 管最高使用温度不得大于 621℃（1150℉）；2013 年 9 月 25 日颁布的 CODE CASE 183-1 规定，P92/T92 最高金属温度不得大于 649℃（1200℉）。ASME 标准《锅炉与压力容器规范》CODE CASE 2179 早期版本中建议，外径小于或等于 89mm 的管子（tube），最高使用温度为 649℃；外径大于 89mm 的管道（pipe），最高使用温度为 621℃。其后的版本，如 CODE CASE 2179-6 和 CODE CASE 2179-7 中没有给出最高允许使用温度，而在 CODE CASE 2179-8 中又提出，无论管径大小，最高使用温度均不超过 649℃。欧洲蠕变委员会（ECCC）2005 年规定该钢种的最高允许使用温度为 650℃。

目前，我国投运的超超临界二次再热机组的最高额定参数为 31MPa/600℃/620℃/620℃。如再热蒸汽热段管道的温降按 3℃考虑，锅炉再热器出口联箱的设计温度偏差按 10℃考虑（根据 GB 9222—2008《水管锅炉受压元件强度计算》的规定）或按 15℃考虑（根据 EN 12952-3-2002《水管锅炉及辅机安装》的规定），则再热器出口联箱的设计温度可达到 633℃或 638℃。这个温度虽然超过了《特种设备安全技术规范》规定的温度上限，但略低于 ASME 和 ECCC 规定的最高使用温度。P92 在该设计温度下的 10^5h 持久强度远低于 100MPa，因此用于设计压力较低的再热蒸汽系统已达到了极限。对于额定温度为 600℃以上的一次蒸汽（主蒸汽）系统，虽然设计温度比再热系统低约 20℃，但是二次再热的主蒸汽压力高于一次再热机组，所以联箱和主蒸汽管道的壁厚都增加了。该额定参数下，主蒸汽管道的设计温度达到 610℃，设计压力达到 34.77MPa，主蒸汽管道的规格（内径×壁厚）为 $\phi318\times105$mm（1/2 容量主管）和 $\phi222\times74$mm（1/4 容量主管）。其管道外径与内径之比 β（$\beta=D_0/D_i$）分别为 1.66 和 1.67，非常接近于 1.7。

关于管道壁厚的设计计算，我国电力行业标准和美国 ASME 标准采用的是同一个计算公式，其依据是最大剪应力强度理论，采用管壁平均内压折算应力推导得到的结果。但是内压折算应力沿管壁厚度分布是不均匀的，内壁最大，外壁最小。内壁的内压折算应力与管壁平均内压折算应力的比值为 $4\beta^2/(\beta+1)^2$，该值随 β 的增大而增大。当 β 分别为 1.6、1.7 和 1.8 时，内壁的内压折算应力与管壁平均内压折算应力的比值分别为 1.515、1.586 和 1.653。当 $\beta=1.7$ 时，如许用应力采用以屈服强度为基准的安全系数 1.5 时，内壁已经开始屈服，内壁的内压折算应力超过屈服强度约 5.7%。但此时大部分管壁仍处在弹性状态，不会造成管壁的大面积屈服。因此有必要对 β 进行适当的限定，把 $\beta=1.7$ 视为确保管道内壁不发生屈服的上限。如果主蒸汽的温度和压力进一步提高，则壁厚将进一步增加，会超越 1.7 的临界值。

可见，超超临界二次再热机组的参数 31MPa/600℃/620℃/620℃基本达到了主蒸汽、再热蒸汽管道，以及过热器和再热器出口联箱采用 P92 材料的上限。持久强度更高的马氏体管材如 G115 和 SAVE12AD 日趋成熟，该等级参数乃至不超过 35MPa/615℃/630℃/630℃参数的机组采用 G115 和 SAVE12AD 代替 P92 将成为一种新的趋势。

三、Super304H 钢

Super304H 钢是 18Cr-8Ni 型奥氏体钢，该钢已正式被收录到 GB 5310—2008《高压锅炉用无缝钢管》（牌号为 10Cr18Ni9NbCu3BN）、美国 ASTM A 213（2010 年版）《锅炉、过热器和换热器用无缝铁素体和奥氏体合金钢管》（UNS 编号 S30432），以及日本 JIS 标准（牌号为 SUS304JIHTB）中。该钢种是由住友株式会社和三菱重工株式会社在 TP304H 的基础上降低 Mn 的含量，增加了 Cu、Nb、N 的含量而开发的，强化富铜相在奥氏体中的沉淀，提高了许用应力，增加了耐蒸汽氧化和烟气腐蚀的能力。由于氮的固溶强化作用，该钢的强度水平高于普通的 18Cr-8Ni 型不锈钢，而塑性却与 TP347H 几乎相同；600℃以上 10^5h 持久强度约是 TP304H 的 1.7 倍，650℃以上的强度比 TP347H 高约 45%、比 TP347HFG 高约 20%，而且比 25Cr-20Ni 类的 TP310HCbN（HR3C）高约 12%。该钢的焊接性能良好，采用焊前预热和焊后热处理的钨极氩弧焊。焊接头的拉伸性能与母材类同，接头各部位冲击韧性也较好，焊缝金相组织为奥氏体加少量铁素体，其他各种性能均基本上与母材接近，持久强度与母材一致。该钢种组织稳定性好，且具有较好的抗蒸汽氧化性能，略低于超超临界锅炉常用的细晶粒的奥氏体钢 TP347HFG，大大优于 SUS321H 钢和 SUS316H 钢。该钢种具有较好的抗烟气腐蚀性能，略低于 TP347HFG 钢。该钢最高使用温度可达 680℃，主要用于超（超）临界锅炉的过热器和再热器的高温段。

四、TH347HFG 钢

TH347HFG 钢是日本住友株式会社在 TP347H 基础上改进的奥氏体钢，除了 C 元素含量略高于 TH347H 外，其他元素含量基本与 TH347H 相同。该钢已正式被收录到 GB 5310—2008《高压锅炉用无缝钢管》（牌号为 08Cr18Ni11NbFG）、欧洲 EN 10216—2007《压力用无缝钢管》（牌号 X8 CrNi 19 11）。该钢的室温、高温力学性能与 TP347H 基本相同，600℃

以上持久强度比 ASME 标准中 TP347H 的规定值高约 20%。其焊接性能、疲劳性能大大优于常规的 TP347H 钢。TH347HFG 为细晶粒钢,与 TH347H 相比具有很好的抗晶间腐蚀性能、良好的组织稳定性和更优异的抗氧化及剥离性能。该钢目前是 18Cr-8Ni 不锈钢中耐蚀性最好的。此外,该钢还具有良好的弯管性能。该钢最高使用温度可达 660℃,主要用于超(超)临界锅炉的过热器和再热器的高温段。

五、HR3C 钢

HR3C 钢是日本住友株式会社在 TP310H 和 TP310Cb(Cb 是铌元素的另一种写法,目前常用 Nb 表示)基础上改进的 25Cr-20Ni 型奥氏体耐热钢。HR3C 是日本住友株式会社的牌号,不是各国的标准牌号。该钢已正式被收录到 GB 5310—2008《高压锅炉用无缝钢管》(牌号为 07Cr25Ni21NbN)、美国 ASTM A 213—2010《锅炉、过热器和换热器用无缝铁素体和奥氏体合金钢管》(牌号为 TP310HCbN),以及日本 JIS 标准(牌号为 SUS310JITB)中。由于在该钢中加入了很多 Cr、Ni,较多的 Nb 和 N,并细化晶粒,所以其抗拉强度高于常规的 18Cr-8Ni 不锈钢,持久强度和许用应力远高于常规的 18Cr-8Ni 不锈钢及 TP310 钢,且抗蒸汽氧化和抗烟气腐蚀的性能极优,焊接接头也满足标准要求。HR3C 是目前成熟的奥氏体钢中使用温度最高的,可达 690℃,通常用于 600℃/620℃ 超超临界锅炉的过热器和再热器的温度最高的管段。

六、HR6W 合金

HR6W 是日本住友株式会社于 1986 年研制成功的 Fe-Ni 基合金,目前由住友金属公司生产,在 ASME 标准《锅炉及压力容器规范》CODE CASE2684 中牌号为 Ni-23Cr-7W。该钢的主要化学成分为 45Ni-Fe-23Cr-7W-0.2Nb-0.1Ti-0.08C。该合金的一个显著特点就是在成分上添加了 7%W,在 700℃ 平衡状态时含有 $M_{23}C_6$、Laves、M(C,N),以及 α-Cr 第二相。这些第二相与 W 元素的固溶强化共同起到强化作用。该合金的热加工性能较好。

日本开展了有关 HR6W 合金相关特性研究,包括材料拉伸试验、蠕变强度试验、焊接试验和管道弯制试验等。HR6W 具备良好的抗烟气腐蚀和抗蒸汽氧化性,可焊性良好,焊接接头的拉伸性能和延展性能良好。对焊接接头进行的长时持久试验(单只试样长达 18978h)表明,$700℃/10^5h$ 持久强度为 83MPa。住友公司的测试表明该合金在 $700℃/10^5h$ 外推持久强度为 88MPa,美国电力科学院(EPRI)测试的数据为 68MPa,无法满足 700℃ 等级机组中最高温度段过热器和再热器对材料强度的要求,但是可以用于 650℃ 等级的锅炉管子、联箱及主蒸汽管道。

七、Haynes 230 合金

Haynes 230 是美国哈氏合金公司(Haynes International)开发的一种 Ni-Cr-W-Mo 型固溶强化的高温合金,主要金属成分为 Ni-22Cr-2Mo-14W-0.3Al-0.1C。它具有优良的高温强度和抗氧化性能,已在航空航天工业、燃气轮机和化学工业中得到应用。

Haynes 230 合金在 1149℃ 以下长期服役,具有良好的抗氧化性能,尤其是在氮气环境中的化学稳定性更为突出。

Haynes 230 为固溶强化高温合金，因此它不像析出强化型高温合金需要时效热处理，通常经高温固溶处理后即可投入使用。这种合金长期时效的组织热稳定性良好，649～871℃温度范围内长期时效到 16000 h 时没有 σ 相和 μ 相等有害的脆性相出现，在中温区间表现出良好的塑性。此外，Haynes 230 合金加工性能良好，在 925～1175℃温度范围内易于锻造成型，且铸造性能很好，与其他大多数高温合金相比，最大的特点是热膨胀性能较低。

Haynes 230 合金可以作为 700℃参数机组的主蒸汽管道和锅炉高温联箱的候选材料，也可作为汽轮机转子和汽缸的材料。

八、Nimonic 263 合金

Nimonic 263 是英国 Rolls-Royce 公司于 1971 年开发的高温合金，主要金属成分为 Ni-20Cr-20Co-6Mo-2.2Ti-0.6Al-0.06C。其 700℃/10^5h 持久强度为 150MPa，750℃/10^5h 持久强度为 115MPa，与 Inconel 740 合金的持久性能相近。Nimonic 263 合金具有较高的蠕变强度和抗氧化性能，加入 6% Mo 主要起固溶强化作用，同时加入约 2%的 Ti 和 0.6%的 Al 析出约 10%的 Ni_3（Ti，Al）型 γ′相，形成析出强化。但是，研究发现在 700℃和 750℃分别时效 3000h 之后，γ′相呈现明显粗化趋势；当合金在 700～900℃温度范围内时效时，除了会有 γ′相粗化现象外，还会有 η 相析出，对其高温力学性能产生影响，其高温持久强度和组织稳定性还有待改善。

九、Inconel 617 合金和 C-HRA-3 合金

Inconel 617 合金是原国际镍合金公司（IN-CO Alloys International）在 20 世纪 70 年代为燃气轮机薄壁管材开发的一种 Ni-Cr-Co-Mo 型固溶强化高温镍基合金，主要金属成分为 Ni-22Cr-12Co-9Mo-0.4Ti-1Al-0.06C，已纳入了 ASME 标准《锅炉及压力容器规范》Code Case 2439（ASTM UNS N06617）。

该合金中加入了 9%的 Mo，能起到强烈的固溶强化作用，又添加了 Al 和 Ti，形成少量 γ′相（体积分数可达 4%～5%）强化。在 700℃以上时效时，Inconel 617 合金析出的主要相是 γ′、MX、M_6C 及 $M_{23}C_6$。通过透射电镜研究 704℃长期时效后的析出行为发现，当时效时间达 43100h 时，γ′相的尺寸仅有 40～60nm，体积百分数为 5%左右。当时效时间更长达到 65600h 时，γ′相的尺寸明显长大到 200nm 左右，体积分数下降，因此 γ′相对 Inconel 617 合金的强化作用在 700℃之上时随着时效时间的延长明显下降，导致该合金作为 700℃等级锅炉高温段过热器和再热器管材仍显不足。在 Inconel 617 合金原型的基础上，调整合金成分，即提高 Al 含量，严格控制 Fe 和 Ti 的水平，得到性能更优的 CCA617（chemistry-controlled variant of alloy）合金和 Inconel 617B 合金，提高了合金的综合性能，使其适用于更高的使用温度，蠕变性能有明显的提高。

Inconel 617 合金在欧盟第一阶段高温试验平台（COMTES 700 试验平台，于德国 Scholven 电厂 F 机组）上长期时效后的焊缝和热影响区出现了开裂等问题；欧盟第二阶段的高温试验（COMTES+计划，于德国 GKM HWT II 试验平台和意大利 ENCIO 试验平台）

对其改进型 CCA61 合金继续进行高温部件验证,目前该试验已经结束,尚未公开试验报告。

CCA617 合金是目前成熟度最高的联箱和管道用大、小口径管的候选材料,也可作为汽轮机转子和汽缸的材料。

C-HRA-3 合金是中国钢铁研究总院开发的镍基合金,化学成分和力学性能与 Inconel 617 合金相当。

十、Inconel740 和 C-HRA-1 合金

Inconel 740 是美国特殊金属公司(SMC)于 2001 年在 Nimonic 263 合金的基础上发展出来用于 700～760℃超超临界锅炉过热器管材的高温合金,已纳入了 ASME 标准《锅炉及压力容器规范》Code Case 2702(ASTM UNS N07740),金属成分 Ni-25Cr-20Co-0.5Mo-2Nb-1.9Ti-0.8Al-0.03C。Inconel 740 合金在 Nimonic 263 合金的基础上,通过将 Cr 质量分数提高到 25%,并且降低 Mo 质量分数到 0.5%,以提高抗烟气腐蚀能力;提高 Al 含量来提高 γ' 相的稳定性;此外还加入 2%的 Nb 以增强 γ' 相的析出强化,其实际效果是明显提高了合金的高温持久强度。Inconel 740 在 700～780℃具有高的持久强度和良好的抗蒸汽氧化和抗煤灰/烟气腐蚀性能。Inconel 740 合金在 700～800℃温度范围的长期持久性能曲线仍然显示平直的趋向,没有出现急剧的弯折,在 750℃/10^5h 的持久强度仍然可以达到 100MPa 之上,说明 Inconel 740 合金高温长期持久性能良好。

SMC 公司还研发了组织稳定性能优良的 Inconel 740H 新合金,金属成分为 Ni-25Cr-20Co-0.5Mo-1.5Nb-1.35Ti-1.35Al-0.03C,并于 2009 年申请了发明专利。通过成分调整,改型后的新型 Inconel 740H 合金不但保持了 Inconel 740 合金的强化因素,而且组织更加稳定,没有脆性相析出,其合金的性能更加优良。改型的 Inconel 740H 合金的冲击性能与 Inconel 740 合金相比也得到明显改善。此外,Ni-Cr-Co 型 Inconel 740 /Inconel 740H 合金冷热加工性能及焊接性能良好,都可以满足锅炉中不同尺寸管道部件的制备及装配工艺的要求。这能够更好地满足 700～760℃等级的机组锅炉过热器和再热器管,以及大口径厚壁蒸汽管道的使用要求,也可用于汽缸的锻件。

C-HRA-1 合金是中国钢铁研究总院开发的镍基合金,化学成分和力学性能与 Inconel 740H 合金相当,750℃/10^5h 的外推持久强度略高于 SMC 的 Inconel 740H 合金,800℃/10^5h 的外推持久强度略低于 Inconel 740H 合金。

十一、GH984G 合金

GH984G 合金是中国科学研究院沈阳金属所研制的一种新型铁镍基合金。该合金于 1969 年 8 月 4 日开始研制,按年月日的最后三个数字取名为 GH2984。其改进型合金 GH984G 是在原合金基础上进行成分优化,以 Cr、Mo、Nb 等元素进行固溶强化、以少量 Al、Ti 进行沉淀强化的 Fe-Ni-Cr 基变形高温合金,具有良好的长期持久强度、抗氧化耐腐蚀性能、冷热加工性能,以及较好的组织稳定性和可焊性。该合金与同类镍基合金比较,含 20%左右的 Fe,可以节省 32%～34%(质量分数)的 Ni,并且不含 Co,具有低成本优势。GH984G 合金的室温抗拉强度已超过 1000MPa,屈服强度超过 530MPa,远远高于各种铁素体耐热钢

和奥氏体耐热钢。根据相关试验数据拟合得到 GH984G 合金 750℃和 700℃下 10^5h 持久强度分别为 90.8MPa 和 184.5MPa。同时该合金具有良好的塑性，室温和长期时效时 700℃温度下的断后延伸率和断面收缩率均高于 30%，显示出优良的高温性能。

　　该合金具有良好的抗腐蚀能力。在模拟烟气/煤灰环境下得到的数据表明，GH984G 合金的抗腐蚀性能超过 Inconel 617B 和 Nimonic 263 合金，与 Inconel 740H 合金相近。模拟煤灰气氛条件下，GH984G 与 Inconel 740H、Inconel 617B 等合金的耐腐蚀比较见图 5-9。西安热工研究院对 GH984G 无缝管（平板状试样和弧形保留内壁试样）进行了 700℃/2000h 蒸汽氧化试验。结果表明 GH984G 的稳态增重速率约为 0.2mg/（cm² •h），满足 GB/T 13303—1991《钢的抗氧化性能测定方法》中规定的完全抗氧化级的要求，其抗蒸汽氧化性能优于 Haynes 282 和 Inconel 740H，如图 5-10 所示。

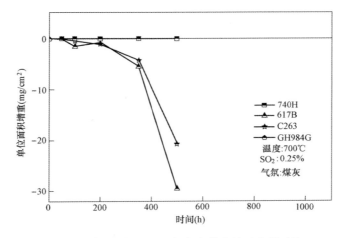

图 5-9　模拟煤灰气氛下各合金的腐蚀动力学对比

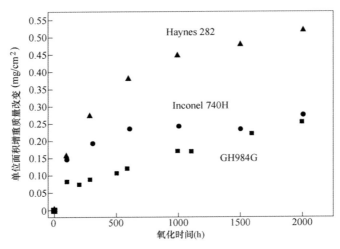

图 5-10　GH984G 与 Haynes 282、Inconel 740H 在 700℃氧化 2000h 内的蒸汽氧化动力学对比

　　GH984G 可作为 650℃及以上蒸汽参数下超超临界锅炉过热器和再热器管子的候选材料。

第三节 汽轮机主要材料

一、超超临界汽轮机高温段的主要材料

火力发电厂的热效率随着蒸汽参数的提高而上升，提高机组热效率是促进火电机组发展的动力。但是机组参数的提高必然带来诸多问题，如材料力学性能、高温持久强度下降、材料抗氧化能力下降、汽轮机承压部件和转动部件强度降低、寿命降低等，这些问题都可以归结为材料问题。因此，每一次机组参数得到较大的提升都是伴随着相应适用的新材料出现。特别是近 20 年来，高温材料在世界范围得到较快发展和广泛应用，相应机组参数也很快从亚临界参数、超临界参数发展到超超临界参数。

早在 20 世纪八九十年代，日本就开发了满足 600℃以下蒸汽温度的 12%Cr 钢，并对其高温性能进行了验证和试验；随后在 2000 年左右，开发了 9%～12%Cr 新型铁素体钢，以满足 600～620℃等级蒸汽参数机组的需要。继日本之后，欧洲从 20 世纪 90 年代开始也先后进行了 COST501 和 COST522 材料研发计划，旨在开发出满足 600～620℃蒸汽温度的 9%～12%Cr 铁素体钢。我国从 2002 年开始陆续从日本和德国引进超超临界发电技术，目前已有 90 余台百万容量等级一次再热超超临界机组投入运行，机组蒸汽参数基本上在 25～27MPa/600℃/600℃。

而对于二次再热机组来说，为了更有效地发挥二次再热在提高机组效率上的优势，势必选取较一次再热机组更高的蒸汽参数。我国第一台超超临界二次再热机组（国电泰州电厂二期）的蒸汽参数选取为 31MPa/600℃/610℃/610℃，后续机组的一次、二次再热蒸汽温度逐步提高到 620℃，目前更高参数 35MPa/615℃/630～650℃/630～650℃的机组已进入研发阶段。

二次再热机组与一次再热机组相比，具有更高的主蒸汽和再热蒸汽参数，因此对机组的高压缸和中压缸进汽段的材料提出更高的要求，涉及的主要部件有高、中压缸的转子、叶片、汽缸和阀壳等。其他部件材料可沿用与一次再热机组相同的材料。

在欧洲高温材料的发展计划中，将超超临界材料分为四个等级。其中 3 个铁素体材料按 COST501、COST522、COST536 规划进行开发。其中 COST 501 的 9%～10%Cr 材料经过近十年的研究应用，已取得了成功，工艺已非常成熟，成为目前 600℃超超临界汽轮机的标准材料。随着蒸汽温度逐步提高到 620～630℃，需要应用 COST522 计划中研制的 FB2、CB2 材料。FB2 和 CB2 材料与原超超临界改良 12%Cr 材料的主要区别在于增加了 Co 和 B 等微量元素成分。欧洲典型 FB2、CB2 材料成分如表 5-10 所示。

表 5-10　　　　　　　　　　欧洲典型 FB2、CB2 材料成分

化学成分	FB2（锻件）	CB2（铸件）
C	0.13%	0.12%
Si	0.05%	0.20%
Mn	0.82%	0.88%

化学成分	FB2（锻件）	CB2（铸件）
Cr	9.32%	9.20%
Mo	1.47%	1.49%
Co	0.96%	0.98%
Ni	0.16%	0.17%
V	0.20%	0.21%
Nb	0.05%	0.06%
N	0.019%	0.02%
B	85（$\times 10^{-6}$）	110（$\times 10^{-6}$）

目前 FB2、CB2 材料已经历了长期、广泛的试验验证，其各项力学性能、工艺性能已成熟可靠，可以在产品中使用。FB2 和 CB2 的蠕变断裂强度见图 5-11。

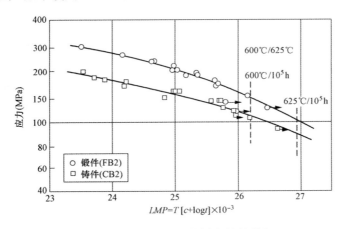

图 5-11　FB2 和 CB2 的蠕变断裂强度

注：LMP 为 Larson-Miller 参数，常用于表示材料强度和材料所承受的温度，以及与该温度下时间的关系。T 为材料承受的热力学温度（K），t 为时间（h），c 为特定材料的参数，通常取 20。

二、上汽二次再热超超临界汽轮机的主要材料

上汽 31MPa/600℃/620℃/620℃ 参数等级的二次再热机组与常规 25～27MPa/600℃/600℃ 参数等级的一次再热机组相比，主要材料选用情况对比如表 5-11 所示。

表 5-11　　　　　　　　　上汽不同参数汽轮机主要材料

序号	部件名称	常规超超一次再热机组 25～27MPa/600℃/600℃	高参数超超二次再热机组 31MPa/600℃/620℃/620℃
1	超高压转子	—	12Cr10Mo1W1NiVNbN
2	高压转子	X12CrMoWVNbN10-1-1	13Cr9Mo2Co1NiVNbNB （FB2）
3	中压转子	X12CrMoWVNbN10-1-1	13Cr9Mo2Co1NiVNbNB （FB2）

序号	部件名称	常规超超一次再热机组 25～27MPa/600℃/600℃	高参数超超二次再热机组 31MPa/600℃/620℃/620℃
4	超高压外缸	—	进汽段：ZG12Cr10Mo1W1NiVNbN 排汽段：ZG17Cr1Mo1V
5	高压外缸	进汽段：GX12CrMoVNbN9-1 排汽段：G17CrMoV5-10	ZG15Cr1Mo
6	中压外缸	GJS-400-18U-RT	QT、Si3Mo
7	超高压内缸	—	ZG12Cr9Mo1VNbN
8	高压内缸	GX12CrMoVNbN9-1	ZG13Cr9Mo2Co1NiVNbNB（CB2）
9	中压内缸	GX12CrMoVNbN9-1	外内缸：ZG17Cr1Mo1V 内缸：ZG13Cr9Mo2Co1NiVNbNB（CB2）
10	缸体螺栓	外缸：21CrMoV5-7 内缸：X19CrMoNbVN11-1	外缸：21CrMoV5-7 内缸：X19CrMoNbVN11-1
11	超高压阀体	—	ZG13Cr9Mo2Co1NiVNbNB（CB2）
12	高压阀体	GX12CrMoVNbN9-1	ZG13Cr9Mo2Co1NiVNbNB（CB2）
13	中压阀体	GX12CrMoVNbN9-1	ZG13Cr9Mo2Co1NiVNbNB（CB2）
14	静叶片	X12CrMoWVNbN10-1-1 X22CrMoV12-1 X19CrMoNbVN11-1	X12CrMoWVNbN10-1-1 X22CrMoV12-1 X19CrMoNbVN11-1 13Cr9Mo2Co1NiVNbNB（FB2）
15	动叶片	NiCr20TiAl X12CrMoWVNbN10-1-1 X22CrMoV12-1 X19CrMoNbVN11-1	NiCr20TiAl X12CrMoWVNbN10-1-1 X22CrMoV12-1 X19CrMoNbVN11-1
16	低压转子	26NiCrMoV14-5	30Cr2Ni4MoV

三、东汽二次再热超超临界汽轮机的主要材料

东汽 31MPa/600℃/620℃/620℃参数等级的二次再热机组与常规 25～27MPa/600℃/600℃
参数等级的一次再热机组相比，主要材料选用情况对比如表 5-12 所示。

表 5-12　　　　　　　　　东汽不同参数汽轮机主要材料对比

序号	部件名称	常规超超一次再热机组 25～27MPa/600℃/600℃	高参数超超二次再热机组 31MPa/600℃/620℃/620℃
1	超高压转子	—	改良 12Cr
2	高压转子	改良 12Cr	FB2
3	中压转子	改良 12Cr	FB2
4	超高压外缸	—	ZG13Cr1Mo1V
5	高压外缸	ZG13Cr1Mo1V	ZG13Cr1Mo1V
6	中压外缸	ZG13Cr1Mo1V	ZG13Cr1Mo1V
7	超高压内缸	—	CB2
8	高压内缸	ZG1Cr10Mo1NiWVNbN	CB2

序号	部件名称	常规超超一次再热机组 25～27MPa/600℃/600℃	高参数超超二次再热机组 31MPa/600℃/620℃/620℃
9	中压内缸	ZG1Cr10Mo1NiWVNbN	CB2
10	超高压主汽阀	—	ZG1Cr10Mo1NiWVNbN
11	超高压调节阀	—	ZG1Cr10Mo1NiWVNbN
12	高压主汽阀	ZG1Cr10Mo1NiWVNbN	CB2
13	高压调节阀	ZG1Cr10Mo1NiWVNbN	CB2
14	中压主汽阀	ZG1Cr10Mo1NiWVNbN	CB2
15	中压调节阀	ZG1Cr10Mo1NiWVNbN	CB2
16	高温隔板板体	ZG1Cr10Mo1NiWVNbN	12Cr10Co3W2MoNiVNbNB
17	高温导叶片	12Cr10Co3W2MoNiVNbNB	12Cr10Co3W2MoNiVNbNB
18	高温动叶片	12Cr10Co3W2MoNiVNbNB	12Cr10Co3W2MoNiVNbNB
19	低压转子	30Cr2Ni4MoV	30Cr2Ni4MoV
20	主汽管	P92	P92
21	隔板套	ZG15Cr1Mo1	ZG15Cr1Mo1
22	进汽管	F92	F92

四、哈汽二次再热超超临界汽轮机的主要材料

哈汽 31MPa/600℃/620℃/620℃ 参数等级的二次再热机组与常规 25～27MPa/600℃/600℃ 参数等级的一次再热机组相比，主要材料选用情况对比如表 5-13 所示。

表 5-13　　　　　　　哈汽不同参数汽轮机主要材料对比

序号	部件名称	常规超超 1000MW 机组 25～27MPa/600℃/600℃	高参数超超二次再热机组 31MPa/600℃/620℃/620℃
1	超高压转子	—	改良型 12%Cr 14Cr10.5Mo1W1NiVNbN
2	高压转子	改良型 12%Cr 14Cr10.5Mo1W1NiVNbN	FB2
3	中压转子	改良型 12%Cr 14Cr10.5Mo1W1NiVNbN	FB2
4	超高压外缸	—	ZG15Cr1Mo1V
5	高压外缸	ZG15Cr1Mo1V	ZG15Cr1Mo1V
6	中压外缸	ZG15Cr1Mo1V	ZG15Cr1Mo1V
7	超高压内缸	—	ZG1Cr10MoVNbN
8	高压内缸	12%Cr 铸钢	CB2
9	中压内缸	12%Cr 铸钢	CB2
10	超高压阀体	—	ZG1Cr10MoWVNbN
11	高压阀体	12%Cr 铸钢	CB2

序号	部件名称	常规超超 1000MW 机组 25～27MPa/600℃/600℃	高参数超超二次再热机组 31MPa/600℃/620℃/620℃
12	中压阀体	12%Cr 铸钢	CB2
13	高温动叶片	新型 12%Cr 改良 12%Cr	R-26 新型 12%Cr 改良 12%Cr
14	高温隔板	1Cr9Mo1VNbN 1Cr12Mo	2Cr10MoVNbN 1Cr9Mo1VNbN 1Cr12Mo
15	VHP 进汽管路	无	无
16	HP 进汽管路	A335P91	无
17	IP 进汽管路	无	无

第六章

主要汽水系统设计

第一节 热力系统概述

热力系统是火力发电厂实现热功转换的工艺系统，它通过管道和阀门将主机与辅机联系在一起，形成一个有机的整体，将锅炉中燃料的能量连续地转换为汽轮机的机械能，并最终通过发电机转换为电能。

火力发电厂热力系统包含的设备数量巨大，工质种类众多，因此根据工艺流程和所完成的功能不同可划分为若干个子系统，如主蒸汽系统、再热蒸汽系统、汽轮机旁路系统、给水系统、凝结水系统、抽汽系统、加热器疏水放气系统、辅助蒸汽系统、循环冷却水系统等。

对于二次再热机组来说，其本质与常规的一次再热机组一样，都是将锅炉产生的热能转化为汽轮机的转动机械能，因此二次再热机组大部分热力系统与一次再热机组相同。但是为了提高热力循环效率，二次再热机组将汽轮机做功后的蒸汽两次送往锅炉进行再热（见图 6-1），同时提高了新蒸汽的压力和温度，增加了回热的级数，与之相关的系统设计也与一次再热机组有一定的区别。典型的超超临界二次再热机组原则性热力系统图如图 6-2 所示。该机组的进汽参数为 31MPa（a）/600℃/620℃/620℃，汽轮机采用五缸四排汽机型，主要热力系统特点如下：

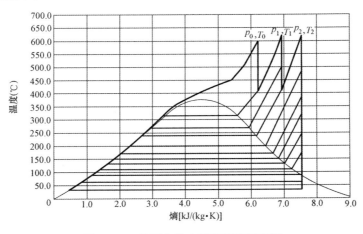

图 6-1 二次再热热力循环温熵示意图

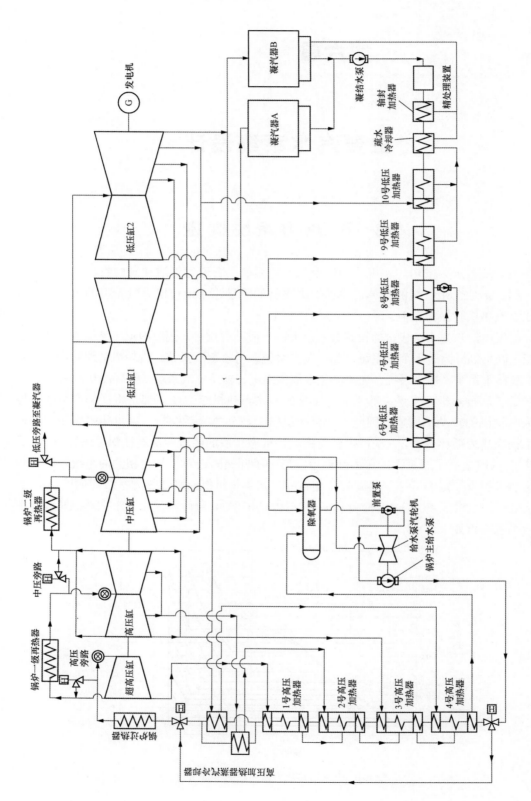

图 6-2 典型的超超临界二次再热机组原则性热力系统图

（1）采用 10 级非调整回热系统，一～四级抽汽分别向 1～4 号高压加热器供汽；五级抽汽供汽至除氧器、给水泵汽轮机和辅助蒸汽系统；六～十级抽汽分别向 6～10 号低压加热器供汽。其中 9 号和 10 号加热器设置在凝汽器喉部。

（2）为了协调机炉运行，改善整机启动条件及机组不同运行工况下机组运行的灵活性，机组设置一套高、中、低压三级串联汽轮机旁路系统。

（3）由于超超临界二次再热机组二级和四级抽汽的蒸汽温度较高，所以在二级和四级抽汽管道上设置外置蒸汽冷却器，以充分利用蒸汽过热度减少做功能力损失，并在各种负荷工况下提高给水温度，降低汽轮机热耗。

（4）采用 1×100% 或 2×50% 容量汽动给水泵，汽动给水泵与前置泵采用同轴驱动。不设电动给水泵。

（5）四级高压加热器及外置式蒸汽冷却器采用给水大旁路系统。当任一台高压加热器或外置式蒸汽冷却器故障时，高压加热器同时从系统中退出，给水快速切换到给水旁路。

（6）凝结水系统采用中压凝结水精处理系统，凝汽器热井中的凝结水由凝结水泵升压后，经中压凝结水精处理装置、轴封加热器、疏水冷却器和 5 台低压加热器后进入除氧器。

（7）高压加热器的正常疏水均采用逐级串联疏水方式，即从较高压力的加热器排到较低压力的加热器，4 号高压加热器的疏水疏入除氧器；6、7 号低压加热器疏水在正常运行时采用逐级串联疏水方式疏至 8 号低压加热器，8 号低压加热器的疏水通过疏水泵引至 8 号低压加热器凝结水出口管道。9、10 号低压加热器正常疏水经疏水冷却器最终疏至凝汽器立管。

本章将着重介绍二次再热机组与一次再热机组有较大变化的主蒸汽系统、再热蒸汽系统和汽轮机旁路系统。

第二节　主蒸汽和再热蒸汽系统

一、系统设计

大容量机组的主蒸汽和再热蒸汽均采用单元制连接方式，图 6-3～图 6-7 所示为典型的二次再热超超临界机组主蒸汽和再热蒸汽的系统简图。其中，主蒸汽系统（见图 6-3）采用 4-2 布置型式，从锅炉两只过热器出口联箱 4 个接口接出 4 根管道，中间合并为 2 根管道，进入汽轮机超高压缸的 2 个主汽阀。高压旁路靠近过热器出口联箱，采用全容量带安全功能，可替代锅炉过热器安全阀。在靠近汽轮机主汽阀入口前的管道最低点设有带动力操作的疏水阀，以保证机组在启动暖管和事故工况下能及时将管道中的冷凝水疏至疏水扩容器，防止汽轮机进水的事故发生。

再热蒸汽分为一次再热和二次再热两个系统。一次再热冷段（见图 6-4）采用 2-1-2 布置型式，从超高压缸 2 个排汽口接出 2 根一次再热冷段管道后在机头附近合并成一根母管送至锅炉，在炉前平台附近分成 2 根管道分别接入锅炉两侧联箱接口。一次再热冷段系统还向 1 号高压加热器供汽。

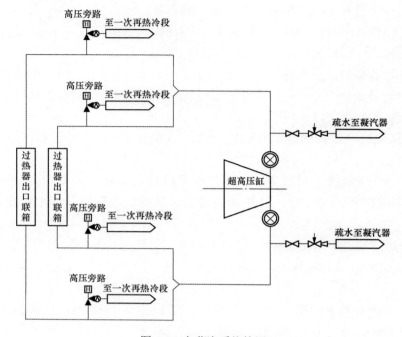

图 6-3　主蒸汽系统简图

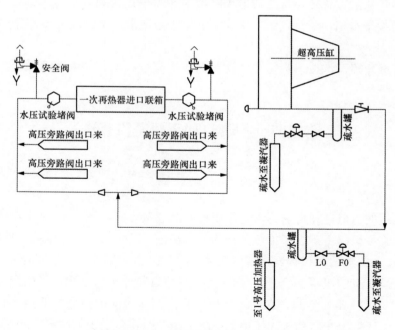

图 6-4　一次再热冷段蒸汽系统简图

　　一次再热热段（见图 6-5）采用 4-2 布置型式，从锅炉一次再热器出口联箱 4 个接口接出 4 根管道，中间合并为 2 根管道，进入汽轮机高压缸的 2 个一次再热汽阀。

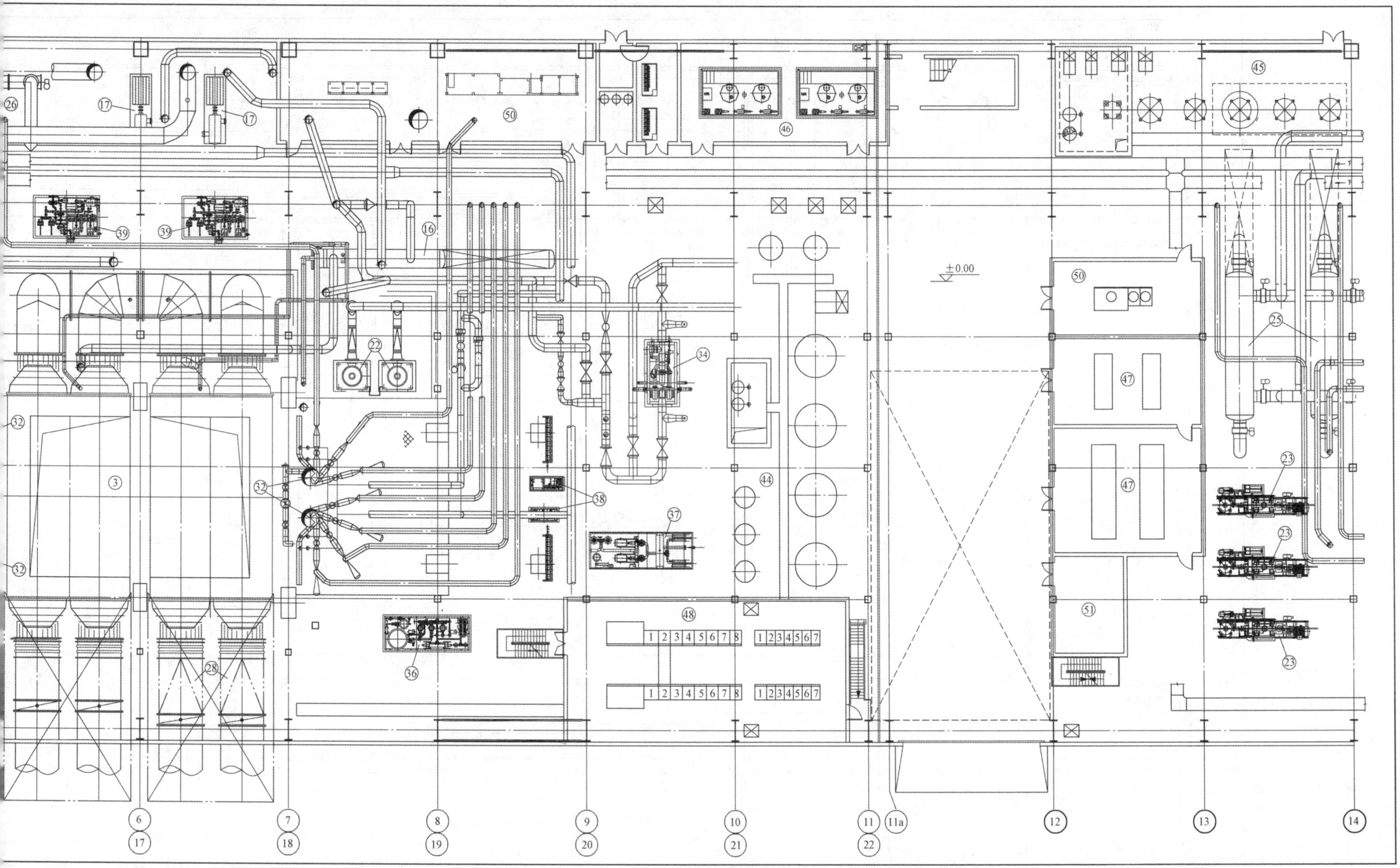

图8-1 汽机房和除氧间零米层平面布置图

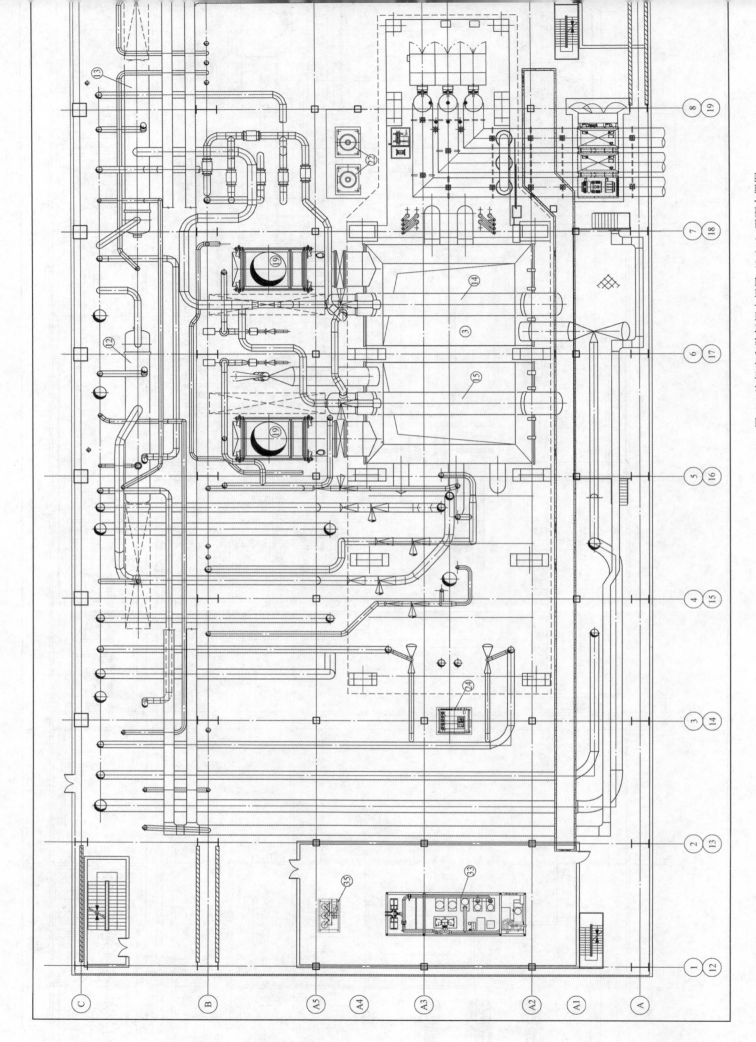

图8-2 汽机房和除氧间中间层（8.6m）平面布置图

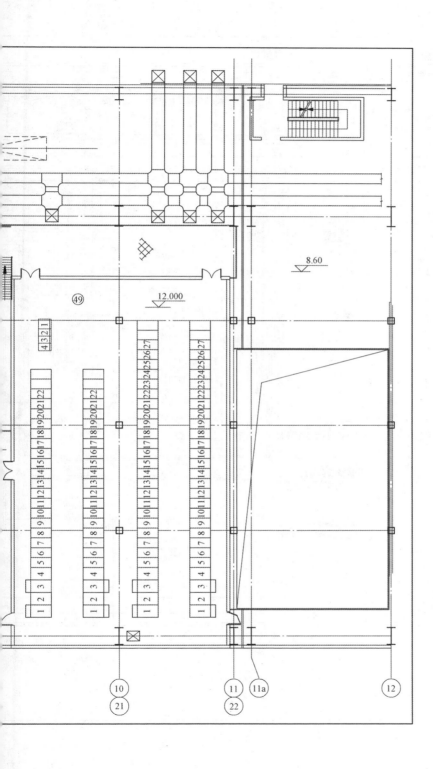

8.60

12.000

49

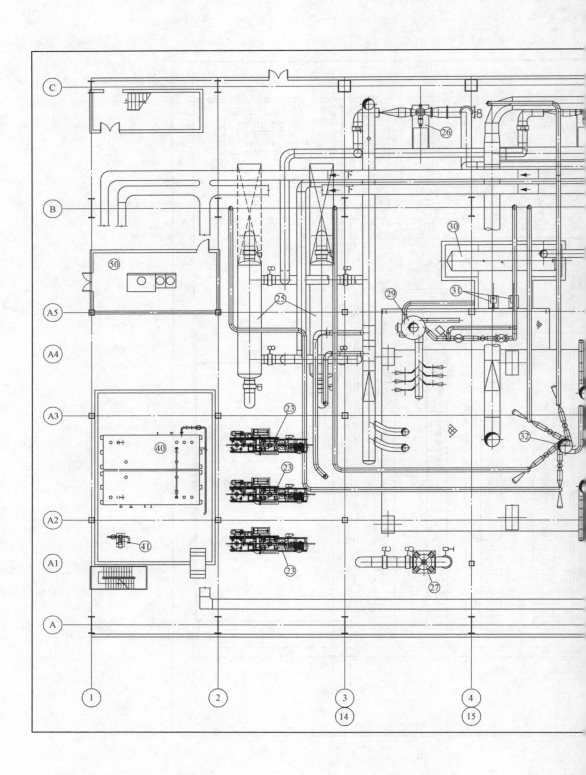

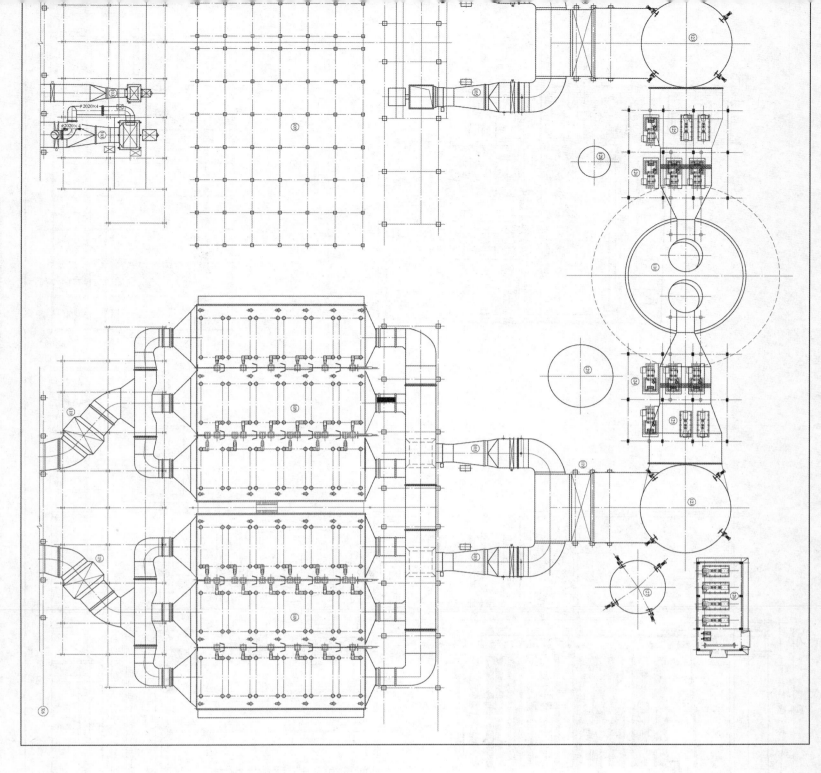

图8-7 锅炉房炉后平面布置图

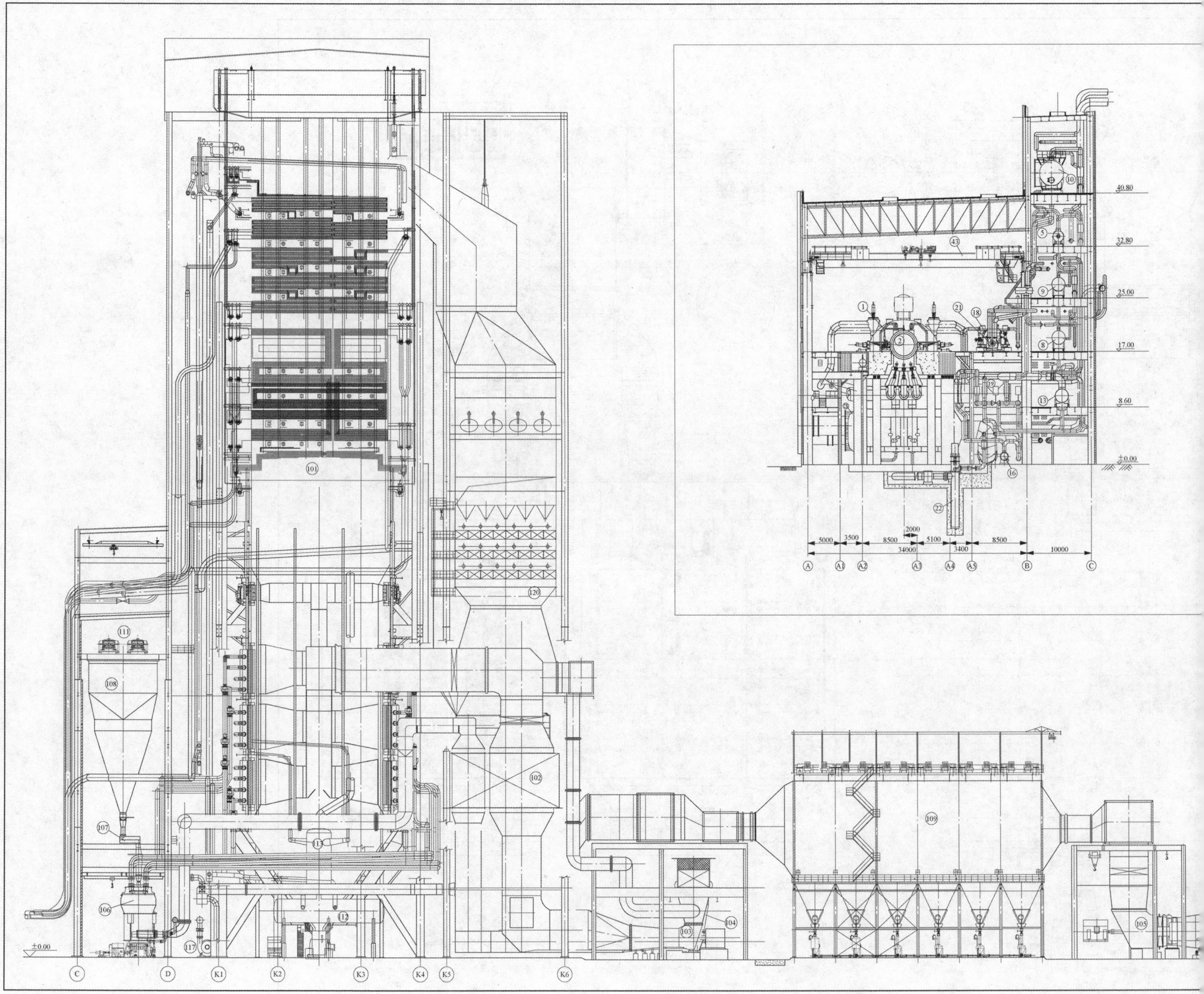

図8-8 前煤仓主厂房横断面布置图

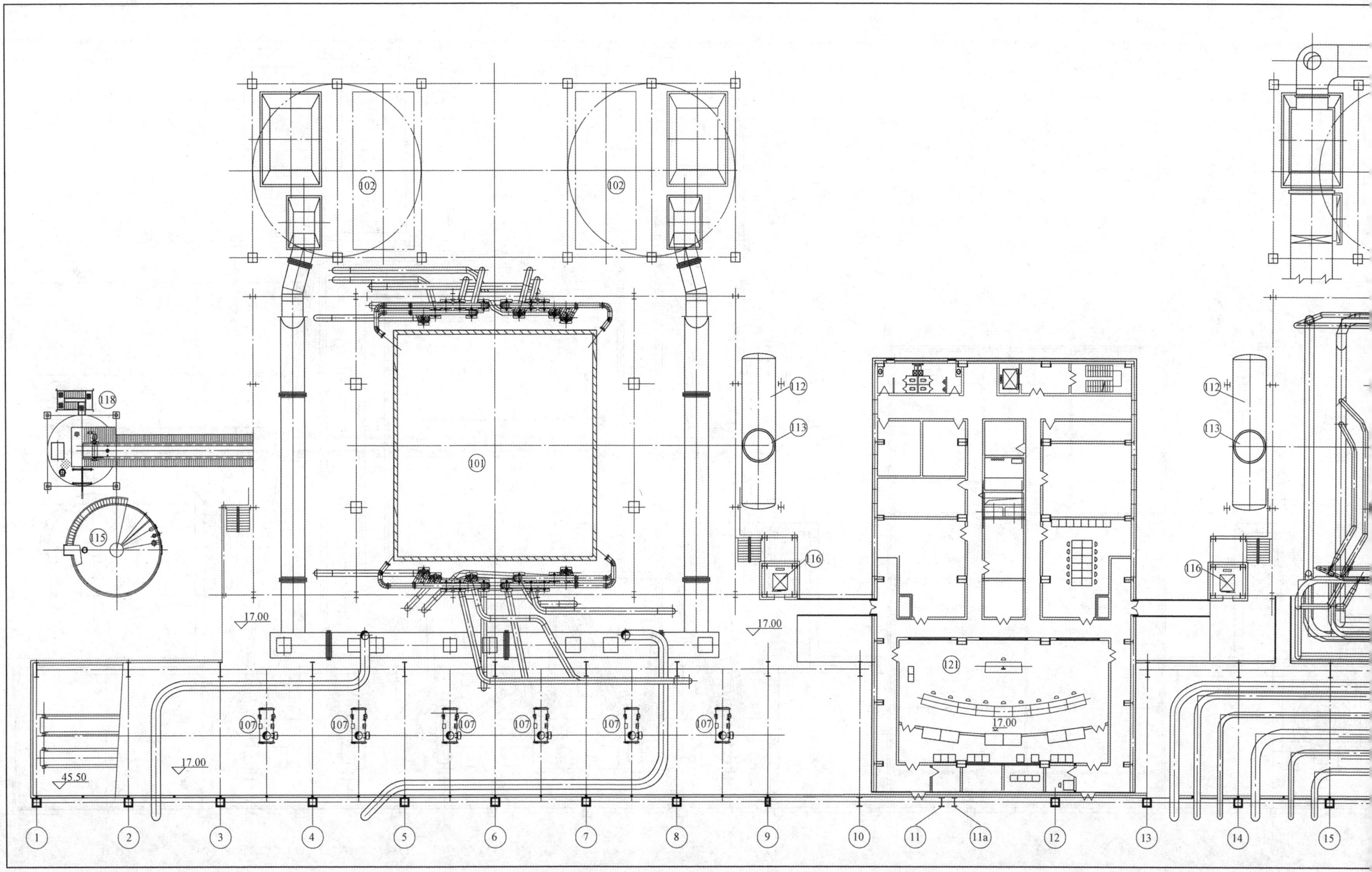

图8-6 前煤仓锅炉房运转层及以上平面布置图

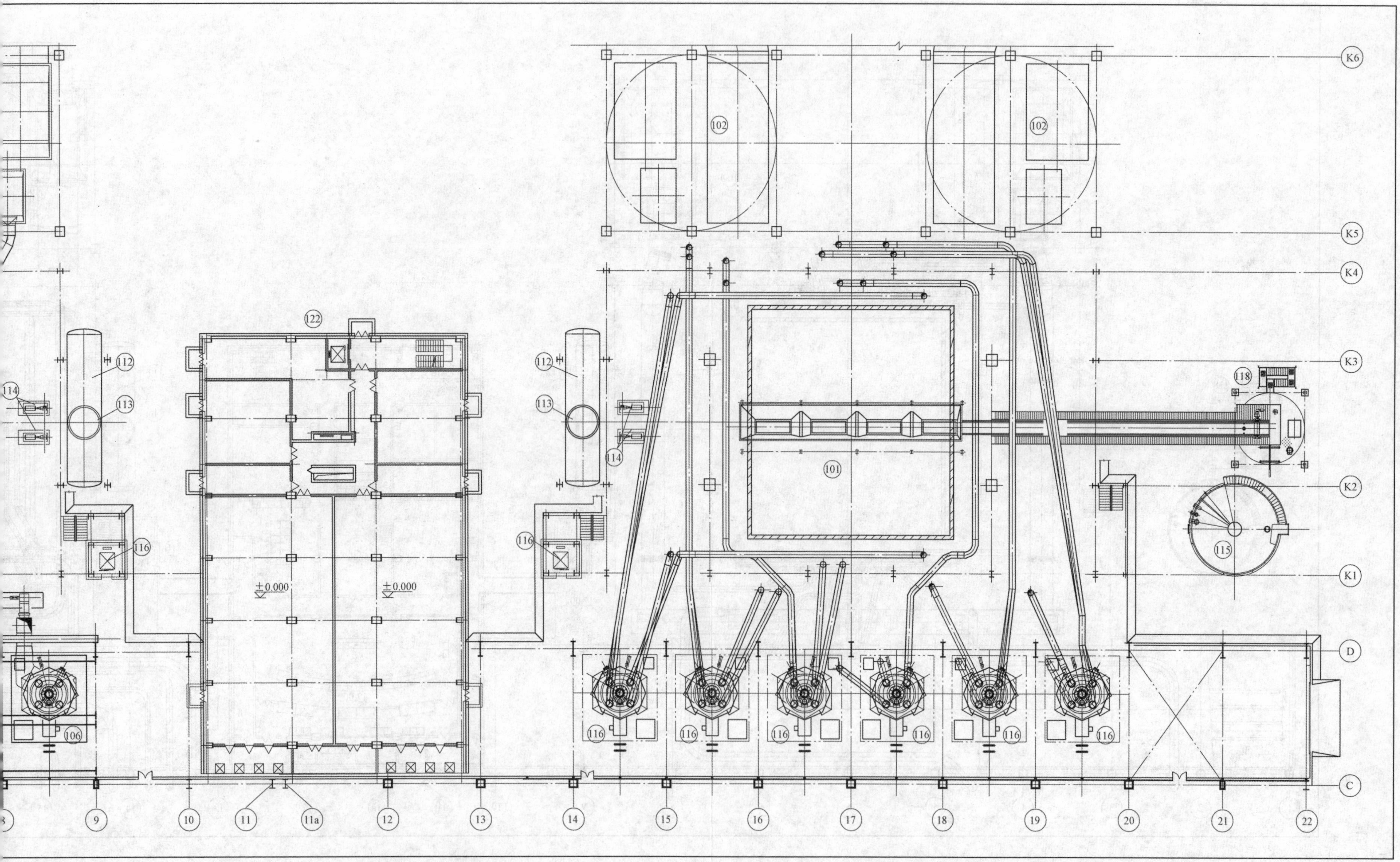

图8-5 前煤仓锅炉房零米及运转层以下平面布置图

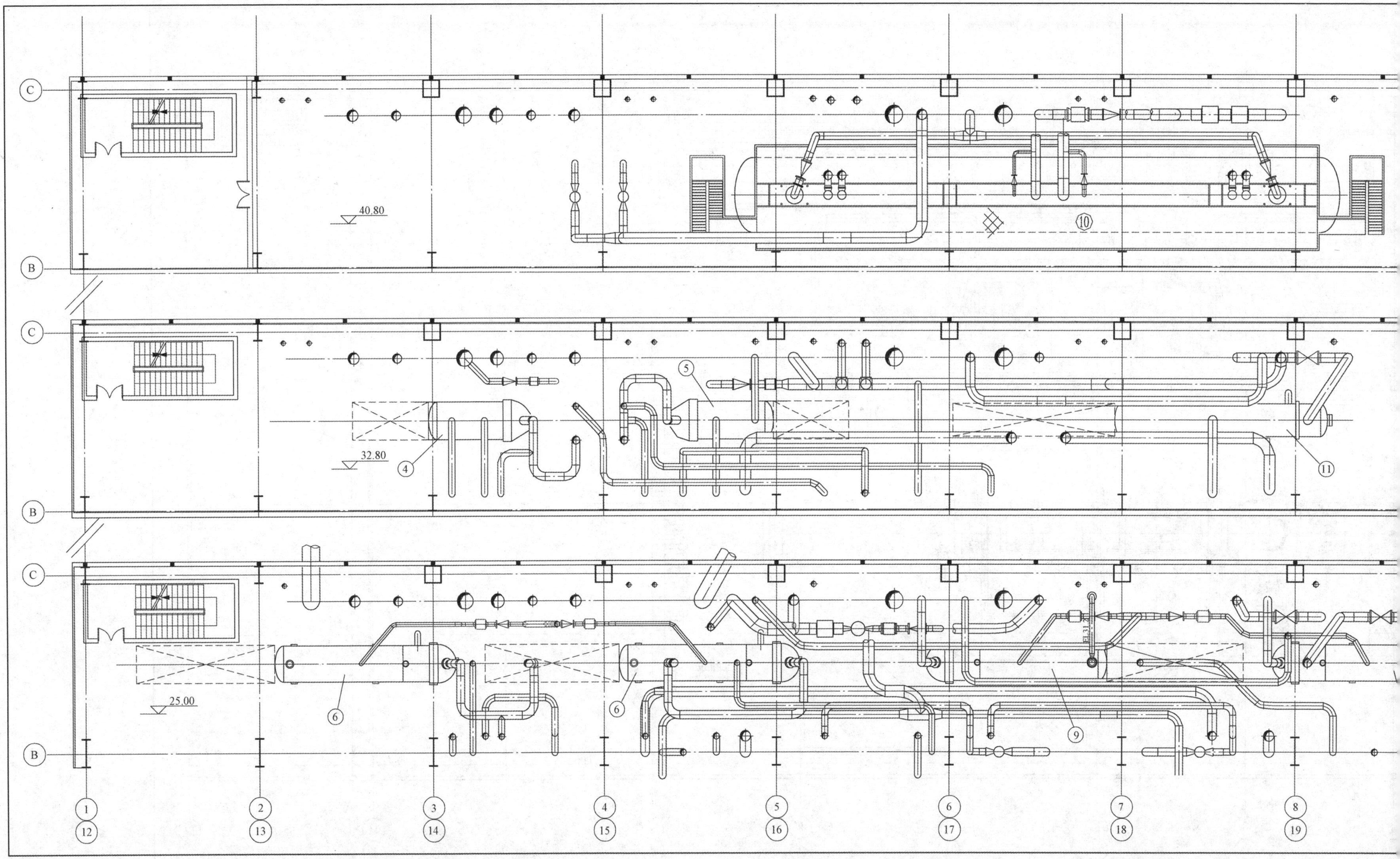

图8-4 除氧间回加热器各层平面布置图

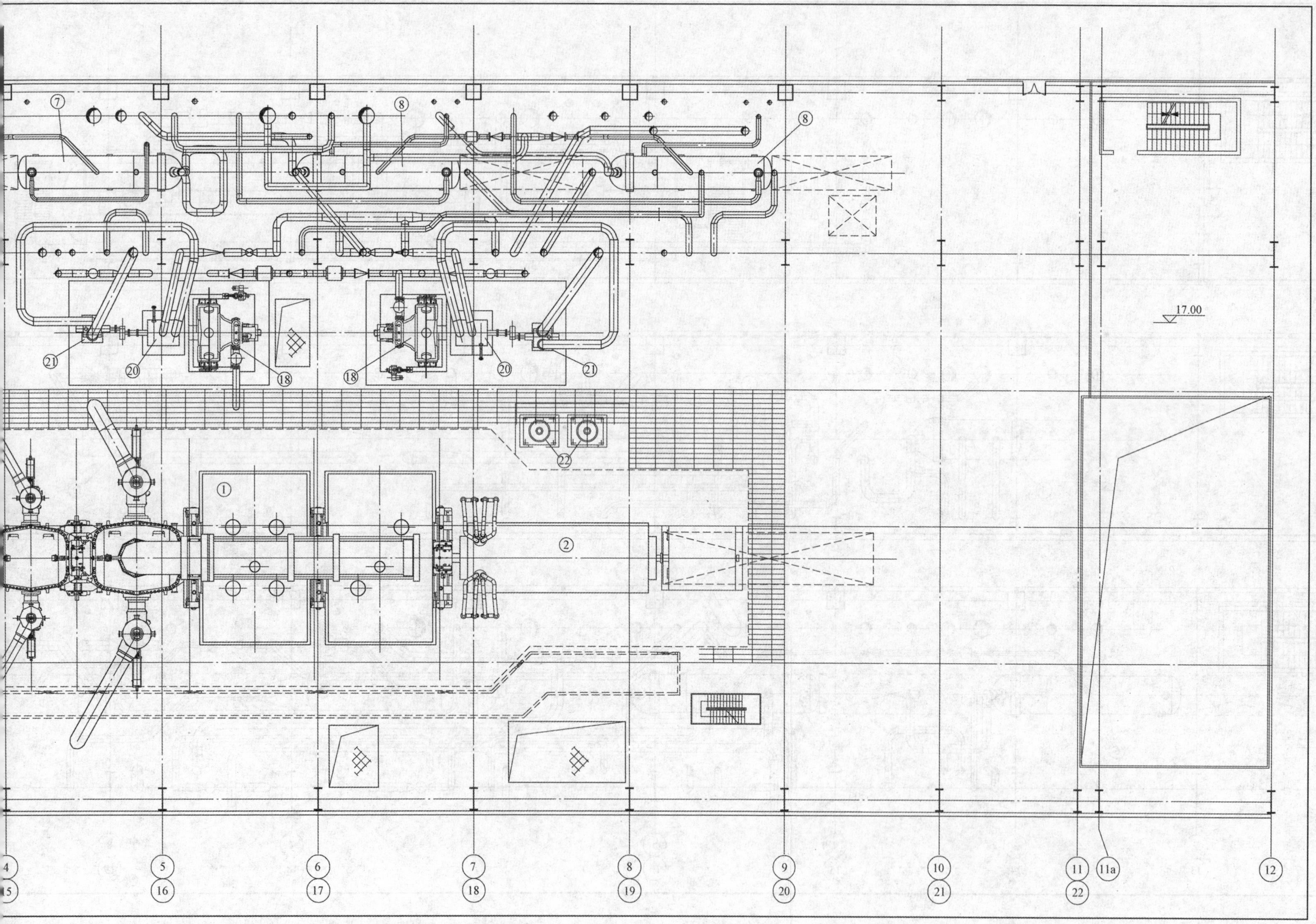

图8-3 汽机房和除氧间运转层（17.0m）平面布置图

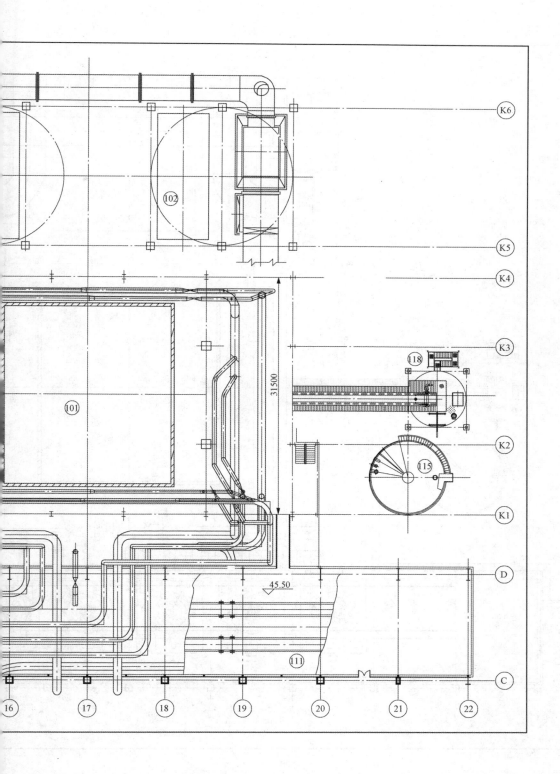

K6

K5

K4

K3

K2

K1

D

C

102

101

118

115

31500

45.50

111

16 17 18 19 20 21 22

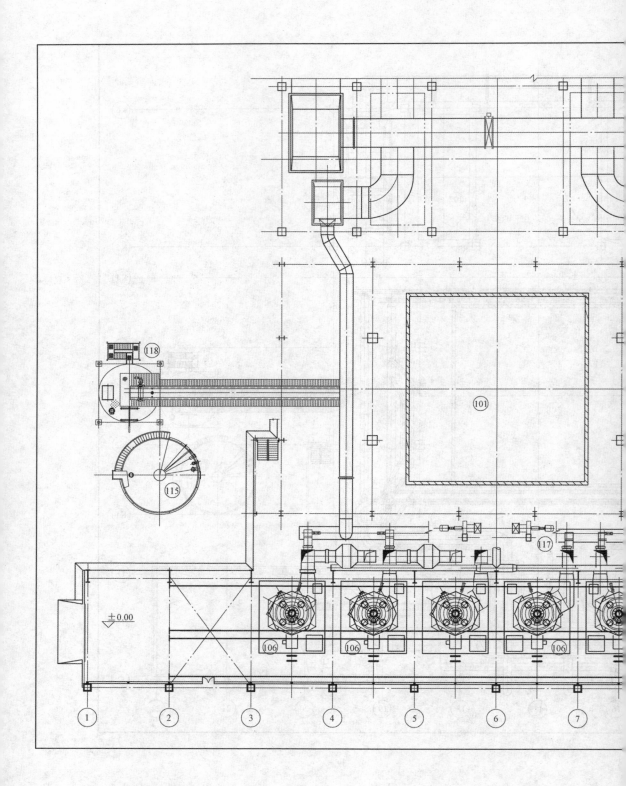

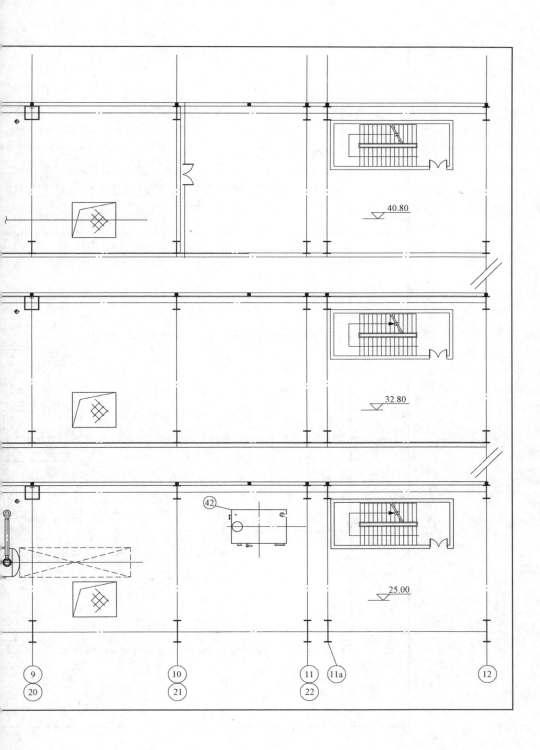

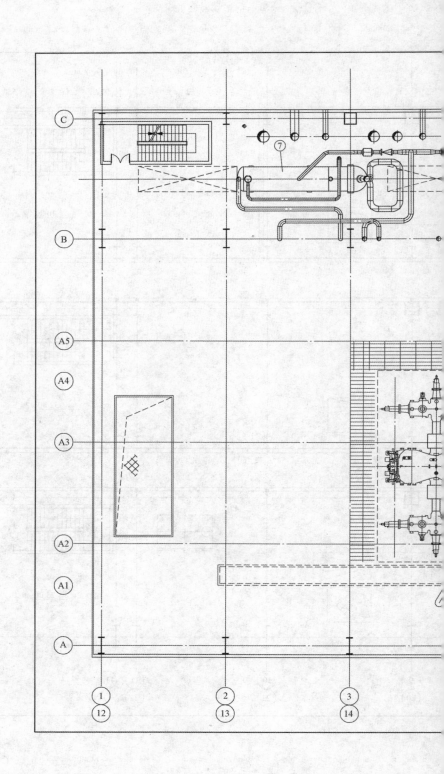

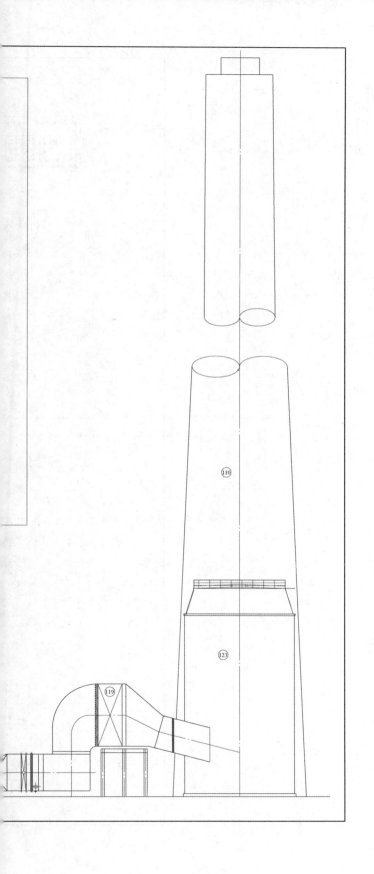

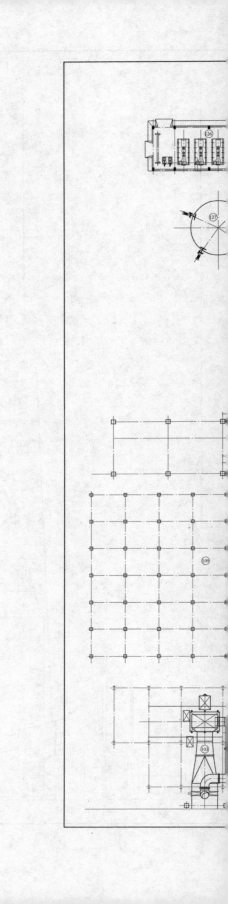

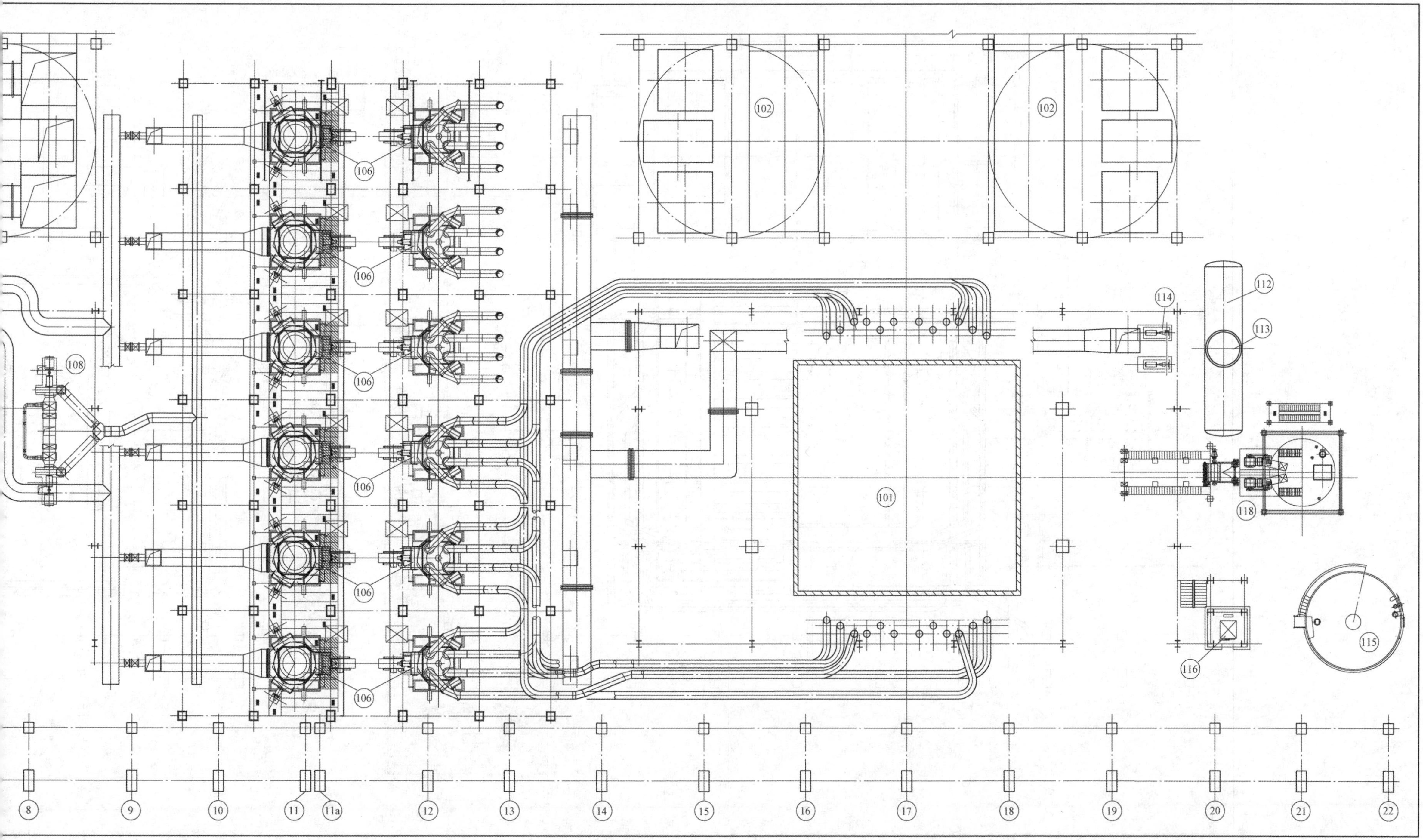

图8-9 侧煤仓锅炉房零米及运转层以下平面布置

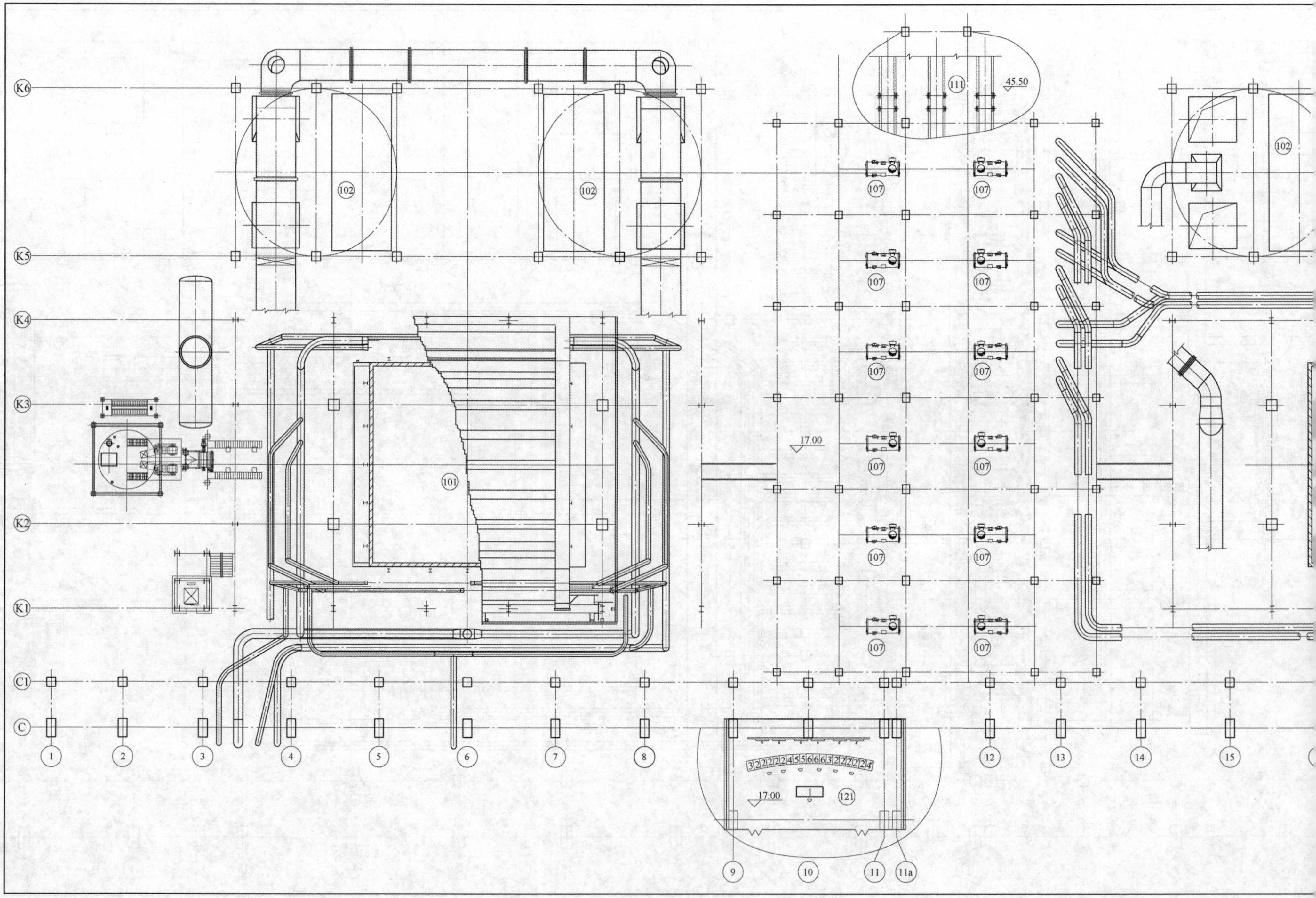

图8-10 侧煤仓锅炉运转层及以上平面布置图

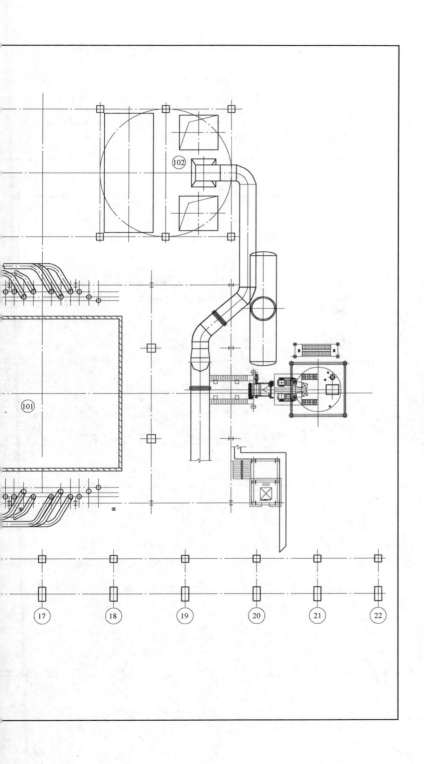

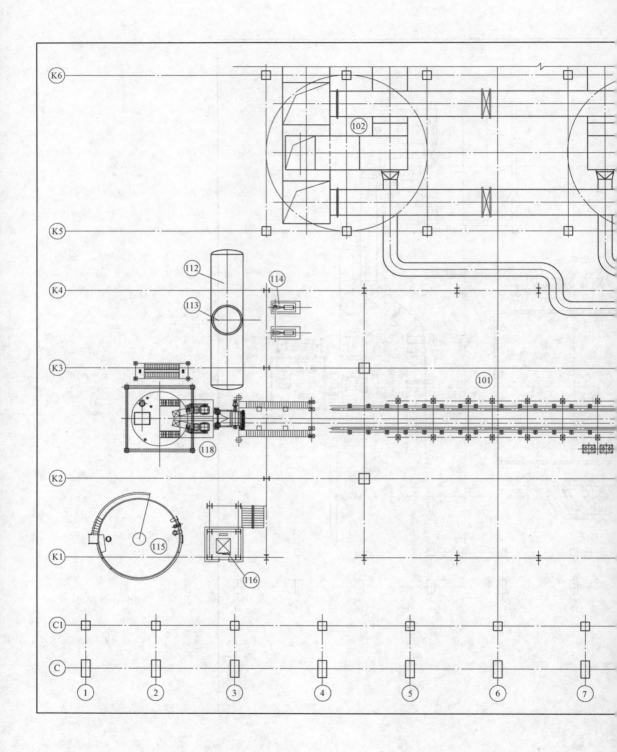

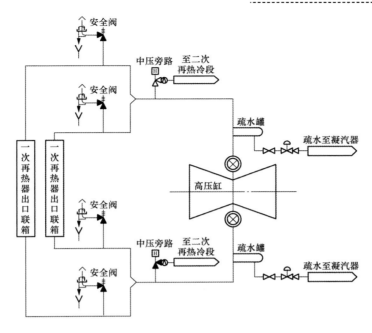

图 6-5 一次再热热段蒸汽系统简图

二次再热冷段（见图 6-6）由于管道直径较大，为控制流速采用 2-2 布置型式，从高压缸 2 个排汽口接出 2 根二次再热冷段管道后分别送至锅炉两侧联箱接口。二次再热冷段系统还向 3 号高压加热器和辅助蒸汽母管供汽。

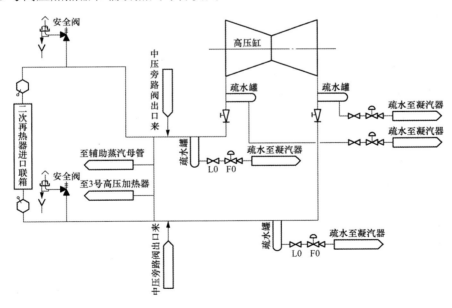

图 6-6 二次再热冷段蒸汽系统简图

二次再热热段（见图 6-7）采用 4-2 布置型式，从锅炉二次再热器出口联箱 4 个接口接出 4 根管道，中间合并为 2 根管道，进入汽轮机中压缸的 2 个二次再热汽阀。

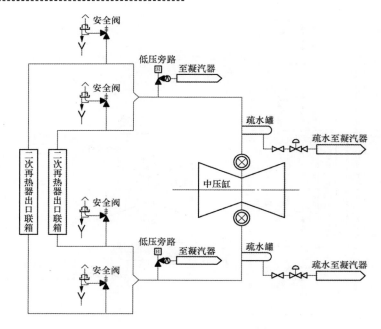

图 6-7　二次再热热段蒸汽系统简图

在超高压缸和高压缸排汽管道上装有动力控制止回阀，以便在事故情况下防止蒸汽返回到汽轮机，引起汽轮机超速。

一、二次再热冷段和热段蒸汽管道上均设有适当的疏水罐和相应的动力操作的疏水阀，以保证机组在启动暖管和事故工况下能及时将管道中的冷凝水疏至疏水扩容器，防止汽轮机进水的事故发生。

二、管道系统的设计参数选择

目前我国火力发电厂管道设计标准主要有 GB 50764—2012《电厂动力管道设计规范》、GB/T 32270—2015《压力管道规范 动力管道》、DL/T 5366—2014《发电厂汽水管道应力计算技术规程》等，这些标准中对主蒸汽、再热蒸汽系统设计参数的选取均为针对一次再热机组。对超超临界二次再热机组，主蒸汽管道、再热蒸汽系统的管道设计参数的选取可参照上述相关标准的要求执行。

（1）主蒸汽管道的设计压力应取用下列两项的较大值。

1）汽轮机主汽阀进口处设计压力的 105%。

2）汽轮机主汽阀进口处设计压力与主蒸汽管道压降之和。

其中，汽轮机主汽阀进口处设计压力取汽轮机额定进汽压力的 105%。

（2）主蒸汽管道的设计温度取锅炉过热器出口蒸汽额定工作温度与锅炉正常运行时允许的温度偏差值（通常取 5℃）之和。

（3）一次再热冷段和一次再热热段蒸汽管道的设计压力取汽轮机 VWO 工况热平衡图中汽轮机超高压缸排汽压力的 1.15 倍。

（4）一次再热冷段蒸汽管道的设计温度取 VWO 工况热平衡图中汽轮机超高压缸排汽参

数等熵求取在管道设计压力下的对应温度。

（5）一次再热热段蒸汽管道的设计温度取锅炉一次再热器出口蒸汽额定工作温度与锅炉正常运行时允许的温度偏差值（通常取 5℃）之和。

（6）二次再热冷段和二次再热热段蒸汽管道的设计压力取汽轮机 VWO 工况热平衡图中汽轮机高压缸排汽压力的 1.15 倍。

（7）二次再热冷段蒸汽管道的设计温度取 VWO 工况热平衡图中汽轮机高压缸排汽参数等熵求取在管道设计压力下的对应温度。

（8）二次再热热段蒸汽管道的设计温度取锅炉二次再热器出口蒸汽额定工作温度与锅炉正常运行时允许的温度偏差值（通常取 5℃）之和。

根据上述设计参数的选取原则，典型的二次再热机组主蒸汽、再热蒸汽的设计参数见表 6-1。

表 6-1　　　　　典型的二次再热机组主蒸汽、再热蒸汽的设计参数

序号	管道名称	设计压力（MPa）	设计温度（℃）
1	主蒸汽管道	35.0	610
2	一次冷再热蒸汽管道	13.4	455
3	一次热再热蒸汽管道	13.4	628
4	二次冷再热蒸汽管道	4.2	467
5	二次热再热蒸汽管道	4.2	628

三、管道规格设计

1. 主蒸汽、再热蒸汽管道设计压降的选取

在火力发电厂设计中，主蒸汽及再热蒸汽系统管道设计压降的选取对管道的规格设计起到关键性的作用，合理优化管道系统的压降，对于超超临界机组的设计和运行都有极为重要的意义。然而与设计参数一样，我国现行的主要火力发电厂管道设计标准均未对二次再热机组主蒸汽、再热蒸汽管道的设计压降做出具体规定。因此，需结合现有标准及一次再热机组的实际运行压降情况进行合理选取。

目前，现行的国家标准 GB 50660—2011《大中型火力发电厂设计规范》对一次再热机组主蒸汽及再热蒸汽系统的管道设计压降规定如下：

（1）锅炉过热器出口至汽轮机进口的压降，不宜大于汽轮机额定进汽压力的 5%。

（2）对于超（超）临界参数机组，再热蒸汽系统的总压降宜在汽轮机额定功率工况下高压缸排汽压力的 7%～9%范围内确定，其中冷再热蒸汽、再热器、热再热蒸汽管道的压降宜分别为汽轮机额定功率工况下高压缸排汽压力的 1.3%～1.7%、3.5%～4.5%、2.2%～2.8%。

根据国内已经投运的一次再热 1000MW 机组主蒸汽、再热蒸汽系统管道的实际运行情况来看，主汽管道的实际压降基本均能满足小于 5%的要求，再热系统的实际压降通常处于 7%～8%之间，其中再热器的压降通常小于再热系统总压降的 50%。

对于二次再热超超临界机组来说，主蒸汽和再热蒸汽的设计参数与一次再热机组有较大的变化，因此设计压降的选取也应相应调整。

（1）主蒸汽压力比常规的一次再热机组高 4～5MPa，结合国内外已投运 1000MW 机组主汽压降情况，确定锅炉过热器出口至汽轮机进口的设计压降不大于汽轮机额定进汽压力的 5%是合适的。

（2）一次再热蒸汽的压力比常规的一次再热机组高了约 4～6MPa，压力的增高将使压降的占比下降。以再热器压降为例，如果锅炉制造厂保证一次再热器的压降仍维持与一次再热机组 0.2MPa 限值相同，则再热器在整个一次再热系统中所占的压降将下降约 1.5%。综合一次再热管道流速等因素，一次再热蒸汽总压降建议取不超过汽轮机额定功率工况下高压缸排汽压力的 6%～7%。

（3）二次再热蒸汽的压力比常规的一次再热机组低约 2～3MPa，较大的再热蒸汽比体积将使锅炉二次过热器的压降增加至 0.25MPa，与常规一次再热机组相比，再热器在再热系统中的压降占比上升了约 2.5%～3%。综合二次再热管道流速等因素，二次再热蒸汽总压降建议取不超过汽轮机额定功率工况下中压缸排汽压力的 10%～12%。

2. 主蒸汽、再热蒸汽系统管道材料

根据第五章的讨论，在 600～630℃的温度范围内，9%Cr 马氏体耐热钢是较为经济合理的主蒸汽、再热蒸汽系统管道材料。而我国从 2003 年起在超超临界一次再热机组中大量采用 ASTM A335 P92 钢作为主/再热蒸汽管道材料，积累了丰富的经验，因此主蒸汽管道和一次、二次再热热段蒸汽管道建议采用 ASTM A335 P92 钢。

对于一次再热冷段和二次再热冷段系统管道，由于管道的设计温度大于 430℃，所以不能采用常规的碳钢材料，而均应采用 1.25%Cr 或 2.25%Cr 的低合金钢。同时由于一次再热冷段压力较高，已大于 10MPa，根据 GB 50764—2012《电厂动力管道设计规范》的相关规定，推荐采用无缝钢管 ASTM A335P11 材料；而二次再热冷段由于压力较低，建议采用电熔焊钢管 ASTM A691 1－1/4Cr CL22 材料。

3. 管道规格的选择

流体在管道中流动时由于克服管内摩擦力和湍流时流体质点间相互碰撞，表现在流体流动的前后处产生压降。蒸汽管道的压降与管道规格、介质流速、管道长度、走向、布置形式及管件的型式和数量等因素有关。选择不同的蒸汽流速，管道管径和管道压降是不同的，管道投资费用与机组的运行费用之间存在一个最佳的技术经济比。

对于主蒸汽、再热热段蒸汽管道，由于采用价格较贵的 A335P92 材料，所以可通过技术经济比较选取相对合理的流速，来控制工程造价。对于再热冷段蒸汽管道，由于管道的单价较低，则可适当放大管径，将再热冷段蒸汽管道的压降控制在一个较小的水平。通过优化计算，典型的 1000MW 二次再热超超临界机组的主蒸汽、再热蒸汽管道规格见表 6-2。

表 6-2 　　典型的 1000MW 二次再热超超临界机组的主蒸汽、再热蒸汽管道规格

序号	管道名称	设计压力（MPa）	设计温度（℃）	规格（mm×mm）	材料
1	主蒸汽 1/2 容量管	35.0	610	ID318×105	A335P92
	主蒸汽 1/4 容量管	35.0	610	ID222×74	A335P92
2	一次再热冷段蒸汽全容量管	13.4	455	ID845×69	A335P11
	一次再热冷段蒸汽 1/2 容量管	13.4	455	ID578×48	A335P11

续表

序号	管道名称	设计压力（MPa）	设计温度（℃）	规格（mm×mm）	材料
3	一次再热热段蒸汽 1/2 容量管	13.4	628	ID527×79	A335P92
	一次再热冷段蒸汽 1/4 容量管	13.4	628	ID375×57	A335P92
4	二次再热冷段蒸汽 1/2 容量管	4.2	467	OD1067×27	A691 1-1/4CrCl22
5	二次再热热段蒸汽 1/2 容量管	4.2	628	ID914×43	A335P92
	二次再热热段蒸汽 1/4 容量管	4.2	628	ID660×32	A335P92

第三节　汽轮机旁路系统

一、汽轮机旁路系统的功能和型式

汽轮机旁路系统是中间再热机组热力系统重要的组成部分，它是指锅炉产生的主蒸汽或再热蒸汽不通过汽轮机做功，而通过与汽轮机并联的减压减温装置直接排入再热器或凝汽器的管道系统。汽轮机旁路系统最基本的功能是协调锅炉的产汽量和汽轮机用汽量之间的不平衡。具体来说，汽轮机旁路可具有以下功能：

（1）机组启动时，通过汽轮机旁路系统的控制，使锅炉产生的主蒸汽和再热蒸汽参数与汽轮机金属温度状况相适应，以满足汽轮机冷态、温态、热态和极热态启动的要求，这样可缩短启动时间，控制汽轮机温差和温升速率，延长汽轮机的寿命。

（2）在锅炉点火、汽轮机冲转前，汽轮机高压缸无排汽，此时可通过汽轮机旁路系统将主蒸汽经减温减压后引入再热器，这样可使布置在烟温较高区域的再热器得到冷却保护，防止再热器干烧。

（3）平衡负荷瞬变过渡工况的剩余蒸汽。由于锅炉的允许降负荷速率比汽轮机小，而其允许的最低负荷又比汽轮机大，故将剩余蒸汽通过旁路系统排入凝汽器，能改善瞬变过渡工况时锅炉运行的稳定性，减少甚至避免锅炉安全阀动作，同时还能回收工质、降低噪声。

（4）在旁路容量允许的情况下，当汽轮发电机故障时，可采用停机不停炉的运行方式，或者电网故障时，机组带厂用电运行，有利于尽快恢复供电，提高电网的稳定性和机组的可用率。

（5）如果配有通流能力为 100%容量的高压旁路系统，且能在 1～3s 内打开，并在阀门配置上符合相关标准的要求，则可以取代过热器安全阀的作用。

（6）对超临界以上参数的机组，由于材料的高温氧化作用及机组启停时温度变化，会使受热面的氧化皮脱落，在主蒸汽中携带有四氧化三铁（Fe_3O_4）硬粒，对汽轮机的进汽口和叶片等处产生固体颗粒侵蚀，流速越高、侵蚀就越严重，尤其在启动及甩负荷运行时更为突出。采用汽轮机旁路系统可以减少固体颗粒的冲蚀，增加运行安全性，降低更换高压进汽口及叶片的维修费用。

综上所述，满足启动要求、平衡剩余蒸汽和取代安全阀是旁路系统的三个重要功能，这些功能的取舍也是决定旁路型式和旁路容量的重要因素。汽轮机旁路的功能应根据电厂运行方和电网对机组运行方式的要求来确定。

（1）对于机组带基本负荷且负荷变化率较小的机组可配置简易启动旁路，仅满足启动功能，该类型旁路投资和运行费用最低。

（2）对于机组负荷变化率可能较大，且运行方要求汽轮机旁路在机组快速降负荷和甩负荷情况下参与控制，以改善锅炉运行的稳定性的情况，可选择配置部分容量带运行连锁旁路。该类型旁路投资和运行费用较简易启动旁路高。

（3）对于电网要求机组具有满负荷 FCB 功能，或运行方要求机组可实现停机不停炉的机组，可采用全容量旁路（100%容量高压旁路、100%容量中压旁路）。如根据相关标准具有安全功能，则可取消锅炉过热器安全阀。对于二次再热机组也可取消第一级再热器的安全阀，实现汽轮机旁路的所有功能。该类型旁路投资费用较高，但是如果取消锅炉过热器安全阀，则在进行经济比较时应扣除相关成本。

从汽轮机旁路系统的型式来看，一般可分为单级大旁路、串联旁路、并联旁路等几种。其中单级大旁路无法为再热器提供冷却保护，需锅炉再热器允许短时间的干烧，且热态启动时很难满足汽轮机的温度要求；并联旁路系统复杂，运行不便、投资较高。因此这两种型式在超超临界机组中均较少采用。目前超超临界机组普遍采用串联旁路系统。对于一次再热机组为两级串联汽轮机旁路；对二次再热机组为三级串联汽轮机旁路，即将主蒸汽通过高压旁路减温减压后排入一次再热冷段，一次和二次再热热段蒸汽通过中压和低压旁路减温减压后分别排入二次再热冷段和凝汽器。

二、汽轮机的启动方式

汽轮机旁路的型式和容量的选择与汽轮机的启动方式关系密切，对于 600MW 以上的一次再热机组，其启动方式可归纳为三种不同方式：①高压缸启动。②高、中压缸联合启动。③中压缸启动。三种启动方式划分的依据是启动时汽轮机进汽的控制方式。

所谓高压缸启动，是由高压主汽阀控制机组的冲转、升速，在启动过程中汽轮机中压调节阀处于全开状态，不参与调节。高中压联合启动，则是由高压主汽阀和中压调节阀联合控制进汽。中压缸启动则是汽轮机的冲转、并网直至带初负荷完全由中压调节阀控制进汽，达到某一切缸负荷再转由高压主汽阀控制进汽，中压调节汽阀则变为全开。

高压缸启动时，再热器流量来自高压缸排汽，流量较小，再热器基本处于干烧状态。在启动过程中高压缸排汽容积流量大，送风损失小，不用担心高压缸排汽温度的升高。

高中压联合启动时，为防止高压缸出现小流量、高背压从而引起叶片送风发热，通常在高压排汽止回阀之前设置一路高压缸通风管路，直接排向凝汽器。在机组带初负荷之后，当冷再热压力大于一压力设定值时，通风阀关闭，随后开启高压排汽止回阀。汽轮机通常有如下保护：当高压排汽温度大于某一温度限制值，或高压缸进汽压力与高压缸排汽压力的比值小于允许压比后延时一定时间，机组停机。

中压缸启动过程相对于其他过程要复杂一些，中压调节阀参与调节，汽轮机的进汽控制由中压调阀转为主汽阀的这一转换点（通常称为切缸点）非常关键，这一转换点与高中压联合启动是不同的，后者在未并网前就已完成。

我国大容量一次再热机组通常采用高中压联合启动或中压缸启动方式。

对于超超临界二次再热机组，上汽、东汽、哈汽三大主机制造厂均推荐汽轮机旁路系统采用高、中、低压三级串联旁路（见图 6-8），汽轮机启动采用超高压、高压、中压缸联合启动方式。

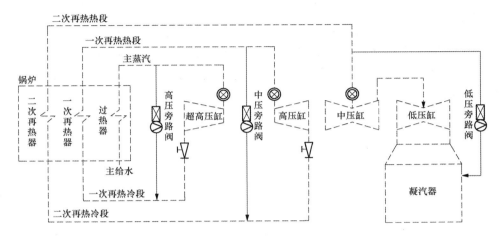

图 6-8　高、中、低压三级串联汽轮机旁路系统简图

二次再热机组的超高压、高压、中压缸联合启动方式与一次再热机组的高中压缸联合启动方式类似。三级旁路系统和三缸的调节阀协调控制使旁路与汽轮机并联运行，分别对过热器和一次、二次再热器出口蒸汽实现压力控制和流量分配，以适应各种启动工况下冲转蒸汽与汽轮机金属温度相匹配，同时保护再热器不干烧。三缸联合启动时，当超高压缸、高压缸、中压缸在小流量下的压比小于设定值或排汽温度超限时，机组发出报警信号，必要时停机。

三、汽轮机旁路容量的定义

结合汽轮机在电网中的作用及汽轮机的启动方式，选择合适的旁路容量对于机组长期安全运行具有重要意义。对于旁路系统容量的定义，国内外有不同的提法。国内采用较多的是锅炉 BMCR 工况参数下旁路阀的通流能力与相应的锅炉蒸发量之比，即

$$高压旁路容量 = \frac{锅炉BMCR工况主蒸汽参数下高压旁路阀全开流量}{锅炉BMCR工况主蒸汽流量}$$

$$中压旁路容量 = \frac{锅炉BMCR工况一次再热蒸汽参数下中压旁路阀全开流量}{锅炉BMCR工况一次再热蒸汽流量}$$

$$低压旁路容量 = \frac{锅炉BMCR工况二次再热蒸汽参数下低压旁路阀全开流量}{锅炉BMCR工况二次再热蒸汽流量}$$

旁路容量应根据机炉启动曲线确定的冷态、温态、热态、极热态启动工况的参数和流量要求，并结合汽轮机厂提供的汽轮机启动方式说明进行计算，选择对旁路容量要求最大的工况点参数，并折算至 BMCR 工况。变工况条件下，旁路流量的折算可按式（6-1）计算，即

$$D_{c} = \frac{\sqrt{\dfrac{p_{c}}{v_{c}}}}{\sqrt{\dfrac{p_{e}}{v_{e}}}} \times D_{e} \qquad (6\text{-}1)$$

式中　D_e、p_e、v_e ——额定参数下旁路阀全开时的流量、压力、比体积；

　　　D_c、p_c、v_c ——变工况下旁路阀全开时的流量、压力、比体积。

在旁路容量的计算中，应注意将减温用的喷水量包含在旁路容量内。对于全容量二级串联汽轮机旁路的低压旁路，在容量确定时应考虑凝汽器的承受能力，不宜额外增加凝汽器的冷却面积。

第七章

主要辅机设备及相关系统

第一节　给　水　泵

给水泵在火力发电厂系统中具有重要的地位，它的任务是将除氧器水箱中的给水升压，经高压加热器输送至锅炉，作为锅炉的给水。它在火力发电厂热力系统中起到"心脏"的作用，因此给水泵组运行的可靠性和经济性显得特别重要。对于 600MW 及以上大容量高参数机组，由于其主给水泵的功率较高，所以从经济性和厂用电系统设计等方面考虑，普遍采用汽动给水泵，电动给水泵一般仅作为启动给水泵用。

一、给水泵的配置

1. 汽动给水泵的配置

汽动给水泵的台数和容量选择，取决于机组容量、设备质量、机组在电网中的作用、设备投资等多种因素。从国内外大容量机组的汽动给水泵的配置来看，日本电厂多采用 2×50% 汽动给水泵方案，欧洲电厂多采用 1×100% 容量汽动泵，国内电厂多采用 2×50% 汽动给水泵方案。从 2008 年上海外高桥电厂三期 1000MW 超超临界工程采用 1×100% 容量汽动泵后，国内的大容量高参数机组也逐渐开始采用 1×100% 容量汽动泵。

配 2×50% 容量汽动泵，其优点是运行灵活。当一台汽动给水泵组故障时，不考虑电动给水泵的因素，仍能带 60% 左右负荷运行，对机组负荷影响较 1×100% 容量汽动给水泵要小；低负荷时效率较高，开关和电源系统成本低。该种配置在国内 300、600MW 亚临界、超临界电厂已经成为标准配置，在我国有着丰富的运行业绩，实际运行也证明具有良好的运行稳定性和可靠性。

配 1×100% 容量汽动给水泵，单泵在机组 40%～100% 负荷范围，泵与主机的负荷相匹配，系统简单，操作和调节比较方便。此外，给水泵主泵、前置泵、给水泵汽轮机效率较高也是 100% 容量方案的一项重要优势。通常百万千瓦等级电厂 100% 容量给水泵组较 50% 容量给水泵组效率高约 3%～5%。由于 100% 给水泵一旦故障机组就必须停机，所以设备的可靠性显得尤为重要。根据欧洲、美国 100% 容量给水泵的运行情况，以及国内多年来给水泵的运行统计，给水泵的运行可靠性较高，不会对机组的运行可靠性产生不利的影响。因此，国内目前采用 100% 容量给水泵的 660MW 及 1000MW 机组逐渐增多。

2. 汽动给水泵前置泵的布置方式

由于主给水泵流量大、扬程高、转速快，泵的必需汽蚀余量较大，所以大容量机组普遍在给水泵前设置串联的低速前置泵，利用前置泵的扬程满足主给水泵的汽蚀余量。同时前置泵的必需汽蚀余量大幅降低后，可方便厂房的布置。汽动给水泵前置泵的布置可分为两种：一种是与汽动给水泵组不同轴，汽动给水泵与前置泵分轴设置，分别由给水泵汽轮机和单独的电动机驱动；另外一种是与汽动给水泵组同轴，都利用给水泵汽轮机驱动。这两种前置泵的布置方式会对设计和经济性产生不同的影响，主要体现在以下几方面：

（1）为满足前置泵的必需汽蚀余量，必须保证前置泵与除氧器之间的高差。不同的前置泵布置位置，相应的除氧器的布置标高也不同，会影响到主厂房除氧间的结构。

（2）汽动给水泵与前置泵分轴设置，前置泵需单独设置电动机驱动，与利用给水泵汽轮机同轴驱动相比，多了电动机及其相关配置，且中低压给水管道长度要相应增加。

（3）相比前置泵分轴电动机驱动，利用给水泵汽轮机驱动前置泵，尽管由于功率增加，用汽量要增加，但省去了电动机，厂用电可减少，经济性相对较好。

3. 电动给水泵的配置

在大容量机组中，与汽动给水泵担负着机组正常运行时为锅炉提供给水不同，配置电动给水泵主要的功能是满足机组启动和为汽动给水泵备用的要求，根据功能可分为启动泵和启动/备用泵两种。也有相当部分机组采用不设置电动给水泵的方案，直接用汽动给水泵实现机组的启动。

对于启动泵，一方面是在机组启动之前进行锅炉的冷、热态清洗时给锅炉上水；另一方面是在机组启动及低负荷运行汽动给水泵投入之前给锅炉供水，满足机组启动时的流量和压力要求。在一定负荷下切换到汽动给水泵后，电动给水泵随即切除退出给水系统。其容量的选择主要考虑在启动过程中满足锅炉的启动要求，扬程要求较低，因此电动机的总功率较小。

对于启动/备用泵，其作用不仅要满足上述机组启动时流量和压力的要求，同时还在机组运行过程中处于热备用。对于 2×50%容量汽动给水泵配置方案来说，当一台汽动给水泵发生故障时，能与另一台汽动给水泵并列运行，维持机组在尽量高的负荷下运行。这时要求电动给水泵的扬程较高，电动机的总功率较大。对 1000MW 超超临界机组来说，通常要大于 1 万 kW，厂用电须采用 10kV 电压等级。

不设电动给水泵的配置方式多用于扩建电厂，由于有前期机组向该机组的给水泵汽轮机供汽，所以有条件直接采用汽动给水泵实现机组启动时向锅炉供水。

上述三种配置中的启动泵和备用泵在以往亚临界机组中应用比较普遍。但对超（超）临界机组来说，由于直流炉比汽包炉的热容量小得多，备用条件比较复杂、苛刻，此时即使超（超）临界机组设置了电动备用给水泵，在一台汽动给水泵跳闸后，电动给水泵也很难起到紧急备用的目的，仅能实现容量备用。因此，从节约工程投资的角度出发，目前我国超超临界机组通常不设置电动备用给水泵，而是根据机组启动时汽源的充足情况确定电动给水泵的配置。对于新建机组启动汽源依靠启动锅炉，汽源较为紧张，则设置 30%～40%容量电动启动给水泵；对于扩建机组，前期机组提供的启动蒸汽较为充足，则通常不设置电动给水泵。

二、典型的二次再热机组给水泵

对于常规一次再热 1000MW 机组 2×50%容量给水泵，国内制造厂通过多年的技术积累，从芯包进口到芯包国产，也逐步掌握了其制造技术并有较多应用业绩，本书不再赘述。

超超临界二次再热百万千瓦机组与常规的一次再热机组相比，汽轮机进口压力从26～28MPa 提高至 31～32MPa，热耗降低，锅炉最大蒸发量有所减少，给水泵的选型参数有所变化。二次再热机组给水泵扬程比一次再热机组约提高 300～500m，但给水泵流量降低约 8%～10%。目前国内已投运的国电泰州二期和华能莱芜电厂工程均采用 2×50%容量国产给水泵，芯包进口。而对于 1×100%容量的汽动给水泵方案，由于国内制造厂正在研发中，所以目前尚无应用业绩。国外大容量给水泵制造商如英国 SUIZER 公司、德国 KSB 公司和日本 EBARA 公司等，都具备 1000MW 机组二次再热机组全容量给水泵的设计和制造能力。

以下介绍国外几大给水泵制造商对 1000MW 二次再热机组给水泵的初步选型方案。

1. SULZER 给水泵

SULZER 公司针对 1000MW 二次再热机组 100%容量主给水泵的选型方案为：主泵型号为 HPT 500-505-6s/33，叶轮级数为 6 级，叶轮直径为 508mm，泵设计工况转速为5280r/min，额定运行工况转速为 4700r/min。泵型采用整体式芯包，所有水力部件、出口端盖、轴承和密封为一整体，检修时芯包可从外筒体中整体抽出，维护方便。整体式芯包设计可有效减少停机检修时间。外筒体由高强度合金钢整体锻造，无堆焊，适应机组的快速启停和负荷变化，有利于长期稳定运行。采用平衡鼓式平衡装置，无轴向接触的危险，应用于机组启停和负荷变化过程。

2. KSB 给水泵

KSB 泵用于 1000MW 二次再热机组 2×50%容量主给水泵的典型泵型为 CHTD-7/6，即筒体和叶轮直径为第 7 档，叶轮级数为 6 级。泵设计工况转速为 5527r/min，额定运行工况转速为 5251r/min，该泵型应用于国电泰州电厂 1000MW 二次再热机组。对于 1000MW 二次再热机组 100%容量汽动给水泵，KSB 泵可选的型号为 CHTD-10/6，即筒体和叶轮直径为第 10 档，叶轮级数为 6 级，转速有所提高。

KSB 给水泵结构型式为筒形双壳体卧式多级离心泵，筒体和泵盖均为铬钢锻件；筒体各密封面处均堆有奥氏体不锈钢焊层，避免了高温、高压、高速流体的冲刷和腐蚀。轴向力的平衡采用双平衡鼓（平衡约 95%的轴向力）外加双向推力轴承（承受约 5%的轴向力）的设计，可以动态平衡机组各工况下的轴向力。采用浮动环密封，适用较高的压力和温度工况，对介质的敏感性不强，且由于密封部件不接触，所以使用寿命较长。允许水泵在不拆卸壳体的情况下更换密封、轴承和平衡部件。在故障或大修时，全抽芯式结构可使泵在不影响进出口管路及主泵和驱动机对中的情况下更换芯包，能够快速装配和拆卸。

3. EBARA 给水泵

EBARA 泵用于 1000MW 二次再热机组 2×50%容量主给水泵的典型泵型为 16×16×

18-6StgHDB，即筒体规格为 16m×16m×18m，叶轮级数为 6 级。泵设计工况转速为5849r/min，额定运行工况转速为 5495r/min，该泵型应用于华能莱芜电厂 1000MW 二次再热机组。

EBARA 泵可用于 1000MW 二次再热机组。1×100%容量主给水泵的泵型为 20×20×21-6StgHDB，即筒体规格为 20m×20m×21m，叶轮级数为 6 级，叶轮直径为 508mm。泵设计工况转速为 4950r/min，额定运行工况转速为 4704r/min。

第二节　给水泵汽轮机

一、概述

给水泵汽轮机的任务是驱动汽动给水泵，并满足锅炉所需的给水流量和压力要求。给水泵汽轮机的工作原理和本体结构与主汽轮机相似，主汽阀、汽缸、隔板、转子、支撑轴承、推力轴承、轴封装置及汽轮机本体系统等样样俱全，但不同制造厂提供的给水泵汽轮机的具体结构都有所不同，也有冲动式和反动式之分。600MW 及以下机组的半容量给水泵汽轮机一般采用单流式凝汽式汽轮机。随着机组容量的提升，单流式凝汽式汽轮机的末级叶片高度需大大增加，部分制造厂家为了降低末级叶片的设计难度，考虑采用双分流式汽轮机，即每台汽轮机采用两个排汽口。

为了满足给水泵汽轮机启动和正常运行的要求，通常给水泵汽轮机有高压蒸汽和低压蒸汽两个汽源。对于一次再热机组，高压蒸汽一般取用主汽轮机的高压缸排汽，即再热冷段蒸汽；低压蒸汽则来自主汽轮机第四级抽汽。而对于二次再热机组，高压蒸汽一般取用主汽轮机的高压缸排汽，即二次再热冷段蒸汽；低压蒸汽则来自主汽轮机第五级抽汽。给水泵汽轮机配有自动进行切换汽源的机构，可自动切换汽源，由高压到低压，或低压到高压，也有部分机型允许在切换过程中高压和低压两种蒸汽同时作为给水泵汽轮机的工作汽源。

一般来说，给水泵汽轮机的容量跟随给水泵，一台给水泵配置一台给水泵汽轮机。给水泵汽轮机选型与主汽轮机和汽动给水泵的运行要求是密不可分的，其性能优劣直接影响到整个机组的运行，因此其选型应在实际工程设计中进行详尽的优化设计，以满足机组运行的可靠性和经济性。目前，我国 1000MW 一次再热机组 1×100%容量的给水泵汽轮机已实现国内设计和制造。虽然 1000MW 二次再热机组 1×100%容量的给水泵汽轮机尚没有国产的运行业绩，但在成熟的给水泵汽轮机结构基础上进行改型设计，且末级叶片等关键部件已在相关项目中予以使用，国产的二次再热全容量给水泵汽轮机的安全性能及运行可靠性是有保证的。

二、国产给水泵汽轮机的主要特点

1. 杭州汽轮机厂生产给水泵汽轮机

针对大容量火电机组配套的给水泵汽轮机转速高、功率大的特点，杭州汽轮机股份有限公司（以下简称杭汽）采用 WK（双分流）型式。1000MW 机组半容量、660MW 机组全容量给水泵汽轮机通常采用 WK63/71 或 WK63/80 系列，1000MW 全容量给水泵汽轮机通常采用 WK71/90 或 WK71/2.1 系列。WK 系列双分流汽轮机采用全周进汽，不设调节级，中间进汽两侧排汽，高、低压汽源外切换型式。典型的 WK 系列给水泵汽轮机剖面如图 7-1 所示，其主要技术特点如下：

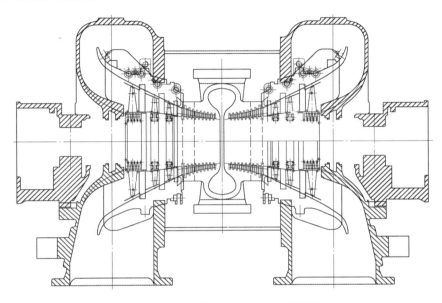

图 7-1　典型的给水泵汽轮机剖面图

（1）转子。转子为转鼓形整锻转子，转子上切割出叶根槽，叶片直接安装在转子上。反动式汽轮机每级焓降较少，叶片级数多，约有 12 级，效率较高。转子装配精加工完成后将进行高速动平衡，并进行超速试验，以保证转子振动符合技术标准。

（2）叶片。转鼓叶片为自带围带式，可最大限度减少叶顶处的漏汽损失，提高机组的经济性。末级扭叶片装配有纺锤形的松拉筋，运行时在离心力的作用下，松拉筋在扭叶片叶背的接触下产生重要的阻尼，可较大限度地减小动应力。所有叶片均为不调频叶片。

（3）导叶持环。导叶分组装配在导叶持环上（不采用隔板形式），导叶持环装在汽缸上，也采用水平中分。导叶持环外部的凹槽与汽缸内部凸出的搭子相配合，进行轴向定位。导叶持环下半两侧有球面状的调整元件，可调整导叶持环与外缸的相对位置。持环底部有偏心导柱，可校正侧面位置，减少现场安装误差。

（4）液压伺服执行机构。给水泵汽轮机控制油采用低压透平油。液压伺服执行机构采用电液转换器将 MEH 的控制信号转换成油动机的液压信号。

（5）盘车装置。给水泵汽轮机设有带连锁的电动盘车装置，能自动啮合、自动退出，无需测零转速。盘车转速可达 100r/min，可满足给水泵的盘车转速要求。

2. 东汽给水泵汽轮机

东汽为大容量火力发电厂配套生产的给水泵汽轮机采用单缸、单轴、冲动式、纯凝汽型式。典型的东汽给水泵汽轮机纵剖面图见图 7-2，其主要技术特点如下：

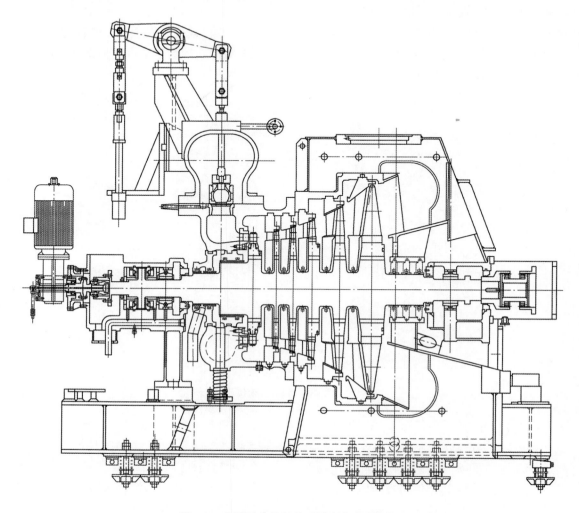

图 7-2　典型的东汽给水泵汽轮机纵剖面图

（1）采用小底盘或大底盘快装方式，两台给水泵汽轮机布置在主机运行平台上，油箱放在零米或运行平台上。排汽方式可采用向下或向上排汽，经排汽管进入主机凝汽器。

（2）整个汽缸分为前、后两部分，汽缸前部采用铸造结构，汽缸后部采用钢板焊接结构，通流级数为 6 级，分为 1 级调节级和 5 级压力级；动叶片第 2 级到第 6 级采用自带冠叶片，第 2 级到第 5 级动叶顶部围带全部带有子午倾角。

（3）采用喷嘴配汽方式，汽缸前部分 5 个腔室，形成 5 个独立的喷嘴室；低压汽源和高压备用汽源之间采用外切换的方式。

（4）与给水泵的连接方式为鼓形齿挠性联轴器，它不但可以传递扭矩，还可以补偿汽轮机转子与给水泵转子高低差，并吸收两者的热膨胀。

（5）机组设一个绝对死点和一个相对死点。汽轮机静子相对于基础的静止点（绝对死点）位于排汽中心偏机尾处；汽轮机转子相对于静子的静止点（相对死点）位于前轴承箱内在转子推力盘的工作面处。

（6）汽封系统采用自密封系统。

3．上汽给水泵汽轮机

上汽为大容量火力发电厂配套生产的给水泵汽轮机采用单缸、单轴、冲动式、纯凝汽型式。其主要技术特点如下：

（1）采用喷嘴配汽方式，设置高、低压喷嘴组，见图 7-3。上半部分为低压喷嘴组，下半部分为高压喷嘴组，运行时高、低压汽源可进行内切换，也可同时进入汽轮机做功，以满足主机的各种运行方式的要求。

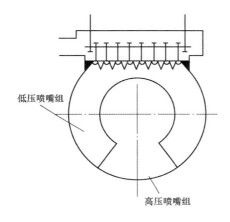

低压喷嘴组

高压喷嘴组

图 7-3　配汽机构示意图

（2）整个通流部分采用调节级+直叶片+扭叶片，设 1 个调节级和 6 个压力级。末三级动叶采用整圈自锁阻尼型式的叶片，可使叶片刚度增大，效率提高，有利于降低叶片的动应力水平。

（3）前后径向轴承采用可倾瓦结构，可保持轴承油膜稳定性和转子的中心位置。

（4）与给水泵的连接方式为鼓型齿式挠性联轴器，不对中适应性较好。

（5）采用对称设计，汽轮机精装整机出厂。

第三节　高 压 加 热 器

高压加热器是火电机组回热系统的关键设备，对提高机组热效率发挥着重要作用。加热器的功能是利用在汽轮机内做完部分功的蒸汽，抽出其中一部分到回热系统加热器中用来加热通往锅炉的给水，提高给水的温度，减少进入凝汽器的排汽量，达到提高机组循环热效率、节省燃料的目的。

一、U 型管高压加热器

在我国，300MW 和 600MW 容量机组配套的高压加热器绝大多数均为卧式管板式结构，换热管形状为 U 型，其管侧部件包括给水进出口管、水室、管板和 U 型管；壳侧部件主要由蒸汽进口、疏水出口和壳体组成。典型的卧式 U 型管高压加热器结构见图 7-4。

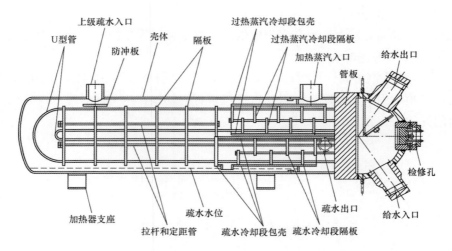

图 7-4　典型的卧式 U 型管高压加热器结构图

卧式 U 型管高压加热器通常采用三段式布置，在加热器内部分为过热蒸汽冷却段、凝结段和疏水冷却段。

（1）过热蒸汽冷却段。进入高压加热器的蒸汽通常为过热蒸汽，因此需要过热蒸汽冷却段将过热蒸汽冷却为饱和蒸汽，这样可提高高压加热器出口的给水温度，使之等于或略超过该抽汽压力下的饱和温度。该段位于给水出口流程靠近管板一侧。蒸汽在离开过热蒸汽冷却段时应呈干燥状态，保留一定点过热度，这样可避免湿蒸汽冲蚀。

（2）凝结段。凝结段是利用饱和蒸汽冷凝时的汽化潜热加热给水，该段是高压加热器中蒸汽与给水主要的换热区域，蒸汽在凝结段的流动方向与给水流动方向相反，逐渐放热并凝结为疏水，汇集在加热器下部。加热器壳体上的排气管可排除不凝结气体，保证加热器的换热效果。

（3）疏水冷却段。该段的位置位于给水进口流程靠近管板一侧，并用包壳封闭。该段的作用是将在凝结段凝结的饱和水热量进一步传递给进入加热器的给水，使离开加热器的疏水温度降至饱和温度以下。疏水冷却段中的疏水由一组隔板引导，通过虹吸作用流动，最终由疏水出口管排出。

然而，随着机组的容量提高到 1000MW，机组的参数提高到超超临界，高压加热器的容量及工作参数也随之不断提升，其设计制造难度也越来越大。以 1000MW 一次再热超超临界机组为例，设计参数上升到 37～39MPa，设计流量上升到 2900～3000t/h，此时高压加热器管板的外形尺寸将达到 ϕ3080×800mm，钻孔厚度达 680mm，坯料质量近 50t；高压加热器的半球形水室封头壁厚较厚，外形尺寸将达到 ϕ2600（内）×220mm（厚），这些都已达到部件坯料供应和工艺加工的极限。同时，在机组启停阶段，厚壁部件如温度变化较快会造成较大的热应力，引起壳体和管板连接处的热裂纹。因此，U 型管高压加热器对温升速率要求较高，一般允许的温升速率限制为 2～3K/min。

对于 1000MW 超超临界二次再热机组，高压加热器的设计压力将进一步提高到 44MPa，管板和封头的厚壁部件已超出了部件坯料的制造范围，也超出了制造厂部件加工能力。因此，1000MW 超超临界二次再热机组需采用双列 U 型管式高压加热器或采用蛇形管式高压加热器，如采用双列 U 型管式高压加热器，典型的技术参数见表 7-1，结构参数见表 7-2。

表 7-1　　　　　　　　1000MW 二次再热机组典型的双列高压加热器技术参数

序号	项目	单位	1 号高压加热器	2 号高压加热器	3 号高压加热器	4 号高压加热器
1	加热器型式	—	卧式 U 型管	卧式 U 型管	卧式 U 型管	卧式 U 型管
2	加热器数量	只	2	2	2	2
3	管侧设计压力	MPa	44	44	44	44
4	管侧设计温度	℃	335	295	260	230
5	壳侧设计压力	MPa	13.30	7.61	4.45	2.47
6	壳侧设计温度	℃	455/335	335/295	465/260	350/230
7	给水端差	℃	−1.7	0	0	0
8	疏水端差	℃	5.6	5.6	5.6	5.6
9	设计管内流速	m/s	约 2.22	约 2.14	约 2.14	约 2.17
10	管内最大流速	m/s	2.4	2.4	2.4	2.4
11	有效表面积	m²	1710	2220	1440	1750
12	净重	t	约 143	约 138	约 96	约 98

表 7-2　　　　　　　　1000MW 二次再热机组典型的双列高压加热器结构参数

序号	项目		1 号高压加热器	2 号高压加热器	3 号高压加热器	4 号高压加热器
1	加热器数量		2	2	2	2
2	加热器型式		卧式 U 型管	卧式 U 型管	卧式 U 型管	卧式 U 型管
3	壳体支撑型式		固定+滑动	固定+滑动	固定+滑动	固定+滑动
4	封头型式		半球形	半球形	半球形	半球形
5	封头材料		SA516Gr70	SA516Gr70	SA516Gr70	SA516Gr70
6	加热器壳体	最大外径及壁厚（mm）	ϕ2280×140	ϕ2150×75	ϕ2100×50	ϕ2060×30
		最大总长（mm）	约为 8000	约为 11000	约为 8100	约为 10000
		最大操作间隔（mm）	约为 6500	约为 9200	约为 6500	约为 8500
		壳体材料	SA516Gr70/SA387Gr11CL1	SA516Gr70	Q345R/SA387Gr11CL1	Q345R
		冲击板材料	SA240Gr405	SA240Gr405	SA240Gr405	SA240Gr405

序号	项目		1号高压加热器	2号高压加热器	3号高压加热器	4号高压加热器
7	加热器管束	管子与管板的连接方式	焊接+胀接	焊接+胀接	焊接+胀接	焊接+胀接
		型式：弯管或直管	U型管	U型管	U型管	U型管
		管子数量（根）	约为2550	约为2480	约为2340	约为2230
		管子材料	SA556 GrC2			
8	水室与管板	水室材料	SA516 Gr70			
		管板材料	20MnMo			
		短接管材料	20MnMo			

二、蛇形管式高压加热器

蛇形管式高压加热器的结构示意图如图 7-5 所示，管侧部件包括给水进出口集管和蛇形管，用厚度较薄的集管代替了传统 U 型管高压加热器中的水室及管板结构。蛇形管通常在壳体内弯成三程或四程，壳侧部件主要由蒸汽进口、疏水出口和壳体组成。

图 7-5 卧式蛇形管式高压加热器结构示意图

与 U 型管式高压加热器相比，蛇形管式高压加热器有以下几方面的优点：

（1）蛇形管式高压加热器抗热冲击能力较高。大容量超超临界机组高压加热器的设计压力参数较高，若采用管板式 U 型管高压加热器，管板直径和厚度达 $\phi3080\times800mm$，半球形水室封头的外形尺寸达到 $\phi2600\times220mm$，机组的启停允许温升速率受到较大的限制。而蛇形管式高压加热器的集管厚度一般在 70～120mm，仅有 U 型管高压加热器管板厚度的 15%左右，热应力分布比较均匀，具有较好的抗热冲击性能，蛇形管式高压加热器允许的温升速率可提升至大于 25K/min。

（2）可靠性高，运行寿命较长。U 型管高压加热器的管板与 U 型管采用角焊缝和胀接连接，通常采用氦检漏，当机组频繁启停、高压加热器受热冲击后易发生管口泄漏。而蛇形管高压加热器通过集管上的短接头与蛇形管对焊连接，对焊缝进行 100%射线检测工艺，可保证焊接质量。因此，蛇形管高压加热器管子泄漏的几率较低。

综上所述，蛇形管高压加热器与 U 型管最大不同就是加热管束与水室连接不同，取消了 U 型管管板，采用集管接出管束的连接方式，从而规避了 U 型管高压加热器在高压力参数下的结构弱点。因此，对于压力更高的二次再热机组，蛇形管式单列高压加热器优势较为突出。典型的蛇形管高压加热器技术参数见表 7-3。

表 7-3　1000MW 二次再热机组典型的蛇形管高压加热器技术参数

序号	项目	单位	1 号高压加热器	2 号高压加热器	3 号高压加热器	4 号高压加热器
1	加热器型式	—	蛇形管	蛇形管	蛇形管	蛇形管
2	加热器数量	只	1	1	1	1
3	管侧设计压力	MPa	44	44	44	44
4	管侧设计温度	℃	335	295	260	230
5	壳侧设计压力	MPa	13.30	7.61	4.45	2.47
6	壳侧设计温度	℃	455/335	335/295	465/260	350/230
7	换热面积	m²	4090	3700	3400	3700
8	换热管材料	—	15Mo3	15Mo3	15Mo3	15Mo3
9	外形尺寸	mm	5300×5179×15748	5100×4914×15748	4800×4614×15600	4800×4614×16870
10	净重	t	约为 320	约为 245	约为 165	约为 160

第四节　烟风系统三大风机

烟风系统的三大风机指一次风机、送风机和引风机。有的工程在脱硫塔进口设置脱硫增压风机以克服脱硫系统的烟气阻力。目前，大多数机组的脱硫系统不设置烟气旁路，而是把脱硫系统视作烟气流程中的一部分，将引风机和增压风机合并，称为"引增合一"，通过引风机克服整个烟气系统的阻力，将烟气通过烟囱或排烟冷却塔排入大气中。本部分只讨论"引增合一"后的引风机。

一、风机的设计选型参数

采用三分仓和四分仓空气预热器正压直吹式制粉系统的冷一次风机的基本风量应按设计煤种计算，包括锅炉在 BMCR 时所需的一次风量、制造厂保证的空气预热器运行一年后一次风侧的漏风量，再加上需由一次风机提供的制粉系统密封风量损失（按全部磨煤机计算）。上述规定引自 GB 50660—2011《大中型火力发电厂设计规范》8.2.8 条。锅炉在 BMCR 工况下运行，对应于汽轮机在进汽阀门全开（VWO）或补汽阀开启的工况，蒸发量为机组额定出力的 103%～105%。然而，机组实际运行中，几乎不会超出额定出力运行。锅炉之所以具备超越机组额定出力的供汽能力，以及汽轮机具备超越额定出力的进汽能力，主要原因包括：①考虑设备的制造安装误差导致的实际出力下降。②考虑汽轮机老化后导致的实际出力下降。但是根据我国 300MW 及以上机组超过 20 年的运行经验，机组运行寿命的中后期，汽轮机额定出力的进汽量增加不多。因此，当采用成熟机型和燃烧系统时，建议可适当降低计算的基本风量，即按设计煤种计算，包括锅炉在额定工况（BRL）下蒸发量时所需的一次风量、制造厂保证的空气预热器运行一年后一次风侧的漏风量，再加上需由一次风机提供的制粉系统密封风量损失（按最大运行磨煤机台数计算）。按照这种计算方法，风机的基本风量可减少 3%～5%，并使得风机的高效运行区域更接近实际运行区域。

GB 50660—2011 中提出一次风机风量裕量为 20%～30%；按夏季通风室外温度确定温度裕量。该版标准中风量余量与之前版本相比有所减少。如此调整的主要原因为：①空气预热器运行一年后的保证漏风率已包含了一定的裕量，随着回转式空气预热器密封技术的改进，漏风率已趋于降低。②根据以往的工程经验，冷一次风机选型参数与管网特性匹配中因压头裕量偏大而引起的附加风量裕量偏大。

根据 GB 50660－2011 的规定，采用三分仓和四分仓空气预热器正压直吹式制粉系统的冷一次风机的基本压头按设计煤种及锅炉 BMCR 工况时与磨煤机投运台数相匹配的运行参数计算，应包括制造厂保证的磨煤机及分离器阻力、锅炉本体一次空气侧阻力（含自生通风）、系统阻力及燃烧器处炉膛静压（为负值）。同理，当采用成熟机型和燃烧系统时，建议适当降低计算的基本压头，以锅炉 BRL 工况为计算工况。另外，应明确上述磨煤机及分离器阻力、空气预热器阻力、燃烧器阻力应不包括设备的设计裕量。风机的压头裕量宜为20%～30%。对于动调轴流式风机，风机的高效区较大，较大的压头裕量对风机效率影响较小，裕量可以选择较大。但是对于双级动叶可调轴流式风机，应关注机组在低负荷工况下、跳磨煤机工况下，以及 RB 工况下，风机运行点离失速点的安全距离。

送风机的基本风量应按锅炉燃用设计煤种及相应的过量空气系数计算，应包括锅炉在BMCR 时需要的二次空气量及制造厂保证的空气预热器运行一年后送风侧的净漏风量。送风机的基本压头宜按设计煤种及锅炉 BMCR 工况计算，应包括制造厂保证的锅炉本体空气侧阻力（含自生通风）、系统阻力及燃烧器处炉膛静压（为负值）。上述空气预热器阻力、燃烧器阻力应不包括设备的设计裕量。当采用成熟机型和系统时，建议可按锅炉 BRL 工况计算。当锅炉制造厂没有提出具体数值时，过量空气系数可按表 7-4 选取。对于三分仓空气预热器系统，送风机的风量裕量不宜低于 5%，宜另加温度裕量，可按夏季通风室外计算温度确定。当采用两分仓或管箱式空气预热器时，送风机的风量裕量宜为 10%，宜另加温度裕量，可按夏季通风室外计算温度确定。当采用热风再循环系统时，送风机风量裕量不应小于冬季运行工况下的热风再循环量。对于三分仓空气预热器系统，送风机的压头裕量不宜低于 15%。当采用两分仓或管箱式空气预热器时，送风机的压头裕量宜为 20%。

表 7-4   炉膛出口过量空气系数 α_F

燃烧室型式		燃料	燃烧方式	过量空气系数 α_F	
				大容量锅炉	中小容量锅炉
煤粉炉	固态排渣	烟煤、褐煤	切向	1.15～1.20	无烟煤、贫煤：1.20～1.25*；烟煤、褐煤：1.20
		烟煤、褐煤	墙式对冲	1.15～1.20	
		无烟煤、贫煤	双拱（W 火焰）	1.25～1.30	
	液体排渣（开式、半开式）	无烟煤、烟煤 烟煤、褐煤			1.20～1.25 1.20
重油、煤气炉		重油、焦炉煤气 天然气、高炉煤气			1.10**
链条炉		无烟煤			1.5～1.6
		烟煤、褐煤			1.3

燃烧室型式		燃料	燃烧方式	过量空气系数 α_F	
				大容量锅炉	中小容量锅炉
层燃炉	播煤机（包括播煤机，链算炉）	烟煤、褐煤			1.3
	手烧炉排	无烟煤			1.5
		烟煤、褐煤			1.4

* 在以热风送粉时，取较大值。

** 对烧煤气炉在采用气密炉墙及正压送风时，可取炉膛出口过量系数为 1.05；对烧油炉采用自动调节油量与空气量，且炉膛漏风系数小于 0.05 时，可取炉膛出口过量空气系数为 1.02~1.03。

根据 GB 50660—2011 的规定，引风机的基本风量按燃用设计煤种锅炉在 BMCR 工况时的烟气量、制造厂保证的空气预热器运行一年后烟气侧漏风量及锅炉烟气系统漏风量之和确定；引风机的基本压头为在相同运行工况下的制造厂保证的锅炉本体烟气侧阻力（含自生通风及炉膛起始点负压）、烟气脱硝装置、烟气脱硫装置、除尘器及系统阻力。同样当采用成熟机型和烟气系统时，建议可按锅炉 BRL 工况计算，并不计入设备的设计阻力裕量。根据 GB 50660—2011 的规定，引风机的风量裕量不宜低于 10%，宜另加 10~15℃ 的温度裕量；引风机的压头裕量不宜低于 20%。由于烟气系统内设备众多，各设备和烟道各部件的阻力特性各不相同，而且往往采取设置了不同种类的烟气净化设备和烟气余热回收设备，如按同一个阻力裕量考虑，难免以偏概全。因此建议按不同设备的阻力裕量分别计算。例如空气预热器和 GGH 的阻力裕量可按 50% 计算；脱硝系统阻力裕量可按催化剂阻力的 30% 计算；脱硫塔阻力裕量按制造厂提供的数据；其他部件（如所有烟道、锅炉烟气侧、烟气换热器）的阻力裕量按 10% 计算。

二、风机选型

煤粉锅炉的一次风机具有风量小、风压高、运行中风量变化大、风压变化小的特点。一次风机宜采用动叶可调轴流风机。动叶可调轴流风机可满足锅炉不同负荷时的风量和风压需要，对于选型点压头较高的动叶可调轴流式一次风机可采用 2 级叶轮。动叶可调轴流式风机运行效率比较高，能够通过调节叶片的角度来改变风量风压，因此具有较宽的调节范围。它具有运行高效区范围广、体积小、质量轻的特点，其变工况性能要优于静叶可调轴流式风机和离心式风机，其效率随机组负荷降低而下降的幅度比后两类风机小得多。离心式风机和静叶可调轴流式风机更适合机组带基本负荷的运行，与我国火力发电机组的运行方式差别较大，因此几乎不用于一次风机。

送风机的设计风量往往按锅炉最大连续蒸发量及空气预热器漏风最不利的情况来考虑，再加上风机的裕量等因素，使送风机的实际运行值偏离设计点较多。当机组负荷大范围变化、运行工况偏离设计值时，动叶可调风机仍能保持高效率。静叶可调送风机在低负荷时，风机的失速线下压较低，在低负荷工况下容易引起送风机的失速。对于离心式风机，适用于低流量、高压头的情况。而送风机的流量相对较高，压头相对较低，造成了离心风机的线速度高，叶轮直径庞大，叶轮、轴承的承载能力要求高，对钢材机械性能的要求较高。在这种情况下，离心式送风机的体积和质量庞大，制造成本很高。因此，采用动叶可调轴流风机虽然价格较贵，一次性投资较大，但因能长期高效运行，所以年运行费用必然最小，经济效益显著优于其他类型的风机。

引风机输送介质为具有含尘且温度较高的烟气。选用引风机的因素除考虑风机体积、质量、效率和调节性能外，还要求耐磨、对灰尘的适应性好，以保证在规定的检修周期内能安全运行。然而当前随着环保标准的提高，燃煤机组中均采用了高效的除尘器，对引风机磨损因素不再是影响风机选型的决定因素。可供选择的风机型式有三类，包括动叶可调轴流式风机、静叶可调轴流式风机，以及双速或变频、双吸入口导叶离心式风机。离心式风机设备体积和质量庞大，给检修和维护带来很大困难，对于 600MW 及以上机组基本已不采用。静叶可调风机设备初投资小于动叶可调风机；从检修角度考虑，两者基本相当；从风机性能角度，采用定速电动机驱动时，动叶可调风机优于静叶可调风机，尤其在部分负荷条件下，静叶可调引风机运行效率低于动叶可调风机较多。因此，对于引风机（尤其是与增压风机合并、烟气系统阻力较大，如设置脱硝 SCR 装置，采用低温省煤器等情况下），推荐采用动叶可调轴流风机。

对于三大风机，静叶可调轴流式风机和动叶可调轴流式风机（均为定速电机驱动时）的综合比较见表 7-5。

表 7-5 　　　　　　　　　静叶可调、动叶可调轴流式风机综合比较

序号	名　称	动叶可调风机	静叶可调风机
1	机壳部	叶轮、轴承箱、壳体、整流导叶环均装配成一体，经试验后整体出厂。运输、安装过程中无需解体	由于叶轮较重且连接方式不同于动叶可调风机，叶轮一般需单独运输，无法达到整体出厂。运输、安装均在部件状态下进行
2	轴承箱	整体结构，置于机壳内筒体，通过其定位法兰与机壳同心，反复拆卸不需重新调心	两端各有一个轴承座形式和整体式轴承的悬臂形式。轴承座形式在叶轮检修装拆后，需要重新调心
3	轮壳部	采用低碳合金钢（壳体及支承环为锻件）焊接成型，质量轻、强度高、离心力小	采用低碳合金钢，因气动性能要求决定该部分体积较大，质量重，离心力大
4	叶片	采用低碳合金钢（叶盘为锻钢）焊接并加工成型。其主要特点是用高强度螺钉与轮壳连接，可灵活拆卸	采用低碳合金钢加工成型，叶片焊接在轮毂表面。叶片磨损后，剖去旧叶片，重新焊上新叶片
5	调节方式	动叶可调轴流风机调节范围为 $-30°\sim$ $+30°$，调节性能优于静叶可调风机	采用入口静叶（德国 KKK 公司专利技术）调节，调节角度为 $-75°\sim+30°$，调节性能较好
6	润滑方式	采用动力油站供轴承润滑及动叶调节，故需冷却水、油滤器及油压保护设备等，存在漏油、漏水的潜在危险	采用脂润滑，小冷却风机强制冷却，无需油站和冷却水，也无漏油、漏水问题
7	检修	在小修、中修或大修过程中，由于其结构过于复杂，所以检修难度大、时间长、费用高	在小修、中修或大修过程中，其检修难度小、时间短、费用低
8	检修质量	中分面结构，轴承箱内置，叶片可拆卸，各部单独检修	中分面结构，叶片叶轮一体，检修部件质量大

序号	名　称	动叶可调风机	静叶可调风机
9	运行、维护	由于结构复杂，所以维护要求高，且必须在停机状态下进行，对维护人员、操作人员的技术水平要求较高，转子通常返厂大修	由于结构简单，所以维护简单方便，甚至在不停机时也可进行；对维护人员、操作人员的技术要求低，现场即可大修
10	备件	叶片磨损后，只需更换新叶片，而且换下的叶片经重新喷焊后可继续使用，只需备一套叶片	静叶可调风机叶片无法现场更换，只能整体更换叶轮，需备用一整套叶轮
11	耐磨性	叶片保证寿命为50000h，耐磨性能较好	由于风机转速低于动叶可调风机，所以耐磨性能优于动叶可调风机
12	基础	体积小，质量轻，基础小	体积大，质量重，基础大
13	设备价格	设备初投资较高	设备初投资低于动叶可调风机
14	检修费用	检修费用较高	检修费用低于动叶可调风机
15	风机效率	风机效率较高，低负荷区域效率明显高于静叶可调风机	风机效率略低于动叶可调风机，低负荷区域风机效率低
16	运行电耗	运行电耗低于静叶可调风机	运行电耗较高

三、"引增合一"引风机对锅炉瞬态防爆设计压力的影响

对于引风机和增压风机分设的模式，增压风机与引风机串联连接。当设置脱硫系统的旁路烟道后，设置的旁路烟道风门与送风机、引风机连锁保护，确定炉膛设计瞬态压力时可以不考虑增压风机与引风机串联、风机的风压相加的作用。对于"引增合一"模式，由于引风机能力工况点（TB点）的扬程大大增加，所以有必要对锅炉炉膛设计瞬态负压进行研究。

一般而言，锅炉炉膛出现内爆或负压大幅度增加，通常由以下两种原因导致：①在冷态或锅炉运行情况下，所有送风机、一次风机挡板关闭。②炉膛突然熄火，炉膛温度下降，导致炉膛的绝对压力下降。前者与烟风系统中风机和挡板的设置和运行相关。由于烟气系统存在设备阻力和管道阻力，所以从炉膛到引风机入口，负压的分布是沿炉膛-脱硝SCR装置-除尘器-引风机方向递增，即炉膛的负压最小，引风机入口段负压最大。当引风机流量接近于零时，烟气系统的阻力接近于零，引风机对炉膛的抽吸作用达到最大。国内外现行的锅炉炉膛防爆标准将炉膛瞬态防爆负压与引风机在环境温度下TB点压力的负值联系起来，主要是对于离心风机而言的。根据离心风机的压力-流量特性，当离心风机的风量降低时，引风机的风压沿"压力-流量"曲线上升，对炉膛产生的负压最大值是风机零流量的静压值。对于离心风机，该值可近似于风机TB点的压头。但是对于轴流风机，风机零流量下的压头要远低于风机TB点的压头，通常为TB点压头的50%~60%。轴流风机TB点的压力对应的风机流量很大，因此即使风机能够达到TB点扬程，但由于烟气系统存在压降，炉膛所承受的负压绝对值也低于设计压力。可见采用轴流风机能大大降低炉膛内爆的风险。而且动叶可调轴流风机的动叶调节反应速度比静叶可调轴流风机静叶调节速度快，因此动叶可调风机防止炉膛内爆的性能优于静叶可调风机。这也是推荐采用动叶可调轴流式引风机的另一个原因。例如某引风机TB点的压头为10024Pa，折算到环境温度下零流量的压头为：

10024×（273+125）/（273+15）×0.6=8312（Pa），低于通常规定的炉膛瞬态防爆设计负压−8700Pa。因此，炉膛不需要额外提高瞬态的防爆设计压力。

对于引风机在环境温度下零流量压头超过 8.7kPa，是否需要相应增加炉膛设计瞬态负压的问题，笔者认为并不需要。我国 300MW 及以上锅炉，包括二次再热锅炉，确定炉膛设计瞬态承压能力的主要依据是美国国家防火协会（NFPA）标准。1995 年以前，NFPA 曾针对不同的锅炉燃料或针对炉膛防内爆有不同的分标准；1995 年一部分标准合并为 NFPA 8502《多燃烧器锅炉炉膛防外爆/内爆标准》；2001 年又与制粉系统、常压流化床锅炉及运行标准等合并，并定名为 NFPA 85《锅炉及燃烧系统防爆标准》（2001 年版）。目前最新的版本是2007 年版。根据 NFPA 85 对炉膛设计瞬态负压的规定，炉膛设计瞬态负压至少为−8.7kPa，但不一定要求超过该值。在该标准的解释性附录中举例说，如果引风机在环境温度下 TB 点压力为 9.9kPa，则炉膛设计瞬态负压至少为−8.7kPa，即不一定取−9.9kPa。笔者认为，根据NFPA 85 的规定，当引风机在环境温度下 TB 点压头或零流量点压头超过 8.7kPa 时，可采取以下两种方法：①核算炉膛设计压力，使其不低于引风机在环境温度下最大压头的负值，即依靠锅炉结构设计来满足防爆要求。②炉膛设计瞬态负压取−8.7kPa，同时按 NFPA 85 "炉膛压力控制系统" 章节中 6.5.2 款的规定设计炉膛压力控制系统，即依靠控制系统的设计来满足防爆要求。目前我国大容量机组的锅炉炉膛压力控制系统设计都能满足 NFPA 标准的要求。因此，笔者认为不需要通过增加锅炉钢材耗量的方法，提高炉膛设计瞬态防爆压力。

根据 DL/T 5240—2010《火力发电厂燃烧系统设计计算技术规程》的规定，若引风机在环境温度下的 TB 点风压高于 8.7kPa，但不大于 12kPa，则炉膛瞬态设计负压仍取为−8.7kPa；若引风机在环境温度下的 TB 点风压由于省煤器及空气预热器下游烟气系统阻力增大等因素而大于 12kPa，则炉膛瞬态设计负压仍可按−8.7kPa。这种情况下，应对在环境温度下 TB点风压下的烟气流量造成的系统阻力进行核算，计算出炉膛负压。

第五节 中速磨煤机

磨煤机是燃煤电厂的重要辅机，也是制粉系统工艺流程中的重要的一环。不同型式的磨煤机均具有一定范围的煤种适应性，因此磨煤机主要根据煤质特性并结合制粉系统的工艺要求进行选型。磨煤机选型会直接影响工程投资和机组运行的安全性和经济性。燃煤锅炉的磨煤机按转速可分为低速磨煤机（如钢球磨煤机和双进双出钢球磨煤机）、中速磨煤机和高速磨煤机（如风扇磨煤机）。由于煤种适应性、投资成本和运行维护成本的原因，世界范围内中速磨煤机在 300MW 及以上容量的燃煤电厂中所占的份额最大，具有绝对优势。本部分就国内主流的几种中速磨煤机的特点和性能作简单介绍。

一、HP 型磨煤机技术特点

HP 型磨煤机的突出优点是结构紧凑、磨辊更换方便，采用弹簧加载、动态或静态分离器。HP 型磨煤机采用大直径的锥台形磨辊，配碗形磨盘，磨辊与煤层的接触面积较大。磨辊采用外置弹簧加载方式，结构简单，并且使加载机构避免受到煤粉的冲刷。但是长时间运行, 弹簧预加载力减小或磨辊磨损会导致加载力不足, 需要对加载弹簧重新整定。HP 型磨煤机采用旋转风环, 风环随着磨盘一起转动, 风量分配比较均匀, 提高了煤粉的分离效果, 降低了磨煤机内部的磨损及其一次风侧阻力。由于风环处的风速较低, 所以磨煤机的通风阻力低于 MPS 型磨煤机, 通风电耗较低, 但是石子煤排出量比 MPS 型磨煤机大。HP 型磨煤机中可用于 1000MW 机组的 HP1163～HP1303 磨煤机的主要参数见表 7-6。

表 7-6　　　　　　　　　　HP1163～HP1303 磨煤机主要参数

型号	磨碗直径（mm）	磨辊直径（mm）	基本出力（t/h）	最大风量（kg/s）	磨碗转速（r/min）	额定功率（kW）
HP1163	3100	1800	99.6	149.4	27.7	850
HP1203			108.4	162.6		950
HP1263	3300	1900	122.4	183.7	25.6	1050
HP1303			132.4	198.5		1150

注　表中基本出力为采用静态分离器、煤的哈氏可磨系数为 55、煤粉细度为通过 200 目筛网的过筛率为 70%、$M_{ar} \leqslant 12\%$时的数据。表中数据来源于上海重型机器厂产品样本。

HP 型磨煤机的磨辊磨损后可以进行多次堆焊修复。磨辊检修采用磨辊翻出技术, 可以直接从检修门中翻出, 不需要吊开磨煤机的分离器, 检修比较方便。

HP 型磨煤机可配备静态分离器, 也可采用动态分离器。与静态分离器相比, 动态分离器的煤粉分离效率更高, 可以获得更细的煤粉, 煤粉的均匀性更好。

二、MPS 型磨煤机技术特点

MPS 型磨煤机的突出优点是磨辊寿命较长、石子煤量较少、煤种适应性较好, 但是通风阻力比 HP 型磨煤机大。经过多年的技术消化和改进, 国内制造厂目前已经能够生产规格齐全的 MPS 型磨煤机, 已经定型的磨煤机产品基本出力范围为 0.44～100.2t/h, 其中 MPS255～MPS280 可用于 1000MW 机组。除此之外, 在水泥行业还有更大型号的中速磨煤机 (MPS315～MPS450) 投入运行。MPS 型磨煤机采用轮胎形磨辊, 磨辊采用液压加载方式, 可以通过液压系统自动调节磨辊的加载力, 可在保证磨煤机出力的情况下, 降低磨煤机的电动机功率, 减少碾磨件的磨损。由于磨辊直径和厚度较大, 所以磨辊的使用寿命较长。MPS 型磨煤机的轮胎形磨辊可以摆动一定角度, 因此对煤中的硬质杂质适应性较好。

MPS 型磨煤机风环处风速较高, 一般煤颗粒不易从风环处漏入风室, 只有质量较大且不能被破碎的杂物颗粒才会落入风室并排到石子煤斗。因此 MPS 型磨煤机的石子煤量较小, 但是通风阻力较大, 通风电耗高于 HP 型磨煤机。MPS 型磨煤机中可用于 1000MW 机组的 MPS255～MPS280 磨煤机的主要参数见表 7-7。

表 7-7　　　　　　　　　　MPS255～MPS280 磨煤机的主要参数

型　号	磨盘直径（mm）	磨辊直径（mm）	基本出力（t/h）	最大风量（kg/s）	磨盘转速（r/min）	额定功率（kW）
MPS255	2550	1980	79.3	32.98	22.6	800

续表

型　号	磨盘直径 （mm）	磨辊直径 （mm）	基本出力 （t/h）	最大风量 （kg/s）	磨盘转速 （r/min）	额定功率 （kW）
MPS265	2650	2060	87.3	37.79	22.2	1000
MPS280	2750	2160	95.8	41.50	22.3	1000

注　基本出力为采用静态分离器、煤的哈式可磨性指数为50、煤粉细度 $R_{90}=20\%$、原煤水分 $M_t=10\%$、原煤收到基灰分 $A_{ar}\leqslant20\%$ 时的数据。表中数据来源于 DL/T 466—2004《电站磨煤机及制粉系统选型导则》。

　　MPS 型磨煤机的检修方式有两种：一种是传统的检修方式，需要吊开分离器，再进行磨辊和磨环的检修。这种检修方式要增加一道吊开分离器的工序，检修过程稍复杂。另一种是在本体上开一个检修门，磨辊可以通过检修门吊开，人也可以从检修门进入内部检查。相对而言，单次检修 MPS 型磨煤机的工作量比检修 HP 型磨煤机大，但是 MPS 型磨煤机的耐磨件厚度比 HP 型磨煤机厚，检修周期较长，因此总体而言两种磨煤机的检修工作量是接近的。

　　在煤粉细度要求 $R_{90}>15\%$ 的情况下，MPS 型磨煤机一般采用静态分离器，如需要获得更细的煤粉（$R_{90}\leqslant15\%$），可采用动静态分离器。

三、ZGM 型磨煤机的特点

　　ZGM 型中速磨煤机是在 MPS 型的基础上开发的，已经定型的磨煤机产品基本出力范围为 $10.1\sim95.8t/h$。在技术原理和总体结构方面，ZGM 型磨煤机与 MPS 型磨煤机是基本相同的。最大的区别是 MPS 型磨煤机每一种型号都有一一对应的磨辊和磨盘；而 ZGM 型磨煤机是 $2\sim3$ 个出力接近的型号采用相同直径的磨盘和同样的转速，通过配置不同规格的磨辊和加载力，形成同一规格下不同型号和出力的磨煤机。用于 1000MW 机组的 ZGM123N～ZGM140G 磨煤机的主要技术参数见表 7-8。

表 7-8　　　　　　　　　　ZGM123N～ZGM145G 磨煤机的主要参数

型号	磨盘直径 （mm）	基本出力 （t/h）	基点一次风量 （kg/s）	磨盘转速 （r/min）	额定功率 （kW）
ZGN123N	2450	63.0	31.08	23.2	710
ZGM123G	2450	69.6	34.37	23.2	800
ZGM133N	2650	76.6	37.82	22.3	900
ZGM133G	2650	84.1	41.50	22.3	1000
ZGM140N	2900	96.0	47.37	21.3	1120
ZGM140G	2900	108.9	53.76	21.3	1250

注　基本出力为采用静态分离器、煤的哈式可磨系数为50、煤粉细度 $R_{90}=20\%$、原煤水分 $M_t=10\%$、原煤收到基灰分 $A_{ar}\leqslant20\%$ 时的数据。表中数据来源于 DL/T 466—2004，其中北京电力设备总厂将 ZGM140 型磨煤机型号名称改为 ZGM145 型，其出力是一样的。

　　ZGM 型磨煤机既可以配置静态分离器，也可以配置动静态分离器。一般推荐静态分离器，当要求煤粉较细时，则推荐采用动静态分离器。

四、MPS-HP-Ⅱ型磨煤机特点

MPS-HP-Ⅱ型磨煤机是第二代MPS型磨煤机，基本原理与MPS型磨煤机相似，同样采用液压加载方式，磨辊和磨盘也与MPS型磨煤机类似。MPS-HP-Ⅱ型磨煤机的主要改进之处是对磨煤机的加载力、磨盘转速以及一次风量重新进行了设计，通过提高加载力（提高约66%）和磨盘转速（提高约20%），在较小的型号上（小2～3挡）获得与较大型号MPS型磨煤机相近的出力。而且通过调整一次风量，在不提高磨煤机入口温度的情况下，可以适应更高水分的煤种。另外MPS-HP-Ⅱ型磨煤机采用"反作用力控制系统"动态调整液压加载力，可以减轻磨煤机的噪声，同时也可使磨煤机在更低负荷下运行。

由于MPS-HP-Ⅱ型磨煤机采用较小尺寸的磨盘就可以达到与规格大2～3挡的MPS型磨煤机同样的出力，所以在相同磨煤出力时，风环面积较小。而因其风环设计流速与MPS型磨煤机接近，所以MPS-HP-Ⅱ型磨煤机的风煤比例远低于MPS型磨煤机，虽然通风阻力比同样出力的MPS型磨煤机稍高，但是总的通风电耗较低。另外MPS-HP-Ⅱ型磨煤机的磨盘小，驱动功率也低于MPS型磨煤机，所以碾磨电耗也较低。该型磨煤机采用静态分离器或动静态分离器，动静态分离技术来源于德国Babcock公司。用于1000MW机组的MPS225-HP-Ⅱ～MPS255-HP-Ⅱ型磨煤机的主要参数见表7-9。

表 7-9　　　　　　　　　　MPS225-HP-Ⅱ～MPS255-HP-Ⅱ型磨煤机的主要参数

型号	磨盘直径（mm）	基本出力（t/h）	一次风量（kg/s）	电动机功率（kW）
MPS225-HP-Ⅱ	2250	104.66（91.58）	32.67	630
MPS235-HP-Ⅱ	2350	117.49（102.8）	36.46	710
MPS245-HP-Ⅱ	2450	130.21（113.94）	40.2	800
MPS255-HP-Ⅱ	2550	143.73（125.77）	44.16	900

注　基本出力为采用静态分离器、煤的哈氏可磨性指数为80、煤粉细度 R_{90}=16%、原煤水分 M_t=4%、原煤收到基灰分 A_{ar}≤20%（括号外数据）或原煤收到基灰分 A_{ar}>20%（括号内数据）的数据。表中数据来源于长春发电设备有限责任公司样本。

MPS-HP-Ⅱ型磨煤机采用液压翻辊的检修方式，磨辊从检修门翻出，不需要吊离分离器，检修相对方便。

第六节　烟气污染物协同治理系统及设备

烟气协同治理技术是指在同一设备内实现两种及以上烟气污染物的同时脱除，或为下一流程设备的污染物脱除创造有利条件，或某种烟气污染物在多个设备间高效联合脱除的技术。烟气协同治理技术的最大优势在于强调设备间的协同效应，充分提高设备多种污染物的脱除能力，在满足烟气污染物治理的同时，实现环保设备的经济、优化及稳定运行。目前，火电厂烟气污染物协同治理的主流技术路线是脱硝系统（SCR）+烟气冷却器+低低温电除尘器+高效除尘的湿法脱硫系统（WFGD）+湿式电除尘器（可选择安装）+烟气再热器（可选择安装）+烟囱，如图 7-6 所示。

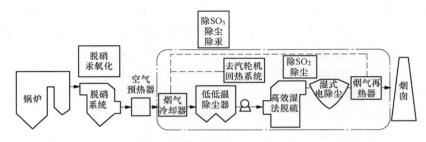

图 7-6 烟气污染物协同治理主流技术

一、烟气污染物治理设备的相互影响

1. 烟气脱硝装置（SCR）对电除尘器的影响

烟气脱硝装置（SCR）对电除尘器的影响主要有以下几个方面：使烟气温度略微下降；烟气中的 NO_x 被还原为 N_2 和水，使烟气成分发生变化；烟气中小部分 SO_2 氧化成 SO_3，并与逃逸的氨和水反应生成黏性硫酸氢铵沉积物，SO_3 能起到一定烟气调质作用，可以改善电除尘器性能；SO_3 与烟气中的水反应生成腐蚀性的硫酸雾滴，造成 SCR 反应器下游的空气预热器、电除尘器、烟道和烟囱等设备的腐蚀和粘堵。SCR 增大了电除尘器前段阻力，使电除尘器承受的负压提高。

2. SCR 对汞排放的影响

脱硝系统对烟气中汞的转化和迁移行为研究表明，SCR 装置中的催化剂在降低 NO_x 含量的同时也能适当氧化金属汞，从而提高系统中 Hg^{2+} 所占的比重，从而有利于汞在下游的除尘、脱硫装置中的脱除。在催化剂的协助下，金属汞的氧化反应的主反应方程式为

$$2Hg+4HCl+O_2 \rightarrow 2HgCl_2+2H_2O \tag{7-1}$$

但是影响金属汞转化的参数和主要转化机理尚未清楚。研究发现，SCR 工艺提高汞的氧化和捕集的效果受煤种、运行参数和催化剂类型影响很大。

3. 烟气冷却器对去除 SO_3 的影响

在除尘器前加装烟气冷却器，当烟气冷却器的出口烟温低于酸露点 5～10℃范围内，SO_3 在烟气冷却器的出口浓度将大大降低，由此可通过烟气冷却器实现 SO_3 的高效脱除。除尘器前的烟气冷却器脱除 SO_3 的机理大致为：除尘器上游的烟气灰硫比大于 50 时，可以认为烟气远离湿润区，烟气在烟气冷却器中的降温过程使得 SO_3 凝结，随即被大量的灰吸附包裹并且中和，此时不会有腐蚀现象的发生，且所形成的灰为干性灰，不易在换热管壁上黏附，易于清灰。吸附在灰中的 SO_3 被烟气冷却器下游的除尘器捕获，最终实现了 SO_3 的脱除。烟气冷却器出口的烟温对 SO_3 的脱除率有很大影响。烟气温度高于烟气冷却器进口的酸露点温度，SO_3 不易凝结，易发生低温腐蚀。烟气温度低于酸露点较多，灰的流动性变差，除尘效率降低。通过试验表明，对于烟煤，烟气冷却器的出口烟温为烟气冷却器进口烟气成分下的烟气酸露点温度以下 5～10℃，可保证 SO_3 的脱除率在 95% 以上。在大量

SO$_3$被脱除后,烟气冷却器出口烟气的酸露点温度大大下降,可有效地防止低温腐蚀的发生。

4. 烟气冷却器对电除尘器除尘效率的影响

电除尘器前安装烟气冷却器,烟气温度降低,使得烟尘的比电阻下降,除尘器效率提高。通常称烟气进口温度为 120~150℃的为常规除尘器(也称低温除尘器,与设置在空气预热器上游的高温除尘器对应)。当电气除尘器进口的烟温低于锅炉出口的烟气酸露点 5~10℃时,称这种静电除尘器为低低温电除尘器。该烟气温度下,飞灰比电阻降到了反电晕临界比电阻以下,防止了反电晕现象的发生。在不增加除尘器电场数和比集尘面积的情况下,可实现除尘效率的较大幅度提升。烟气温度和飞灰比电阻的关系及与反电晕临界比电阻的关系如图 7-7 所示。

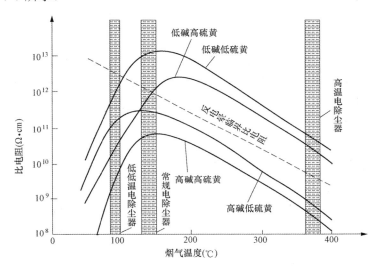

图 7-7 烟气温度与飞灰比电阻的关系

5. 除尘器对湿法脱硫装置(WFGD)除尘效率及其脱硫副产物的影响

除尘器出口的烟尘颗粒大小对 WFGD 的除尘效率有较大影响。湿法脱硫塔对大颗粒烟尘(粒径大于 5μm 的颗粒)的脱除率很高,对小颗粒(粒径小于 3μm 的颗粒)的脱除率较低。对于颗粒度为 1~2μm 的烟尘,湿法脱硫吸收塔除尘效率仅为 50%左右;对于 3~5μm 的烟尘,吸收塔的除尘效率达到 70%~85%;对于颗粒度大于 5μm 的烟尘,吸收塔的除尘效率趋于稳定接近 100%。另外,通过对脱硫塔的优化设计(如对喷淋层、除雾器优化配置,液/气比在 10 以上,除雾器出口的雾滴量在 20~40mg/m³)可在提高脱硫效率的同时提高除尘效率。配置常规电除尘器的条件下,烟尘浓度与大颗粒烟尘的含量呈正相关。当 WFGD 入口烟尘浓度在 20mg/m³ 以下时,湿法脱硫塔的除尘效率一般为 30%~50%;当 WFGD 入口烟尘浓度在 30~70mg/m³ 之间时,脱硫塔的除尘效率通常为 50%~60%;当 WFGD 入口烟尘浓度大于 80mg/m³ 时,脱硫塔的除尘效率约为 70%以上。如采用低低温除尘器,则可进一步提高 WFGD 的除尘效率。因此当烟气温度达到烟气酸露点以下 5~10℃时,粉尘具有一定凝聚能力,小颗粒粉尘能凝聚成大颗粒粉尘,低低温除尘器出口的烟尘粒径基本上在 3μm 以上。因此采用低低温除尘器有利于提高脱硫塔的除尘效果,对于大部分烟煤可以保证脱硫塔的除尘效率为 70%～90%。

除了除尘效率，湿法脱硫工艺对脱硫塔入口烟气中的粉尘浓度也有严格的要求。如果进口烟尘浓度高，可能导致浆液中毒、石膏脱水困难、废水量增加和设备磨损等问题。情况严重时不仅会影响 WFGD 副产物——石膏的质量，而且还会影响 WFGD 装置中浆液循环泵、循环浆液管道和阀门、水力旋流器等主要设备和部件的使用寿命。

6. 静电除尘器脱汞的机理和作用

静电除尘器对燃煤烟气中汞形态的转化有一定的影响，除尘器后的烟气与除尘器前相比，元素汞和 Hg^{2+} 含量都有所下降，尤其是元素汞含量的下降最为明显。静电除尘器电晕辉光放电产生的臭氧是一种强氧化剂，可以促使汞由单质态向二价态转化；电晕辉光放电产生的紫外线和高能电子流，也可以促使汞由单质态向二价态转化。

7. WFGD 对汞脱除的作用

单质汞难溶于水，二价汞易溶于水，所以 WFGD 在脱除烟气中 SO_2 的同时也能吸收 Hg^{2+}。与此同时，由于浆液中存在亚硫酸盐，会将部分收集到的二价汞还原成单质汞，释放到大气中，另外副产品中的二价汞在酸性的环境下也会释放出元素汞，因此湿法脱硫对汞的脱除也有负面作用。

8. 湿式电除尘器对烟气多污染物治理的作用

随着我国环保要求的日益严格，燃煤烟气多污染物治理的目标不仅要求脱除传统污染物 SO_2、NO_x 及粉尘，而且也要求脱除 $PM_{2.5}$ 超细粉尘和其他强酸性气体（SO_3、HCl 及 HF）、重金属。湿式电除尘器对 $PM_{2.5}$ 超细粉尘和酸雾等污染物有很强的捕集能力。

各种烟气净化设备在多污染物协调治理中的作用归纳见表 7-10。

表 7-10　　　　　　　各种烟气净化设备在多污染物协调治理中的作用

污染物	脱硝技术			除尘技术				脱硫技术			
	SCR	SNCR	SNCR/SCR	电	布袋	电+布袋	湿式电除尘	石灰石-石膏湿法	干法	海水法	氨法
烟尘	×	×	×	√	√	√	√	⊙	×	⊙	⊙
二氧化硫	×	×	×	×	×	×	⊙	√	√	√	√
氮氧化物	√	√	√	×	×	×	×	×	⊙	×	⊙
超细颗粒	×	×	×	√	√	√	√	×	×	×	⊙
重金属	▲	▲	▲	⊙	⊙	⊙	⊙	⊙	⊙	⊙	⊙

注　√—直接作用；▲—间接作用；⊙—协同作用；×—基本无作用或无作用。

二、除尘设备

电厂常见的除尘设备包括常规干式静电除尘器、低低温静电除尘器、带旋转极板的静电除尘器、袋式除尘器、电袋除尘器、湿式电除尘器等。

1. 常规干式静电除尘器

静电除尘器（Electrostatic Precipitator，ESP）的原理是在高压电场的作用下将气体电离，使尘粒荷电，在电场力作用下实现粉尘的捕集。烟气中含有粉尘颗粒的气体，在接有高压直流电源的阴极线（又称电晕极）和接地的阳极板之间所形成的高压电场通过时，由于阴极发生电晕放电，气体被电离。此时，带负电的气体离子在电场力的作用下向阳板运动，在运动中与粉尘颗粒相碰，则使尘粒荷以负电，荷电后的尘粒在电场力的作用下亦向阳极运动，到达阳极后放出所带的电子，尘粒则沉积于阳极板上，得到净化的气体排出除尘器外。

静电除尘器具有如下优点：

（1）除尘效率高，一般可达到 99.8% 及以上，能够捕集 0.01μm 以上的细粒粉尘。在设计中可以通过不同的设计参数来满足所要求的除尘效率。

（2）阻力损失小，一般可控制在 300Pa 以下。

（3）允许操作温度高，一般的静电除尘器最高允许操作温度为 250℃，有些类型还可达到 350~400℃ 或更高。

（4）处理气体流量大。

（5）主要部件使用寿命长。

（6）从整机寿命 30 年分析，电除尘器的经济性最好。

（7）对烟气温度影响及烟气成分不像袋式除尘器那样敏感。

静电除尘器的缺点如下：

（1）设备比较复杂，要求设备调试、运行和安装及维护管理水平高。

（2）对粉尘比电阻有一定要求，对于高比电阻的粉尘收尘效率低，所以除尘效率受煤、灰成分的影响。

（3）对粉尘颗粒有一定的选择性，对粒径较小的粉尘因二次扬尘的原因除尘效率不高。

（4）静电除尘器占地面积较大。

2. 低低温静电除尘器

低低温静电除尘器的原理与结构与常规静电除尘器相同。低低温除尘器进口的烟气温度应低于空气预热器出口的烟气成分条件下的烟气酸露点温度 5~10℃。为了避免腐蚀，通常要求低低温电除尘器的灰硫比大于 50。我国大部分煤种的灰硫比高于 50。为了避免除尘器灰斗中的灰因温度降低而造成流动困难，建议灰斗设置保温层和加热措施。加热方式应可靠、加热均匀，且加热高度宜达到灰斗全高度，同时与灰接触的灰斗板材宜采用 ND 钢或者内衬不锈钢。低低温电除尘器的绝缘子设有防止结露的措施，绝缘子室采用良好的保温措施和电加热，并采用热风吹扫措施。由于低低温除尘器除尘效率极高，通过末电场的烟尘颗粒粒径小、质量轻，为抑制二次扬尘影响除尘效果，往往采取如下特殊措施：① 适当增加电除尘器的流通面积，降低烟气流速，设置合适的电场数量，调整振打制度来控制二次扬尘。② 当场地受限时，采用旋转电极式电除尘技术或分电场离线振打技术。③ 采用一些辅助手段如出口封头内设置收尘板式出口气流分布板，对部分来不及捕集或二次飞扬的粉尘进行再次捕集。

3. 旋转电极式电除尘器

旋转电极式电除尘器是一种高效电除尘设备，其收尘机理与常规电除尘器相同，由前级常规电场和后级旋转电极电场组成。旋转电极电场中阳极部分采用回转的阳极板。附着于回转阳极板上的烟尘在尚未达到形成反电晕的厚度时，就被布置在非收尘区的旋转清灰刷彻底清除，不会产生反电晕现象且无二次扬尘。因此能提高电除尘器的除尘效率，降低排放浓度。

旋转电极式电除尘器具有如下优点：

（1）保持阳极板清洁，避免反电晕，可解决高比电阻粉尘收尘难的问题。

（2）最大限度地减少二次扬尘，显著降低电除尘器出口烟尘浓度。

（3）减少煤、灰成分对电除尘性能影响的敏感性，增加电除尘器对不同煤种的适应性，特别是高比电阻粉尘、黏性粉尘，应用范围比常规电除尘器更广。

（4）可使电除尘器小型化，减小占地面积。

（5）特别适合于老机组电除尘器改造，在很多场合只需将末电场改成旋转电极电场，不需另占场地，改造工作量较小。不像采用常规电除尘技术进行加高、纵向或横向增容改造那样复杂；也不像采用袋式或电袋复合除尘器改造那样需更换引风机等相关设备。

（6）与袋式除尘器相比，阻力损失小，维护费用低，对烟气温度和烟气性质不敏感，有较好的性价比。

（7）在保证相同性能的前提下，与常规电除尘器相比，一次投资略高，运行费用和维护成本略高。从整个生命周期看，旋转电极式电除尘器具有较好的经济性。

旋转电极式电除尘器的缺点如下：

（1）旋转部件的设备可用率低。

（2）对安装技术要求较高。

4. 布袋除尘器

袋式除尘器用过滤方式来除去烟气中的粉尘。袋式除尘器内部挂有许多条滤袋，滤袋的材料多用合成纤维制作，允许气体透过但粉尘被阻挡在滤袋表面。工作时，随着过滤的进行，滤袋表面的粉尘逐渐变厚，除尘器的阻力随之增加，一般采用往滤袋干净侧喷吹压缩空气的方法，来清除堆积在滤袋表面的粉尘。

布袋除尘器具有如下优点：

（1）除尘效率高，特别是对微细粉尘也有较高的效率。即使入口粉尘达到 $1000g/m^3$（标准状态）以上，经袋式除尘器过滤后的烟气含尘浓度一般都低于 $30mg/m^3$（标准状态），有的甚至在 $10mg/m^3$（标准状态）以下。

（2）适应性强，可以捕集不同性质的粉尘。如对于高比电阻粉尘，采用袋式除尘器就比电除尘器优越。此外，入口含尘浓度在相当大的范围内变化时，采用袋式除尘器效果好。

（3）使用灵活，处理风量可大可小，可从每小时几立方米到几百万立方米。

布袋除尘器的主要缺点如下：

（1）应用范围主要受滤料的耐温、耐腐蚀性等性能的局限，设备阻力较高。破袋与高阻力是制约袋式除尘器应用的两大因素。

（2）不适宜脱除黏结性强及吸湿性强的粉尘，特别是烟气温度不能低于露点温度，否则会产生结露，致使滤袋堵塞。

5. 电袋复合型除尘器

电袋复合除尘器有机结合了电除尘器和袋式除尘器的除尘特点，先由前级电场预收烟气中 70%以上的粉尘量，再由后级袋式除尘捕集烟气中残余的细微粉尘。其中，前级电场的预除尘作用和荷电作用为提高电袋复合除尘器的性能起到了重要作用。预除尘降低了滤袋的粉尘负荷量即降低了除尘器的阻力上升率；同种电荷的荷电使得粉饼层变得疏松，在相同的粉尘负荷下，带有同种电荷的粉饼层阻力更小。这两者的共同作用使得滤袋的清灰周期变长，从而可以节省清灰能耗，延长滤袋使用寿命。电袋复合除尘器的效率不受煤种、飞灰特性影响，排放浓度可实现在 $30mg/m^3$（标准状态）甚至 $10mg/m^3$（标准状态）以下，且长期稳定。电袋复合除尘器的运行阻力比袋式除尘器低 200～300Pa，可以减少引风机的功率消耗。同时由于进入袋式除尘器的粉尘浓度较低，减少了粉尘的磨损作用，也延长了滤袋的清灰周期，可以延长滤袋的使用寿命。

6. 湿式静电除尘器

湿式静电除尘器的主要工作原理与干式除尘器基本相同，即烟气中的粉尘颗粒吸附负离子而带电，通过电场力的作用，被吸附到集尘极上。与干式电除尘器通过振打将极板上的灰振落至灰斗不同，湿式静电除尘器将水喷至极板上把粉尘冲刷到灰斗中随水排出。同时喷到烟道中的水雾既能捕获微小烟尘又能降电阻率，利于微尘向极板移动。湿式静电除尘器可以长期高效稳定地除去烟气中 $PM_{2.5}$、SO_3 等污染物微小颗粒。湿式静电除尘按与脱硫吸收塔的相对关系来分，可分为外置式和内置式两大类型。其中外置式又可分为水平烟气流向和垂直烟气流向两种，内置式则为垂直烟气流向与湿法脱硫塔整体设计。

（1）外置式水平烟气流向湿式静电除尘器。该种型式是目前火电厂中湿式静电除尘配置的主流形式，我国从日本三菱公司和日立公司的引进技术均为该种方式，属于金属板式湿式静电除尘。该种型式的结构如图 7-8 所示。

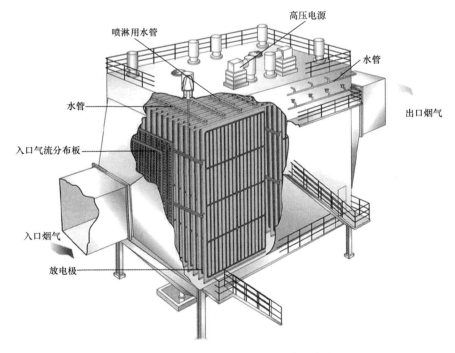

图 7-8 外置式水平烟气流向湿式静电除尘器

（2）外置式垂直烟气流向湿式静电除尘器。该种型式目前应用较多的是导电玻璃钢湿式静电除尘，最早用于化工行业清除二氧化硫气溶胶，目前逐渐用于火电行业。

该种湿式静电除尘的极板形式采用六面体管式蜂窝方案，阳极管材质通常采用耐酸碱腐蚀性优良的导电玻璃钢。正常运行时不需要进行连续的水喷淋以在阳极管上形成均匀的水膜，仅在短期内对极管进行喷淋以达到清灰作用。正常运行时不需要补充水，同时外排水量极小，不需要化学加碱中和。烟气流向为自上而下的顺流布置或自下而上的错流布置方案。

（3）垂直烟气流向与湿法脱硫塔整体式设计。该种布置方法利用湿法脱硫吸收塔的顶部空间，布置筒式的收尘管结构。由于布置位置受限，仅能采用下进上出的垂直进风结构，多用于改造项目，其结构如图 7-9 所示。

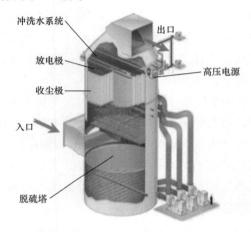

图 7-9　垂直烟气流向与湿法脱硫塔整体式设计示意图

该种湿式静电除尘器的极板材料可采用导电玻璃钢或 2205 不锈钢。湿式静电除尘器本体无外部支撑结构和连接烟道，因此也无相应的除尘器进出口的烟道的阻力损失。吸收塔过渡至内置式湿式电除尘器时，流通断面变化较小，导流要求低，压损较低，流场较均匀。运行时采用定期冲洗，冲洗水量较外置式约少 50%，清洗废水流到下方吸收塔底部的石灰石浆液池中并在其中中和，因此无酸碱处理系统相关设备和管路。

（4）外置式和内置式湿式静电除尘器比较。从设备性能来看，塔外金属板式的湿式静电除尘器采用水清灰，可以保证极板的洁净，有利于保障除尘效率和出口排放，除尘效率一般可以达到 75%以上。导电玻璃钢形式的湿式静电除尘器属于无水型，用于清除烟气中的颗粒物。其长期运行是否会产生结垢而影响除尘效率，还有待进一步观察和论证。脱硫塔顶金属板式湿式静电除尘器的烟气采用下进上出的形式，一方面烟气流向与水膜冲突，可能影响除尘效果；另一方面，由于废水直接进入脱硫浆池，为保证脱硫系统的水平衡，冲洗水的量不宜过大，这在一定程度上也影响了它的除尘效率。塔外布置方式占地较大，塔顶布置方式占地最小，因此塔外布置多用于新建或扩建机组，塔顶方式多用于改造项目。

塔外布置方式由于独立于脱硫塔，可以采用增设旁路烟道的方式，实现不停炉或短时停炉的检修或维护方案；塔顶方案检修维护时会与脱硫系统产生干涉，且由于高位布置，前期施工和检修维护均存在一定的困难。

从水系统的配置来看，塔外金属板式湿式静电除尘器需设置一套水处理系统。冲洗水一部分经加碱沉淀后循环使用，另一部分废水经处理后返回脱硫系统。导电玻璃钢型式和塔顶金属板式的湿式静电除尘器则无单独的水处理系统，前者属于无水型，后者直接排入吸收塔浆池中。

（5）湿式静电除尘器的冲洗水系统。湿式静电除尘器的冲洗水系统主要包括循环水箱、循环水泵、废水箱、废水泵、碱液箱、加碱泵、滤网和原水供应管道等，典型流程如图7-10所示。湿式静电除尘的冲洗水包括循环水和原水补水，从阳极流下的水在灰斗收集进入废水箱内沉淀下来，上层澄清水作为循环水回用，由循环泵打入湿式电除尘里进行喷淋，沉淀在底部的废水经处理后作为脱硫工艺水或排放到废水处理厂。循环水中还有加碱的一些设施，以中和冲洗水中溶解的烟气中的 SO_3，避免与水接触的部件产生严重的酸腐蚀。

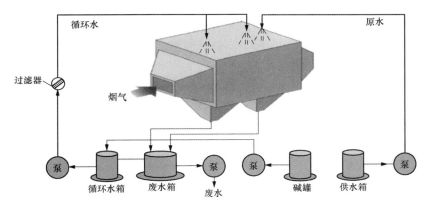

图 7-10 湿式静电除尘器的冲洗水系统典型流程

（6）湿式静电除尘器的优缺点。湿式静电除尘器的优点如下：

1）湿式静电除尘器冲洗水对烟气有洗涤作用，可除去烟气中部分 SO_3 微液滴。

2）湿式静电除尘器布置在湿法脱硫后，脱硫后的饱和烟气中携带部分水滴，在通过高压电场时也可捕获并被水冲洗走，这样可降低烟气中总的携带水量，减小石膏雨形成的概率。

3）湿式静电除尘器可有效地除去 $PM_{2.5}$ 颗粒。

湿式静电除尘器的主要缺点如下：

1）设备系统比较复杂，要求设备调试、运行和安装及维护管理水平高。

2）一次投资较大，外置式湿式电除尘器占地面积较大。

3）湿式静电除尘器因阳极板和芒刺线、喷嘴等接触烟气的部件大量采用耐蚀不锈钢材料，设备投资费用高于普通静电除尘器。同时运行过程中除了除尘器本体消耗的电量外，辅助的循环水泵等还将消耗部分电量，冲洗水中添加的 NaOH 溶液也将提高运行成本，喷嘴更换和泵的维护也增加了额外费用。

第八章

主厂房布置设计

主厂房是电厂的核心建筑，其布置直接关系到电厂的安全经济运行、检修维护和工程造价。一般意义上电厂主厂房布置设计范围为汽机房 A 排到锅炉烟囱之间的系统设备和建构筑物。

主厂房布置涉及厂区总平面、热机、建筑、输煤、除灰渣、电气、热控、化学、消防、水工和暖通等各个专业，需要综合性的规划，以满足电力生产工艺流程的要求，并符合防火、防爆、防潮、防尘、防腐和防冻等设备安全和劳动保护的要求，同时满足机组正常巡检和定期检修的要求。

本章主要介绍二次再热机组主厂房布置设计的特点和各布置模块等内容，同时结合我国已经建成投运和正在开展设计的二次再热机组工程，介绍典型的二次再热机组主厂房布置设计方案。

第一节 二次再热机组主厂房布置设计的特点

二次再热机组与常规一次再热机组主厂房布置相比，具有以下特点：

（1）二次再热机组再热汽温调节方法通常有烟气再循环+双烟道挡板调温方案、燃烧器摆动+双烟道挡板调温方案和尾部三烟道挡板调温方案。

（2）锅炉炉膛尺寸与同容量一次再热机组相比基本相同或略小，但采用Π型锅炉时尾部烟道由于采用双烟道或三烟道，尾部烟道尺寸加大。

（3）当采用烟气再循环方案时，锅炉零米需布置烟气再循环风机。

（4）汽轮机通常采用五缸四排汽型式，也有部分主机厂为缩短机组轴系长度而采用超高压缸、高压缸合缸的四缸四排汽型式。在冷端温度足够低的区域也有主机厂为尽可能降低背压，针对 1000MW 二次再热汽轮机采用六缸六排汽的型式。

（5）机炉连接管道由常规的四大管道（主蒸汽、高温再热蒸汽、低温再热蒸汽和主给水）增加为六大管道（主蒸汽、一次高温再热蒸汽、一次低温再热蒸汽、二次高温再热蒸汽、二次低温再热蒸汽和主给水）。同时汽轮机从常规八级抽汽回热系统增加到十级热汽回热系统，增加了高压加热器和低压加热器的数量，以及加热器系统相关的给水、凝结水、抽汽和疏水管道。

以上五个方面的特点均对主厂房的布置提出了新的要求。

第二节 主厂房布置主要设计方案

进行主厂房设计时，设备、管道、电缆通道应按照工艺流程要求统一规划，力求设备布置、管道走向和空间利用紧凑合理，巡回检查通道畅通，便于施工、检修和正常维护。主厂房一般可分为汽机房模块、除氧间模块、煤仓间模块、集控楼模块、锅炉房模块和烟气排放模块。工程设计中可根据每个模块的技术特点、经济性和适用性进行优化组合，最终确定主厂房设计方案。

一、汽机房

1. 汽机房设计模块

汽机房模块主要包括汽轮发电机模块、凝汽器模块、给水泵及给水泵汽轮机模块、电动给水泵模块、给水泵前置泵模块、高/低压加热器模块、除氧器模块、凝结水泵模块、闭式水换热器模块、真空泵模块、疏水扩容器模块、凝结水储水箱模块、电气配电间模块、化学精处理模块等，见表8-1。

表8-1 汽 机 房 模 块

一 级 模 块	二 级 模 块
汽轮机模块	单轴承机型模块
	双轴承机型模块
凝汽器模块	单背压凝汽器模块
	双背压凝汽器模块
给水泵及给水泵汽轮机模块	1×100%给水泵及给水泵汽轮机模块
	2×50%给水泵及给水泵汽轮机模块
电动给水泵模块	无电动给水泵模块
	公用电动给水泵模块
	单元制电动给水泵模块
给水泵前置泵模块	给水泵前置泵运转层同轴布置模块
	给水泵前置泵夹层同轴布置模块
	给水泵前置泵零米布置模块
高压加热器模块	单列高压加热器模块
	双列高压加热器模块
除氧器模块	除氧器低位布置模块
	除氧器高位布置模块
凝结水泵模块	3×50%凝结水泵模块
	2×100%凝结水泵模块

续表

一 级 模 块	二 级 模 块
闭式水换热器模块	板式热交换器模块
	管式热交换器模块
真空泵模块	2×100%真空泵模块
	3×50%真空泵模块
疏水扩容器模块	凝汽器背包式疏水扩容器模块
	凝汽器外置式疏水扩容器模块
	凝汽器疏水扩容立管和清洁水扩容器模块
凝结水储水箱模块	单元制凝结水储水箱模块
	无凝结水储水箱模块
电气配电间模块	布置在汽机房模块
	汽机房外搭建披屋模块
化学精处理模块	布置在汽机房模块
	布置在除氧间模块
	4×33.3%精处理系统模块
	3×50%精处理系统模块

2. 汽机房长度及跨度

汽机房的长度、跨度尺寸与主机技术流派、辅机设备配置，以及电气、化学等系统布置密切相关。

以 2×1000MW 五缸四排汽汽轮机为例，每台机组汽轮发电机基座占地为 6 档，机头侧 3 档，机尾侧 3 档（以凝汽器中心线为界）。6 档基座区域内，机头侧因管道密集，可用作设备布置的空间较少，机尾侧 3 档零米层可布置发电机氢油水系统设备，中间层布置电气封闭母线。6 档基座区域外，靠 B 列柱侧零米层布置给水泵汽轮机油箱、凝结水泵等设备，运转层布置给水泵汽轮机；靠 A 列柱侧布置真空泵、发电机励磁变压器等设备。

汽机房除上述考虑的 6 档内，机头位置因布置主蒸汽、再热蒸汽管道及油系统，所以需要再扩 2 档。在这 2 档中，其中一档的零米层考虑布置冷却水系统设备，中间层主要考虑布置主汽、再热管道；另一档的零米层区域与中间层部分区域考虑布置储油箱与汽轮机润滑油系统设备。机尾侧考虑发电机转子抽芯的距离需要扩 2 档，中间层布置电气中压工作段，零米层可以考虑布置化学精处理装置。

因此单台机组布置所需的长度，从凝汽器中心线向汽轮机侧共 5 档，从凝汽器中心线向电机侧也是 5 档，每台机组占用 10 档。另两机之间设有 1 档检修场地，A 列设有大门作为大件的进出通道，两台机组长度方向共 21 档。

根据不同工程的特点，1000MW 机组汽机房跨度通常为 31～34m，660MW 机组汽机房跨度通常为 30～32m。

3. 汽机房柱距

汽机房柱距与主机没有直接联系，主要考虑 A 列侧的柱距满足凝汽器抽管和循环水进出水管布置的需要，凝汽器对应柱距一般为 10m 或 9m。其余档的汽机房常见柱距为 10、9m 和 8m。

采用前煤仓方案时，汽机房柱距需综合考虑土建结构的因素，与煤仓间磨煤机对应的六跨柱距保持一致，因此磨煤机的型式与型号对汽机房的柱距有影响。以 1000MW 机组为例，如采用中速磨方案，煤仓间考虑磨煤机的运行及检修条件，对应的汽机房 6 档柱距为 10m。如采用双进双出钢球磨煤机方案，则对应的汽机房 6 档柱距为 12m。

4. 汽机房运转层标高及高度

汽机房跨度和总长度确定后，运转层标高直接影响汽机房屋顶标高，进而影响主厂房建筑总体积、单位千瓦主厂房容积、单位千瓦主厂房造价等指标。

关于汽机房运转层标高的确定，主要受低压缸和凝汽器的结构形式决定，GB 50660—2011 中并没有明确的规定。汽机房运转层标高的确定通常是根据汽机厂提供的汽轮机断面尺寸（包括凝汽器），一般考虑凝汽器最低管束标高在汽机房零米以上，保证凝汽器现场拼装时能顺利穿管，以此来确定汽机房运转层的标高。经技术经济比较合理时，可采取凝汽器区域局部负挖，从而降低汽机房的运转层标高。

对于二次再热机组，凝汽器尺寸与一次再热机组相比基本相同，回热系统设备和管道的增加可通过汽机房长度方向增加而消化。因此二次再热机组汽机房运转层标高可以参考目前国内一次再热机组，1000MW 机组一般为 16～17m，660MW 机组通常为 13.7～14.5m。

汽机房高度须按照汽轮机厂要求的起吊件中最大起吊高度和采用的行车尺寸并留有适当裕量来设计。

二、除氧间

除氧间布置主要有两种方式：一种是常规布置方式，即布置在汽机房与锅炉之间，并与汽机房相连；另一种方案是取消除氧间。

前煤仓方案通常采用常规除氧间布置方式，该方案主厂房结构稳定性最佳，锅炉炉架与主厂房脱开，各自受力清晰、互不干扰。

取消除氧间的方案通常配合侧煤仓方案，主要目的是进一步压缩机炉之间的距离，从而缩短六大管道的长度。该方案一般将汽机房的跨度增大，加热器部分布置在汽机房内，另一部分加热器、外置式蒸汽冷却器和除氧器布置在锅炉钢架或辅助钢架内。该方案设计院与锅炉厂的接口复杂，将增加锅炉炉架的设计难度和费用，且不适用厂址处于高烈度地震区域的电厂。

除氧间运转层及以下一般跟随汽机房的层高设计；除氧器层的标高必须满足在机组甩负荷的瞬态过程中，给水泵前置泵的进口有效汽蚀裕量大于其必需汽蚀裕量的要求。当给水泵前置泵布置于运转层时，除氧器层通常为 40～42m；当给水泵前置泵布置于中间层或底层时，除氧器层标高则相应降低。不过由于二次再热机组加热器数量的增加，加热器层比常规一次再热机组多一层，所以为充分利用除氧间加热器层的空间，给水泵前置泵宜布置在运转层或中间层。

三、煤仓间

根据厂区及主厂房总体布置格局的不同，煤仓间的相对布置位置可分为前煤仓布置、侧煤仓布置和后煤仓布置，其中侧煤仓布置又可分为单侧布置和双侧布置。

对于前煤仓布置，主厂房通常采用四列式布置方案，布置顺序依次为汽机房-除氧间-煤仓间-锅炉房及炉后。该布置方式是多机组工程中最常规、最成熟，也是目前运行电厂中采用最多的布置方式。

对于侧煤仓布置，即煤仓间布置在锅炉侧面，欧洲单机组工程中大多采用该布置方案。根据磨煤机数量及锅炉形式的不同又可分为沿锅炉单侧布置和双侧布置。目前国内普遍采用的侧煤仓方案为在两台炉中间的布置型式，一般配合取消集中控制楼方案；当采用风扇磨煤机方案时，煤仓间往往布置在一台锅炉的两侧，适用于燃烧器绕炉膛设置的情况。侧煤仓最大的优势是可以缩短机炉之间的距离，并取消集中控制楼，节约工程造价。近年来各发电集团在造价目标的指导下，众多工程采用侧煤仓方案。不过侧煤仓方案将牺牲一定检修和运行的便利性，特别是配合塔式锅炉时，风粉系统两侧偏差要比前煤仓方案大。

后煤仓布置，即煤仓间布置在锅炉后面，该布置方式只有在比较特殊的情况下被采用（如上煤条件的限制等），也是目前运行电厂中采用最少的布置方式。

侧煤仓布置和后煤仓布置由于煤仓间多为单框架体系，对于厂址处于高烈度地震区域的电厂，煤仓间宜与锅炉的炉架相结合。

四、集控楼

20世纪80年代初，我国火电厂开始推广实行炉机电集中控制方式，直至20世纪末提出"2000年示范电厂"期间，基本上国内火电厂在两台炉之间建有一座集中控制楼，集中控制楼内布置有控制室、电子设备机柜室、电气中低压开关室、继电器室、蓄电池室等，有的工程还布置有柴油发电机、空气压缩机，以及化水专业的汽水取样、加药设备等。采用集中控制楼方案的主要优点是可以利用多台机组汽机房的长度在锅炉之间留下的场地空间。集中控制楼将电气、控制设备集中在一个构建筑物内，对设备的巡检、维修带来了方便，也符合我国电厂运行单位的习惯。

随着控制设备可靠性的提高和网络通信技术的进步，现已无需运行人员或热控人员随时在控制或电气设备前了解其工作状态，控制设备是否靠近被控对象已不会影响运行人员及时得到有关信息，也不会影响安全性。而大幅减少或取消集控楼将使得电缆长度大量减少，控制楼建造成本下降。多个电厂的设计、建设和多年运行、检修的实践也证明，经济上能够节约可观的费用。

1. 集中控制室的总体要求和布置

电厂主控制室的监控内容除单元机组及公用系统等纳入分散控制系统（DCS）监控的主辅系统外，还可包括电气网控（NCS）、厂用电监控（ECMS），以及水、煤、灰、脱硫等辅助生产系统的集中监控，使集中控制室成为真正意义上的全厂集中控制中心。通常2~4台机组共用一个集中控制室。

为创造舒适的运行环境，集控室的设计应考虑以下方面：

（1）在主厂房内的位置及通道设置应满足运行人员便于通往机、炉、厂用电源及各设备间进行正常巡视及事故处理的要求。

（2）控制室内盘、台（站）的布置应使得运行人员在运行区内来往行走和操作联系工作量尽可能少，并尽量避免非运行人员对运行人员工作的干扰，以提高运行人员对机组运行的响应能力。

（3）控制室内建筑空间、色彩协调，人机接口设备选型、布置、照明设计、空调等按人机工程学原理优化配置，并采取防火、防水、防尘、隔声等措施。控制室附近应设置运行休息室等，充分体现人性化的设计理念，努力为运行人员创造方便、快捷、舒适、良好的工作环境。确保运行人员可以轻松获得整个电厂的全貌信息，在出现任何情况时，运行人员都可以立即做出正确的判断并采取正确的行动。集中控制室布置模块见表 8-2。

表 8-2　　　　　　　　　　　　　　集中控制室布置模块

项目比较	模块一	模块二	模块三
集中控制室位置	两机之间，集控楼内	两机之间，汽机房 B～C 排	汽机房固定端端头
控制内容	2～4 台机组、网控 NCS、厂用电 EMCS 及辅助生产系统集中控制		
集中控制室地面标高	汽机房运转层标高	汽机房运转层标高	汽机房运转层标高
集中控制室与机、炉联系便捷程度	适中位置，距锅炉和汽轮机均较近	适中位置，距锅炉和汽轮机均较近	距扩建端机组较远
集中控制室的环境条件（电磁干扰、噪声、振动、粉尘等）	集控室设在集控楼内，环境良好	集控室距汽机房近，需采取一定的隔声措施	集控室只受一台机组噪声影响

2. 电子设备室的总体要求和布置

电子设备室主要放置机炉及热力系统的控制机柜，如 DCS、DEH、ETS、吹灰控制等机柜。电子设备室内部基本是精密电子器件，对环境有一定的要求。虽然随着电子制造技术的进步，电子设备的环境适应性有了很大提高，但潮湿、高温、振动等仍会对其使用寿命带来影响。因此，合理布置电子设备室应从环境条件、场地利用、进出方便和靠近现场设备等几个方面统筹考虑，以达到最合理的效果。电子设备室布置模块见表 8-3。

表 8-3　　　　　　　　　　　　　　电子设备室布置模块

比较项目	模块一（前煤仓 集中布置）	模块二（前煤仓 分散布置）	模块三（侧煤仓 分散布置）
锅炉电子设备室布置	机炉电子设备室集中设置，布置在集控楼运转层下方，设电缆夹层	布置在集控楼运转层或运转层下方，下方设电缆夹层，离锅炉较近	设在给煤机两侧平台，上方设电缆桥架，离锅炉较近，环境、振动状况略差
汽轮机电子设备室布置		布置在汽机房夹层，下方设电缆夹层，离汽轮机较近，可节省电缆，减少安装工程量	布置在汽机房夹层，下方设电缆夹层，离汽轮机较近，可节省电缆，减少安装工程量
集中控制室与机、炉电子设备室联系便捷程度	距机炉电子设备室较近	距锅炉电子设备室较近，距汽轮机电子设备室略远	距汽轮机电子设备室较近，距锅炉电子设备室略远
控制电缆长度	较长	较短	较短

五、锅炉房

锅炉房模块主要包括锅炉本体模块、制粉系统模块、锅炉再热器调温模块、启动再循环泵模块、除渣模块、脱硝模块、石子煤输送模块等，见表8-4。

表8-4   锅 炉 房 模 块

一 级 模 块	二 级 模 块
锅炉本体模块	塔式炉模块
	Π型炉模块
制粉系统模块	磨煤机模块
	给煤机模块
	煤斗模块
锅炉再热器调温模块	挡板调温模块
	烟气再循环风机调温模块
启动再循环泵模块	设启动再循环泵模块
	不设启动再循环泵模块
除渣模块	湿除渣模块
	干除渣模块
脱硝模块	SCR 脱硝模块
	SNCR 脱硝模块
石子煤输送模块	机械铲运模块
	地下连续输送模块

六、烟风系统

1. 送风机和一次风机模块

送风机、一次风机主要分为炉后布置和炉两侧布置两种模块。送风机、一次风机采用炉后布置方案，是目前运行电厂中采用最多的布置方式；若采用两侧布置，将增加两炉中心间距，减少炉后至烟囱的距离。

2. 引风机模块

引风机布置有横向（即从主厂房向烟囱方向）布置与纵向（即从主厂房固定端向扩建端方向）布置两种模块。

引风机横向布置模块为比较传统的布置方案，风机中心线与除尘器烟气流向平行。该布置方案所需的横向尺寸较大，因此主厂房占地面积较大。但其优点是布置方式成熟，风机及烟道布置合理，风机检修起吊及维护方便，引风机进出口烟道直段距离较长，对保证除尘器烟气气流的均匀性有很大的好处，这样管道系统中的烟气流动比较平稳，阻力较小。

引风机纵向布置模块为引风机中心线与电除尘器烟气流向垂直，两台引风机顺列布置，安装于除尘器出口烟道框架的零米地面。烟气经引风机扩压段后，经过转向弯头，出口烟道避开除尘器出口烟道汇合成总烟道后接入脱硫吸收塔。该模块优点是布置紧凑，所需的横向尺寸较小，可以缩短炉后至烟囱的距离。而且缩短了水平烟道的长度，减小了烟道工程量。但引风机进出口烟道直段距离缩短，对烟气气流的均匀性及引风机的效率不利。因此，该模块在烟道的布置中必须采取更有效的措施如导流板，来满足除尘器进口和引风机进出口烟气流场的均匀性。

3. 烟气余热利用模块

锅炉排烟热损失是火力发电厂中主要的热损失之一，采用排烟余热利用系统降低排烟温度，能大幅提高电厂的经济性，是提高机组热效率的重要途径之一。我国、苏联、德国、日本均有大容量机组采用烟气余热回收利用系统的运行业绩。我国、苏联、德国多采用低温省煤器（烟气冷却器）方案，利用凝结水降低烟温；日本则采用以水为传热媒介的分体烟气-烟气换热器（MGGH），即循环冷却水在布置于除尘器上游的烟气冷却器中吸热后，再将热量传递给布置在脱硫吸收塔出口的烟气加热器用于加热烟囱入口的低温烟气。

目前，国内很多电厂采用低温省煤器方案来降低排烟温度、提高电厂经济性。汽轮机热力系统中的凝结水在低温省煤器内吸收排烟热量，降低排烟温度，自身被加热、升高温度后再返回汽轮机低压加热器系统，起到代替部分低压回热抽汽的作用，因此是热力系统的一个组成部分。低温省煤器将节省部分汽轮机的回热抽汽，在汽轮机进汽量不变的情况下，节省的抽汽从抽汽口返回汽轮机继续膨胀做功，因此可改善机组的能耗。

（1）模块一：一级低温省煤器。低温省煤器布置在脱硫塔的进口，采用汽轮机回热系统中的凝结水回收烟气中的热量，起到排挤部分汽轮机抽汽的作用。配合低低温电除尘器方案时，该低温省煤器布置在电除尘器入口处。

（2）模块二：两级低温省煤器。在一级低温省煤器方案的基础之上，低温省煤器分两级分别布置在电除尘器的进口和脱硫吸收塔的进口，使得低温省煤器可以兼顾节能、除尘和防止电除尘器及下游设备低温腐蚀。

（3）模块三：烟气余热阶梯利用方案。锅炉烟气余热阶梯利用方案与常规低温省煤器的不同之处在于，脱硫吸收塔入口设置烟气冷却器去加热锅炉空气预热器进口冷二次风，而非凝结水；空气预热器前置换出部分高温烟气用来加热汽轮机回热系统中的给水和凝结水。国外已运行的褐煤机组上有相似的系统。

七、烟气净化

烟气净化模块主要分为除尘器模块、全负荷脱硝模块、脱硫模块和 MGGH 模块等，见表 8-5。

表 8-5　　　　　　　　　　　烟气净化模块

一 级 模 块	二 级 模 块
除尘器模块	低/低低温电除尘模块
	袋式/电袋除尘器模块
	湿式电除尘模块

续表

一 级 模 块	二 级 模 块
全负荷脱硝模块	烟道旁路模块
	分段省煤器模块
除渣模块	湿除渣模块
	干除渣模块
脱硫模块（石灰石-石膏湿法脱硫）	单吸收塔模块
	双吸收塔模块
MGGH 模块	设 MGGH
	不设 MGGH

八、土建结构

从电厂发展的历史来看，每一种大机组在发展的初期，无论是较早的 300MW 机组、600MW 机组，还是目前的 1000MW 机组，其主厂房均采用了钢结构。在国内，由于劳动力成本和混凝土成本相对低廉，出于降低造价的考虑，一些主厂房采用混凝土结构。发达国家的主厂房基本都采用了钢结构，鲜有钢筋混凝土结构主厂房的实例。

主厂房钢结构相对混凝土材料强度更高，梁、柱截面较小，因此空间上留给工艺专业布置的余地更大，更有利于大机组新技术的顺利应用和实施。我国大机组新技术引进自发达国家，结构形式上多采用钢结构，大机组引进初期不可避免地需要整体借鉴国外成熟技术而采用钢结构。而在 2008 年前后，国内火电厂出现了主厂房由钢结构向钢筋混凝土结构的大转折。当时，钢材价格上涨幅度巨大，常用的中厚板价格突破了 6500 元/t，导致钢结构造价水涨船高；同时煤价大幅上涨，而上网电价与煤价联动滞后，导致各发电企业利润大幅缩水甚至亏损。因此迫切希望采取措施降低新建项目的一次性投资，由此提出主厂房采用钢筋混凝土结构以降低造价。混凝土结构是主厂房结构型式的一种有益尝试和补充。国内部分 600MW 级以上机组主厂房结构型式见表 8-6。

表 8-6　　　　　　　　国内部分 600MW 级以上机组主厂房结构型式

工程简称	建设规模	主厂房结构型式	建设时间（年）	备注
嘉兴电厂二期	2×600MW	钢结构	2001～2003	
太仓电厂四期	2×600MW		2002～2004	
沙洲电厂一期	2×600MW		2002～2004	
常州电厂一期	2×600MW		2004～2006	
玉环电厂一期、二期	4×1000MW		2004～2006	
泰州电厂一期	2×1000MW		2006～2007	
北仑电厂三期	2×1000MW		2007～2008	
外高桥电厂三期	2×1000MW		2007～2008	
彭城电厂三期	2×1000MW		2007～2008	

工程简称	建设规模	主厂房结构型式	建设时间（年）	备注
漕泾电厂	2×1000MW	钢结构	2007～2008	
谏壁电厂扩建	2×1000MW		2009～2010	
泰州电厂二期	2×1000MW		2013～2015	二次再热
沙洲电厂二期	2×1000MW		在建	
宿迁电厂	2×660MW		在建	二次再热
宁德电厂一期、二期	4×600MW	钢筋混凝土结构	2007～2008	
金陵电厂	2×1000MW		2008～2009	
河南新密电厂	2×1000MW		2008～2009	
常熟电厂扩建	2×1000MW		2008～2010	
徐州电厂	2×1000MW		2009～2010	
田集电厂一期、二期	4×600MW		2009～2012	
吕四港电厂	4×600MW		2010～2012	
虎山电厂	2×660MW		2011～2013	
安源电厂	2×660MW		2013～2015	二次再热
台州电厂二期	2×1000MW		2013～2015	
莱芜电厂	2×1000MW		2013～2016	二次再热
句容电厂二期	2×1000MW		在建	二次再热
蚌埠电厂二期	2×660MW		在建	二次再热

由表 8-6 所列情况可明显看出，以 2007～2008 年为界，以前的工程全部采用钢结构，而以后的工程基本均为钢筋混凝土结构。

然而近年来，由于国内钢材产能严重过剩，钢材价格的大幅跳水、人工费大幅上升，以及钢结构优越的抗震性能，钢结构主厂房的方案再次获得投资方的青睐。

从近年的工程实践来看，主厂房的结构型式，除部分高烈度抗震区应采用钢结构以外，在一般抗震区采用钢结构与混凝土结构两种方案都可行。两种结构型式各具特点，对于二次再热机组主厂房，这两种结构选型均有投运业绩。

1. 对主厂房工艺布置的利弊

钢结构突出的优点是结构轻巧灵活，特别适用于工艺流程复杂的工业建筑。工业建筑内管线密布，空间往往局促，钢结构本身强度高，自重轻，钢构件断面远小于混凝土构件，厂房内占有的空间相对较少，便于工艺管线布设。而钢筋混凝土结构则刚好相反，由于混凝土承载力相对较低，主厂房梁柱粗大在所难免，导致工艺空间受到挤压，工艺设备和管道布置较困难，局部甚至可能出现工艺布置过于密集的不合理现象。

2. 抗震性能

两种结构型式抗震性能上的差异主要源于其材料的力学性能不同，材料的塑性变形能力，是决定结构抗震性能好坏的重要因素。钢材是高强度、高刚度、各向同性的优质建材，更重要的是，钢材的力学性能具有"屈服台阶"，也就是说钢材有很强的塑性变形能力，即使达到其屈服强度，仍能通过变形吸收能量，并且不会立刻丧失承载能力。

混凝土本身是脆性材料，且具有各向异性，其抗压性能好，但是抗拉性能很差，破坏时呈脆性破坏，塑性变形能力弱，单凭混凝土很难通过变形吸收地震能量，相比钢材不具备先天优势。但是通过配置钢筋来承受拉力，能使钢筋混凝土结构整体具有一定的延性。2001 年，电力规划设计总院组织国内几个大型设计院对主厂房抗震性能做过专门研究。以 7 度设防，8 度构造（Ⅱ类场地土，地震加速度 0.075g），单机容量为 600MW 的某工程的钢筋混凝土框排架主厂房为原型，选取 3 跨 3 榀 1/7 子空间模型进行了拟动力试验研究，研究结果表明该主厂房结构能满足抗震设计要求。

混凝土结构不仅用于工业厂房，桥梁、民用建筑中也大量采用混凝土结构。混凝土结构发展时间较长，技术沉淀丰厚。2008 年汶川地震以后，我国抗震标准修订更加完善，设计上早已提出了一系列措施来改善钢筋混凝土结构的延性，如"规则的结构布置""强柱弱梁、强剪弱弯、强节点弱杆件"等，这些措施在执行到位的情况下确实能提高钢筋混凝土结构的抗震性能，甚至能达到"延性框架"的目标，使建（构）筑物满足抗震要求。但是电厂主厂房特殊的工艺要求往往造成局部"强梁弱柱"，竖向布置和平面布置的"不规则"，制约了"延性框架"目标的实现，这些特点使电厂主厂房采用钢筋混凝土结构时，其抗震性能要明显低于钢结构。因此，DL 5022—2012《火力发电厂土建设计技术规程》11.1.9 条明确规定："8 度Ⅱ～Ⅳ类场地时，主厂房宜采用钢结构，结构体系宜选择框架支撑体系。"在该款的条文说明里，更加强调了"设防烈度 8 度Ⅰ类场地以上时，不应采用常规布置的钢筋混凝土结构"。

3. 厂房温度区段

根据 GB 50010—2010《混凝土结构设计规范》的规定，现浇的钢筋混凝土框架结构的伸缩缝最大间距为 55m，而 DL 5022—2012 要求钢筋混凝土框架结构纵向温度伸缩缝最大间距不宜超过 75m。660MW 以上二次再热机组主厂房总长度一般超过 150m，即使设置两道伸缩缝，由于工艺布置的限制，一个较长的温度区段往往要达到近 90m，高于国家标准的要求。因此必须采取必要的措施，这将导致钢筋混凝土的含筋量增大，相应的混凝土结构造价也同步增加。即使增加了含筋量，由于计算存在简化及折减，在极端情况下，也存在温度应力过大导致裂缝的风险。

而标准规定的钢结构厂房的温度区段最大不宜大于 150m，如果主厂房结构采用钢结构型式，即使只设置一道伸缩缝，较长的温度区段的长度也在该范围内，可不考虑主厂房结构的温度应力和温度变形的影响。

因此，从现行标准的适用性来讲，从伸缩缝的设置角度，钢结构方案具有明显的优势。

4. 对设计的影响

主厂房采用钢筋混凝土框架，框架上需埋设大量的工艺埋件，如果在工程进度紧张，土建必须首先开工，而设备订货相对滞后的情况下，工程中经常出现工艺资料无法满足混凝土设计要求的情况。

相比之下，钢结构框架的设计没有预埋件的要求，工艺专业在提出荷重资料满足结构专业设计要求的前提下，其后允许工艺布置做适当变化，对土建设计的制约程度较低。

5. 对施工的影响

混凝土厂房结构为确保混凝土浇灌质量，每次浇筑的高度一般不超过 9m。以主厂房为例，框架结合楼层及纵向梁的布置需分 7 次才能浇灌完成，一般每一分段除氧煤仓间框架及楼层的施工周期为 45 天（含楼层钢梁的吊装），A 排柱列（无楼层）每段的施工周期为 30 天。

钢结构厂房的构件为工厂化加工，施工周期受原材料供应和加工能力的影响，主厂房框架可根据需要同时加工，边生产边吊装，与混凝土结构相比是可控的。

钢结构厂房的构件一旦吊装完成即可承受荷载，而混凝土结构厂房需待混凝土达到强度后才可承载，延迟了施工周期，且煤仓间内有钢煤斗，必须在结构达到强度后才能吊装，所以钢结构与混凝土结构厂房的工期差异主要是在除氧煤仓间。一般来说，混凝土结构与钢结构厂房在同等条件下相比，约需延长工期 3 个月，某些厂址还存在冬季混凝土无法施工的问题。

6. 对地基处理和基础的影响

钢结构构件轻巧，自重小，而混凝土结构构件断面大，自重大，在同样满足承载工艺设备荷载、检修荷载的情况下，两者结构自重有很大差异。由此带来的影响，一方面要增加地震时的参振质量，进一步放大地震作用的效应；另一方面，更大的自重荷载，将增加地基处理和基础的工程量。一般来说，钢结构主厂房相对于混凝土主厂房能减少地基基础工程量约 10%～30%。

第三节 典型的 1000MW 二次再热机组主厂房布置设计方案

一、前煤仓布置方案

1. 汽机房布置

汽轮发电机组纵向布置，机头朝向固定端，汽轮发电机基座为岛式布置，汽机房运转层为大平台结构。考虑检修场地的需要，两台机组之间设一个零米检修场。汽机房的基本柱距为 10m，伸缩缝为 1.4m。

汽机房跨度为 34m，汽轮发电机组中心线距 A 排柱为 15.0m。

汽机房分三层，即零米层、中间层 8.6m、运转层 17.0m。

（1）汽机房零米层。汽机房的零米层从固定端向扩建端依次布置闭式水热交换器、真空泵、开式冷却水过滤器、疏水扩容器、凝汽器、给水泵汽轮机供油装置、轴封冷却器、凝结水泵、低压加热器疏水冷却器、密封油装置、发电机定子水冷却装置、轴封冷却器、凝结水精处理装置、380V 汽轮机低压厂用配电装置等。

凝汽器的循环水管从 A 列柱进出，凝汽器抽管朝向 A 列，在其附近布置有凝汽器胶球清洗系统。

（2）汽机房中间层。汽机房中间层固定端靠近汽轮机的基座前端布置有汽轮机润滑油系统的油箱、油泵、油冷却器、油净化等设备，以及主机液压油装置和汽轮机旁路液压油站。这些油系统布置在单独的房间内，润滑油管道布置在基座靠 A 列侧。

两台凝汽器的喉部分别布置 9 号和 10 号低压加热器，抽芯朝向 B 列。抽汽阀门集中布置，管道布置简捷。

在靠近 B 列柱一侧，布置相应的给水泵汽轮机排汽管道和排汽蝶阀，以及低压旁路 B 装置，靠 A 列侧布置有低压旁路 A 装置。每台机组的机尾发电机侧两挡为电气中压工作段配电室。

主蒸汽和一次、二次高温再热管道布置在机头前中间层，这样可以减少主蒸汽管道及高温再热蒸汽管道的用量。

（3）汽机房运转层。运转层设计为大平台结构，每台机组配置的两台汽动同轴给水泵组纵向布置在靠近 B 列柱侧。给水泵汽轮机排汽口向下，排汽至主机凝汽器。

运转层上为主油箱、凝泵设备设置有检修吊物孔。汽轮发电机机组中心距离 A 列 15m，在两台机组中间设运转层至零米的检修起吊孔。

2. 除氧间布置

除氧间的跨距为 10m，柱距和纵向长度与汽机房一致。共分为 6 层，即底层（±0.0m）、中间层（标高 8.6m）、运转层（17.0m）、25.0m 层、32.8m 层、除氧层（标高 40.8m）。除了除氧层外，各层检修通道都留在除氧间靠 B 列柱侧。

（1）除氧间零米层布置。底层从固定端向扩建端依次布置闭式冷却水泵、低压加热器疏水泵、低压加热器疏水泵变频间、凝结水泵变频间。在两台机组之间布置 2 机公用的化学加药间和凝结水精处理再生装置。

（2）除氧间加热器层布置。加热器通常有两种布置形式，即分层布置和同层布置。

分层布置高压加热器的疏水可利用势位差，在机组启动或低负荷运行时比较有利，在机组启动期间能较早地向除氧器疏水，及时回收热量和工质，提高经济性，且汽水管道柔性较好，对设备接口的推力较小；但抽汽和高压给水管道较长。

同层布置的高压加热器，抽汽和高压给水管道相对较短，高压给水阀门可集中布置，方便运行人员巡视和维护；同层布置还可以减少一层平台，降低除氧间框架的层高，节省厂房建筑成本。

典型的加热器布置推荐分层与同层相结合，共分 5 层。为了便于 4 号高压加热器在机组启动期间能较早地向除氧器疏水，以回收热量和工质，提高经济性，4 号高压加热器尽量布置靠近除氧层。同时 2 号及 4 号高压加热器外置式蒸汽冷却器危急疏水进入对应的高压加热器，危急疏水管道上不设置阀门控制，一方面排除危急疏水阀可能带来的泄漏点，另一方面保证外置式蒸汽冷却器管束爆管时不会满水。为此需要将两个高压加热器外置式蒸汽冷却器布置在高压加热器的上一层，以便形成水封。因此 2 号及 4 号高压加热器外置式蒸汽冷却器放置在 32.8m 层，4 号高压加热器布置在 25m 层。为减少高压加热器间管道的连接，高压加热器主要布置在相邻的两层或同层，2 号及 3 号高压加热器布置在运转层，1 号高压加热器与 4 号高压加热器布置在 25m 层，可以减少给水管道的布置。6 号低压加热器布置在 32.8m 层，中间层布置 7、8 号低压加热器。

这种布置方案层次分明，既考虑相同高压加热器同层顺列布置，又考虑各高压加热器间合理分层，给水管道布置流畅，旁路管道布置简洁且距离短，可减少给水管道的数量，抽汽管道布置又不至于过长。

3. 煤仓间、锅炉房及炉后布置

（1）煤仓间。考虑运行及检修条件，煤仓间跨距为14m，柱距为10m。

煤仓间内设有45.5m层、17.0m层和0.00m层。45.5m层布置输煤皮带机，17.0m层布置给煤机，45.7m层和17.0m层间布置钢制原煤仓。0.00m层每台炉顺列布置6台中速磨煤机及其附属设备。

主厂房固定端、扩建端及每两台机组间的楼梯均有通向煤仓间17.0m层的通道和楼梯，同时设有锅炉本体通向煤仓间各层的通道，以满足煤仓间内设备巡视和检修件运输的要求。

煤仓间0.00m层靠C列侧留有宽约3.0m的磨煤机检修通道，以方便设备检修件的就地放置和运输。

（2）锅炉房。考虑风道布置和设备运输的需要，锅炉本体与煤仓间 D 列柱之间留有7.875m的炉前距离，用于布置风道和保证炉前通道。

锅炉钢架尺寸沿炉深度方向为53.94m，宽度方向为52.76m，两炉中心线距离111.4m。

锅炉房 0.00m 布置有炉底出渣装置、磨煤机密封风机、启动疏水扩容器凝结水箱、疏水泵等。

脱硝反应器布置在锅炉钢架范围内空气预热器上方。一次风机、送风机并列布置在锅炉炉后。锅炉外侧靠近集控楼对称布置锅炉疏水扩容器。

两台炉之间布置集中控制楼、柴油机及机组排水槽等。

（3）炉后布置。炉后依次布置送风机及一次风机、静电除尘器、引风机、脱硫系统设备及烟囱等。

锅炉炉后为送风机、一次风机及支撑用构架，送风机、一次风机构架上方布置除尘器进口烟道及第一级的低温省煤器。

炉后送风机、一次风机支架与电气除尘器支架之间设有4.0m宽检修通道，以方便炉后设备检修件的运输。

静电除尘器出口喇叭口之间区域考虑除尘器变压器的检修起吊空间。电除尘器后布置电动引风机及其构架，引风机采用横向布置，引风机构架上方布置除尘器出口烟道。两台机组的引风机之间区域布置除灰空气压缩机房及电控楼。

引风机后布置吸收塔和烟囱等，吸收塔与烟囱布置在同一水平线上，以简化烟气流向、降低烟气系统阻力。吸收塔入口设置第二级低温省煤器，出口设置湿式电除尘器。

两台炉合用一座双内筒烟囱，烟囱高度为240m。

吸收塔区域布置浆液循环泵和氧化风机房、AFT 循环泵房、烟气脱硫系统控制楼、AFT浆液池及事故浆液池等。

4. 主厂房检修维护及通道

（1）检修起吊设施。

1）汽机房及除氧间。汽机房安装检修设两台 130/32t 桥式起重机，两部行车设计时考虑安装临时小车进行发电机定子抬吊。

汽机房运转层采用大平台结构，两台机之间设有一个大件起吊孔。检修时，主机、汽动给水泵及给水泵汽轮机零部件可以利用主行车就近放在汽轮机周围平台上或零米检修场，可进行汽轮机翻缸等检修工作，包括检修时大件、重件的转运。A 列设有可以通行汽车的卷帘门。

为利用汽机房行车起吊底层或夹层的设备，在夹层和运转层楼板相应的位置设有活动盖板，以便于凝结水泵、汽轮机旁路阀、主油箱上各油泵、冷油器和控制油单元设备的检修起吊。检修时移开盖板，四周设临时围栏。

高、低压加热器检修方式如下：检修抽壳体时，高压加热器上有两个滚动支点和一个固定支点，正常运行时中间滚动支点基本不受力，高压加热器支撑面可高出楼面。检修时将活动工字钢轨横放在垫木上，利用垫木的高度使钢轨面略低于高压加热器滚轮底部，且具有一定的倾斜度。然后利用卷扬机拉加热器壳体，壳体将沿钢轨滑出。所有加热器抽壳体或整体更换所需空间及各层楼板承受载荷均应在土建结构设计时予以考虑。

除行车作为汽机房主要的安装和检修起吊设施外，在汽机房和除氧间内主要设备处，设置电动、手动起吊设施和维护平台。

2）煤仓间、锅炉房及炉后。每台炉的 6 台磨煤机上方设置一台 2×20t 的电动双梁过轨起重机，满足磨煤机检修起吊用。煤仓间靠近固定端和扩建端两侧设有磨煤机检修场地，供磨煤机日常检修用。

送风机、一次风机、引风机及电动机上方设置电动起吊装置，其设计原则为满足起吊相应的叶轮、电动机等重量，并有相应的裕度。外侧设有检修场地，供风机的叶轮及电动机检修用。

每台锅炉设置一台 1.6t 的客货两用电梯，作为运行检修人员上下和运输检修工具及材料用。

在电气除尘器的顶部设置起吊设施，以满足整流变压器等设备起吊用。

（2）主厂房主要运行、维护通道。汽机房 0.00m 层靠 A 列处设有一条纵向检修通道。在机头及发电机侧均考虑留有运行巡视通道，便于运行人员维护、巡视。汽机房靠 A 排侧每台机组机头还有楼梯直达运转层。

主要设备进出汽机房通过设在汽机房中部的检修场及其上部各层楼板上的吊物孔，检修场的入口处安装可供大型设备出入的大门。

汽机房及除氧间设备四周留有足够的检修通道和空间，主通道与其他横向设备检修维护通道相连，形成一个环形通道，保证机组运行巡检及设备检修拖运的通道和空间要求。

煤仓间 0.00m 层靠 C 列柱设有磨煤机运行维护通道，煤仓间 17.00m 层与锅炉运转层相通。

煤仓间 45.00m 皮带层在皮带两侧均设有运行、巡视通道。

锅炉炉前 0.00m 层设有纵向通道，为锅炉主要运行、巡视及检修用通道。

锅炉炉前运转层及锅炉钢架范围内运转层均设通行平台，设足够的运行、巡视及检修用通道。

二、侧煤仓布置方案

1. 布置特点

侧煤仓方案由于能节约工程造价，所以近年来被国内越来越多的工程所采用，国内多个二次再热机组也采用侧煤仓方案。与前煤仓方案相比其特点如下：

（1）汽机房方案基本与前煤仓方案相同，但汽机房柱距不受煤仓间柱距的约束，因此侧煤仓方案下汽机房长度具有更大的优化空间。

（2）传统集中集控楼位置由煤仓间占用，因此一般取消集中控制楼，电气、电子设备采用物理分散布置。

（3）压缩汽轮机与锅炉之间的距离，可以减少六大管道的用量。

（4）检修和运行的便利性不如前煤仓方案。

2. 布置方案

侧煤仓方案与前煤仓方案的区别在于煤仓间和电气、热控电子设备间的布置不同，汽机房、除氧间及炉后布置可以不受影响。

（1）煤仓间。侧煤仓方案采用炉后上煤，两台炉的煤仓间布置在两炉中间，采用三框架，两炉合用一座煤仓间。配置 6 台中速磨煤机，煤仓间总跨距为 22m，煤仓间头部留有 10m 一档作为上煤档（兼尾部检修场地），煤仓间总长 70m。两炉磨煤机合用一套检修设备和一条检修通道；布置中速磨煤机的柱距为 10m，有 6 挡。煤仓间内设有三层，分别为 0.00m 层、17.00m 运转层和 45.00m 皮带层。0.00m 层两侧顺列布置两炉共 12 台中速磨煤机及其附属设备；17.00m 层布置给煤机；17.00m 层和 45.00m 层之间背靠背布置两炉钢制原煤仓；45.00m 层布置输煤皮带机。

（2）集控室和电子间布置。集中控制室布置于两机之间汽机房运转层 B～C 之间。电气、电子设备采用物理分散布置，炉前布置有电气热控相关电子设备间、锅炉房电气低压 PC 段、MCC 段、事故保安 MCC 段、直流系统、UPS 设备室、电气直流系统蓄电池室等。

三、主厂房布置图

2×1000MW 二次再热机组前煤仓和侧煤仓主厂房典型布置见图 8-1～图 8-10（见文后插页），典型布置图的布置格局也适用于 2×660MW 二次再热机组，图中所对应的主要模块和设备见表 8-7。

表 8-7　　　　　　　　主厂房布置主要模块特征

图例	模块或设备名称	图例	模块或设备名称
①	单轴、五缸四排汽，二次中间再热凝汽式汽轮机	⑤	4 号高压加热器蒸汽冷却器
②	发电机	⑥	1 号高压加热器（2×50%）
③	凝汽器（背压）	⑦	2 号高压加热器（2×50%）
④	2 号高压加热器蒸汽冷却器	⑧	3 号高压加热器（2×50%）

续表

图例	模块或设备名称	图例	模块或设备名称
⑨	4 号高压加热器（2×50%）	㊵	储油箱
⑩	除氧器	㊶	润滑油输送泵
⑪	6 号低压加热器	㊷	闭式水稳压水箱
⑫	7 号低压加热器	㊸	汽机房行车
⑬	8 号低压加热器	㊹	凝结水精处理装置区域
⑭	9 号低压加热器	㊺	凝结水精处理再生装置区域
⑮	10 号低压加热器	㊻	加药间（加氨、加氧）
⑯	低压加热器疏水冷却器	㊼	高温取样间
⑰	8 号低压加热器疏水泵	㊽	电气低压配电室
⑱	给水泵汽轮机（2×50%）	㊾	电气中压配电室
⑲	给水泵汽轮机排汽管	㊿	电气变频器室
⑳	汽动给水泵	(51)	精处理控制室
㉑	汽动给水泵前置泵	(101)	二次再热塔式锅炉
㉒	凝结水泵（2×100%）	(102)	三分仓空气预热器
㉓	机械真空泵（3×50%）	(103)	送风机
㉔	汽轮机旁路油站	(104)	一次风机
㉕	闭式循环冷却水热交换器（2×65%）	(105)	引风机
㉖	闭式水泵（2×100%）	(106)	中速磨煤机
㉗	开式水电动过滤器	(107)	给煤机
㉘	循环水胶球清洗装置	(108)	原煤斗
㉙	清洁水疏水扩容器	(109)	静电除尘器
㉚	清洁水疏水水箱	(110)	烟囱
㉛	清洁水疏水泵	(111)	输煤皮带
㉜	汽轮机疏水立管	(112)	锅炉疏水集水箱
㉝	主汽轮机集装油箱	(113)	疏水扩容器
㉞	轴封冷却器	(114)	疏水集水箱疏水泵
㉟	EH 油装置	(115)	凝结水储水箱
㊱	密封油集装装置	(116)	锅炉电梯
㊲	定子冷却水集装装置	(117)	密封风机
㊳	氢系统设备	(118)	炉底排渣渣仓
㊴	给水泵汽轮机集装油箱	(119)	低温省煤器

续表

图例	模块或设备名称	图例	模块或设备名称
⑫	SCR 反应器	⑫	第一循环浆液泵
⑫	集控室	⑫	第二循环浆液泵
⑫	集控楼	⑫	双循环浆液池
⑫	脱硫双循环吸收塔	⑫	脱硫工艺水箱
⑫	氧化风机	⑫	事故浆液池

第四节 典型的 660MW 二次再热机组主厂房布置设计方案

660MW 二次再热机组主厂房布置设计与 1000MW 二次再热机组相比有以下特点：

（1）汽轮发电机采用五缸四排汽或超高压缸、高压缸合缸的四缸四排汽汽轮机，汽机房长度比同类型的 1000MW 主机短 20m 左右。

（2）高压加热器通常采用单列配置方案。

（3）随着国产化率和可靠性的提高，目前越来越多的工程采用 100%汽动给水泵配置。

660MW 二次再热机组采用前煤仓或侧煤仓方案均是可行的，本节内容主要对前煤仓方案进行描述，侧煤仓布置方案可参照 1000MW 机组。

1. 汽机房布置

汽机房长度方向为 19 档，两台机组之间设 1 档检修场。主厂房柱距为 8/10m，检修场柱距定为 10m。

汽机房跨度为 32m，汽轮发电机组为纵向顺列布置，汽机房运转层采用大平台布置。汽机房分零米层（0.0m）、中间层（6.9m）和运转层（14.5m）三层。

（1）汽机房零米层。汽机房的零米层从固定端向扩建端顺次布置电气 380V 配电室、开式冷却水过滤器、闭式水热交换器、闭式冷却水泵、真空泵、疏水扩容器、清洁水疏水箱、凝汽器、低压加热器疏水冷却器、凝结水泵、发电机定子水冷却装置、密封油装置、给水泵汽轮机供油装置、给水泵汽轮机凝汽器、凝结水精处理装置。

凝汽器的循环水管从 A 列柱进出，凝汽器抽管朝向 A 列，在其附近布置有凝汽器胶球清洗系统。

固定端端头布置 2 台机共用的汽轮机储油箱。

（2）汽机房中间层。在汽轮机的基座前端设独立主汽轮机润滑油房间，布置主油箱、油泵、油冷却器、油净化等设备，以及主机液压油装置和汽轮机旁路液压油站。润滑油管道布置在基座靠 A 列侧。

100%容量给水泵及给水泵汽轮机平行于发电机布置在汽机房中间层。

两台凝汽器喉部分别布置 9 号和 10 号低压加热器，抽芯朝向 B 列。发电机封闭母线从 A 列柱侧引出。汽机房夹层每台机组的尾部布置励磁小室、电气 6kV 配电间。

在靠近 B 列柱一侧，布置低压旁路 B 装置，靠 A 列侧布置有低压旁路 A 装置。

（3）汽机房运转层。运转层设计为大平台结构。运转层上为主油箱、凝结水泵、汽轮机旁路装置、汽动给水泵组设置有检修吊物孔。汽轮发电机机组中心距离 A 列 15m，在两台机组中间设运转层至零米的检修起吊孔。

2．除氧间布置

除氧间的跨距为 9.5m，柱距和纵向长度与汽机房一致，共 5 层，即底层、中间层（标高 6.90m）、运转层（14.50m）、第四层（23.50m）和除氧器层（标高 32.50m）。除了除氧器层外，各层检修通道都留在除氧间靠 B 列柱侧。

底层从固定端向扩建端顺次布置电动给水泵、轴封冷却器、低压加热器疏水泵、凝结水泵及低压加热器疏水泵变频室、精处理控制室等设备。在两台机组之间布置精处理再生装置。

中间层布置 7 号低压加热器和 8 号低压加热器。

运转层从固定端向扩建端依次布置 4 号高压加热器、2 号高压加热器、6 号低压加热器。

第四层从固定端向扩建端依次布置 3 号高压加热器、1 号高压加热器、2 号高压加热器蒸汽冷却器、4 号高压加热器蒸汽冷却器和闭式膨胀水箱。

除氧器层为 32.50m，布置有一体式除氧器。

3．煤仓间、锅炉房及炉后

（1）煤仓间。煤仓间的档距采用 10m，跨距为 12m。煤仓间内设有零米层、给煤机层和皮带机层。

零米层每台炉顺列布置 6 台中速磨煤机及其附属设备。

给煤机层标高主要由磨煤机本体高度、煤粉管道布置、检修用行车吊钩极限位置、给煤机出口高度等因素所确定。给煤机层高度一般取 17.00m，与锅炉运转层一致。

皮带层高度为 40.50m，皮带层与给煤机层之间布置钢质原煤仓，可满足设计煤种 8h 以上的耗煤量。

煤仓间 0.00m 层的外侧留有一档检修场地，以方便设备检修件的就地放置和检修。

（2）锅炉房。锅炉本体与煤仓间 D 列柱之间的距离按 7.5m 设计。锅炉采用双空气预热器，锅炉房运转层为 17.00m。锅炉尺寸深度方向为 49.1m，宽度方向为 45.0m。

锅炉房 0.00m 层布置有刮板捞渣机、密封风机、疏水扩容器及启动疏水回收泵等。

锅炉房 K4～K5 柱之间布置 2 台烟气再循环风机，通过抽取空气预热器前的烟气至炉膛底部，用于机组 75%以下负荷调节再热器汽温。

每台锅炉设置一台载重量 2.0t 的客货两用电梯，停靠锅炉各层主要工作面。电梯布置在锅炉内侧靠近集控楼，以方便运行人员上下通行。

在两台锅炉之间、集控楼后布置机组排水槽。

（3）炉后布置。炉后依次布置送风机及一次风机、低温省煤器、静电除尘器、引风机、脱硫系统设备、烟囱等。

炉后送风机、一次风机支架与静电除尘器支架之间设有 4.0m 宽的检修通道，以方便炉后设备检修件的运输。

静电除尘器为双室五电场。除尘器出口喇叭口之间区域考虑除尘器变压器的检修起吊空间。

引风机采用横向布置。引风机构架上方布置除尘器出口烟道。烟气经引风机扩压段后，经过转向弯头，两台引风机出口烟气汇合成总烟道，在经三通提高标高后接入喷淋塔。脱硫后的净烟气自吸收塔出口接入湿式除尘器，通过烟囱排入大气。

吸收塔、湿式除尘器与烟囱布置在同一水平线上，以简化烟气流向，降低烟气系统阻力。两台炉合用一座双内筒烟囱，烟囱高度为240m。

吸收塔区域布置浆液循环泵和氧化风机房、AFT循环泵房、烟气脱硫系统控制楼、AFT浆液池及事故浆液池等。

（4）主厂房主要运行、维护通道。660MW二次再热机组主厂房运行、维护通道的设置原则与1000MW机组相同，可参照前述内容。

第九章

二次再热机组运行

二次再热机组的运行基本可以参考目前一次再热超超临界机组的运行操作。但是二次再热机组的汽温调节与控制、汽轮机十级回热系统控制和汽轮机三级旁路等方面是遇到的新课题和新难点。随着国内多个二次再热项目的成功投运和稳定运行，表明我国已完全掌握了二次再热超超临界机组的运行与控制。事实证明，随着机组自动化水平的提高和顺序控制技术的发展，只要控制逻辑得当，二次再热机组的运行控制指标与一次再热机组相当。

第一节 二次再热汽温调节与控制

一、概述

对于二次再热锅炉，两个再热器的汽温调节与控制是一大难点。目前，国外已投运的二次再热锅炉和我国各锅炉制造厂研发的超超临界二次再热锅炉采用了不同型式的再热器调温方案，各种调温方式各具特点，调节与控制方式也有所不同。

再热汽温的调节方法可分为烟气侧调节和蒸汽侧调节两大类。蒸汽侧调节是指通过改变蒸汽的焓值来调节汽温，如德国 GKM 电厂二次再热机组再热器采用汽-汽热交换器调节；烟气侧调节是指通过改变锅炉内辐射受热面和对流受热面的吸热比例或通过改变流经受热面的烟气量来调节汽温。蒸汽侧调温装置主要包括喷水减温、蒸汽旁通、汽-汽热交换器等；烟气侧调温装置有烟气挡板、改变火焰中心位置（如燃烧器摆动）、烟气再循环等。

目前，对于国内主要锅炉制造厂研发的二次再热煤粉锅炉，再热器调温一般采用分隔烟道挡板调温、改变火焰中心位置调温及烟气再循环调温等调节手段。本节将介绍上海锅炉厂设计的我国首台 1000MW 二次再热机组再热器汽温调节控制的主要原则和策略，该锅炉的具体系统和受热面布置可参见本书第三章内容。

该二次再热锅炉为塔式锅炉，过热器配置两级喷水减温装置，左右能分别调节。在 BMCR 工况下，过热器设计喷水的总流量约为 4%过热蒸汽流量，一次再热再热器及二次再热再热器采用烟气挡板+摆动燃烧器调温，再热器喷水仅用作事故减温。根据设计要求，在燃用设计煤种时，能满足负荷在不大于锅炉的 30%BMCR 时，不投油长期安全稳定运行，并在最低稳燃负荷以上范围内满足自动化投入率 100%。过热汽温在 30%～100%BMCR、一次再热汽温在 50%～100%BMCR、二次再热汽温在 65%～100%BMCR 负荷范围时，应保持稳定在额定值，偏差不超过 ±5℃。燃烧器摆动时，在热态运行中一、二次风（含燃尽风）均可上下摆动，最大摆角一次风为 ±20°，二次风为 ±30°。

二、再热汽温控制

根据再热器系统的设计，再热汽温以调节燃烧器喷嘴摆动角为主要手段，辅以烟气挡板调节一、二次再热温度偏差，正常再热温度调整时，减温喷水量为零。若再热汽温高于设定值一定量，则加入微量和/或事故喷水减温控制汽温，最后把锅炉再热蒸汽温度控制在安全范围内。

锅炉共配备了三组燃烧器摆角，控制方式可实现最上一组单独控制、下两组同步控制或三组同步控制。

1. 再热汽温设定值

再热汽温调节系统的设定值是来自主汽流量的函数，同时可手动设定温度偏置，当任一组摆角或喷水温度调节 M/A 站投自动时，可由运行人员设定偏置。

2. 摆角控制

控制系统为单回路控制系统，采用反馈-前馈复合控制方式，静态前馈为总风量或负荷前馈信号和磨煤机组合前馈信号，动态前馈为锅炉加速信号。

首先采用增益自适应预估器来预估一、二次再热汽温，将两预估值高选后与一、二次再热器实测汽温的高选值进行加权平均，作为最终的被调量。

当被调量超过设定值时，输出指令使燃烧器摆角向下摆动；当被调量小于设定值时，输出指令使燃烧器摆角向上摆动，适当设置调节死区。

当回路的被调量达到上限时，禁止摆角向上摆动；当回路的被调量达到下限时，禁止摆角向下摆动。

3. 再热器微量喷水控制

再热器微量喷水控制采用串级控制方案，50%负荷以下时，主回路控制一、二次再热出口温度。一、二次再热器微量喷水设定值为再热汽温设定值+3℃；二次再热微量喷水设定值则还需在一次再热器微量喷水设定值的基础上减去 ΔT（一次与二次再热汽温设计值的偏差）。副回路控制为再热器微量喷水减温器出口温度。摆角控制达到下限时，再热器微量喷水控制将去除设定值的 3℃偏置，并设计防止喷水减温器出口温度进入饱和区的逻辑。

4. 再热器事故喷水控制

再热事故喷水控制作为再热器喷水的一种应急手段，只有当相应的再热微量喷水阀位大于 20%时才动作。一、二次再热事故喷水的设定值为再热汽温设定值+5℃；50%负荷以下时，二次再热事故喷水设定值则还需在一次再热器事故喷水设定值的基础上减去 ΔT（一次与二次再热汽温设计值的偏差）。再热微量喷水阀位作用于事故喷水阀相当于前馈信号。摆角达到下限时，将去除设定值的 5℃偏置，并设计防止事故喷水减温器出口温度进入饱和区的逻辑。

5. 烟气挡板

控制系统为单回路控制系统，烟气挡板主要控制任务是控制一、二次再热汽温之间的偏差，为防止频繁纠偏、减小与摆角调节回路的相互影响，该偏差设置适当死区。50%以下负荷纠正偏差时，需将二次再热汽温加上 ΔT（一次与二次再热汽温设计值的偏差）再与一次再热汽温进行偏差比较。

三、过热汽温控制

以煤水比作为过热汽温控制粗调，喷水减温作为过热汽温的细调。二次再热机组过热汽温控制与一次再热机组基本相同，因此本书不再赘述。

第二节　二次再热机组汽轮机十级回热系统

目前我国已经投运和正在进行设计的二次再热机组普遍采用十级回热系统，该回热系统配置是在常规成熟的汽轮机八级回热的基础上发展而来的，技术延续性好，成熟度高。十级回热系统一般由四级高压加热器、一个除氧器和五级低压加热器组成，同时根据二次再热汽轮机的特点，为进一步提高机组的热经济性，在高压加热器的出口增加了两只外置式蒸汽冷却器。本节内容将介绍 1000MW 二次再热机组回热系统的主要控制原则和策略，典型的原则性回热系统图可参见第六章图 6-2。

一、主蒸汽、再热蒸汽系统

系统提供从汽轮机启动到汽轮机阀门全开的最大负荷下，各种不同负荷运行所需的蒸汽流量、压力及温度。

1. 主蒸汽

主蒸汽和高温再热蒸汽管道设计有足够容量的疏水系统，主要有以下作用：①汽轮机启动期间及停机后，及时排出凝结水，防止进入汽轮机。②启动暖管期间，为加速暖管温升，及时将蒸汽凝结水及冷蒸汽排掉。

两路主蒸汽管道的低点（靠近主汽阀处）均装设有疏水管道，沿介质流向串联设置了电动截止阀和气动疏水阀，疏水管单独接至疏水扩容器。

机组启动前开启电动截止阀和气动疏水阀，排出管道中的凝结水和湿蒸汽。根据测得的温度值与该处压力的饱和温度的差值，控制疏水阀的开关；当主蒸汽压力超过 5MPa，过热度大于 30℃时，关闭电动截止阀和疏水阀；气动疏水阀在压缩空气系统失气时自动开启，电动截止阀连锁开启。

如果高压旁路阀布置在锅炉侧，则进汽轮机主汽阀前管道上需设置预暖管，接至一次冷再热蒸汽管道。预暖管上设置了气动调节阀和电动隔离阀，机组启动前开启该气动阀，加快暖管，缩短启动时间。

2. 一次冷再热蒸汽

一次冷再热蒸汽管道从汽轮机两根超高压缸排汽接口管道接出后合并成一根管道通往锅炉，进入锅炉前，再分成两根支管，最终各自接到一次再热器入口联箱。在支管上的喷水减温器用于控制一次再热器进口温度及保护再热器，减温水来自锅炉给水泵中间一次抽头。

在靠近汽轮机侧的超高压缸排汽母管上装有动力控制止回阀，以便在事故情况下切断，防止蒸汽返回到汽轮机，引起汽轮机超速。

在止回阀前排汽支管上设有通风阀系统，在机组启动工况或事故状况下，开启该系统将蒸汽排入凝汽器，防止出现超高压缸排汽超温。

一次冷再热蒸汽总管接出一路蒸汽供给 1 号高压加热器。

一次冷再热蒸汽管道上潜在的疏水水源有三处：①正常启动暖管及停机期间形成的凝结水。②一次冷再热蒸汽管道上减温器的减温水系统故障时，有过量的减温水进入一次冷再热管道。③1 号高压加热器管束破裂时，可能有大量给水进入一次冷再热管道。

对于第三种情况的水源，在抽汽系统设计有专门的防范措施。对于第二种情况的水源，减温水系统故障时，进入一次冷再热管道的水量是很大的，完全依赖疏水系统排出所有水是不可取的。因此由疏水系统发出报警信号，应通知运行人员采取措施，以防止汽轮机进水。

在一次冷再热管道气动止回阀前、止回阀后管道低点、锅炉侧管道的低点可能积水处设置疏水点。每一个疏水系统由疏水罐、串联的一只气动疏水阀和一只隔离阀组成。疏水阀通过疏水罐上的水位变速器控制，水位高高值时延时 2s 打开，水位低值时延时 2s 关闭，疏水阀也可在控制室内手动操作。气动疏水阀在压缩空气系统失气时自动开启，电动截止阀连锁开启。

3. 一次热再热蒸汽

一次热再热蒸汽管道设计有足够容量、通畅的疏水系统。两路一次热再热蒸汽管道的低点均装设疏水管道，疏水管沿介质流向串联设置了电动截止阀和气动疏水阀，疏水管单独接至疏水扩容器。

如果中压旁路阀布置在锅炉侧，则进汽轮机主汽阀前管道上需设置预暖管，接至二次冷再热蒸汽管道，设置原则和作用与主蒸汽管上的预暖管相同。疏水阀及阀前的截止阀的控制原则与主蒸汽管道的疏水阀控制原则相同。机组启动前开启电动截止阀和气动疏水阀，排出管道中的凝结水和湿蒸汽。根据测得的温度值和该处压力的饱和温度的差值，控制疏水阀的开关；当一次热再热蒸汽压力超过 2MPa，过热度大于 30℃时，关闭电动截止阀和疏水阀；气动疏水阀在压缩空气系统失气时自动开启，电动截止阀连锁开启。

4. 二次冷再热蒸汽

二次冷再热蒸汽管道从汽轮机两根高压缸排汽接口管道接出，两根管道分别通往锅炉二次再热器联箱。

靠近锅炉支管上的喷水减温器，用于控制二次再热器进口温度及保护再热器，减温水来自锅炉给水泵中间二次抽头。

在靠近汽轮机侧的高压缸排汽管道上装有动力控制止回阀，以便在事故情况下切断，防止蒸汽返回到汽轮机，引起汽轮机超速。

止回阀前排汽管道上设有通风阀系统，在机组启动工况或事故状况下，开启该系统将蒸汽排入凝汽器，防止出现高压缸排汽超温。

高压缸排汽管道在止回阀后分别接出三路蒸汽：一路蒸汽供给 3 号高压加热器；另一路蒸汽经减温减压阀供给辅助蒸汽系统；最后一路蒸汽供给给水泵汽轮机作为高压汽源。

正常运行时，给水泵汽轮机的工作蒸汽来自主汽轮机的五级抽汽，在机组低负荷期间，二次冷再热蒸汽作为备用汽源自动切换供给水泵汽轮机。在接入给水泵汽轮机高压进汽阀之前的管道上设有电动隔离阀和止回阀，在正常运行时电动隔离阀处于开启状态。靠近给水泵汽轮机高压进汽阀前设有暖管管路，使管道始终处于热备用状态。

二次冷再热蒸汽管道上疏水阀门的控制原则与一次冷再热蒸汽管道相同。

5. 二次热再热蒸汽

二次热再热蒸汽及低压旁路蒸汽管道设有疏水点，疏水管道沿介质流向串联设置了电动截止阀和气动疏水阀，疏水管单独接至疏水扩容器。二次热再热蒸汽管道的疏水系统控制原则与主蒸汽和一次热再热蒸汽管道相同。

机组启动前开启电动截止阀和气动疏水阀，排出管道中的凝结水和湿蒸汽。根据测得的温度值和该处压力的饱和温度的差值，控制疏水阀的开关；当二次热再热蒸汽压力超过 1MPa，过热度大于 30℃时，关闭电动截止阀和疏水阀；气动疏水阀在压缩空气系统失气时自动开启，电动截止阀连锁开启。

二、主给水系统

给水系统的作用是将经过精处理和除氧后的凝结水从除氧器输送至锅炉省煤器入口，在此过程中利用汽轮机的抽汽加热给水以提高循环热效率。

高压加热器后的给水还提供高压旁路的减温水和锅炉过热器减温水。

给水泵设两级中间抽头，一次抽头提供锅炉一次再热器和汽轮机中压旁路阀的减温喷水，一次再热器减温水接至一次再热器前的一次再热冷段管道减温器上，中旁减温水经隔离阀和调节阀接至中压旁路阀；给水泵中间二次抽头提供锅炉二次再热器的减温喷水，二次再热器减温水接至二次再热器前的二次再热冷段管道减温器上。

正常运行中，给水从除氧器出口到锅炉省煤器入口依序流经下列设备：

汽动给水泵前置泵→汽动给水泵→4 号高压加热器→3 号高压加热器→2 号高压加热器→1 号高压加热器→2 号外置式蒸汽冷却器（A 列）/4 号外置式蒸汽冷却器（B 列）→给水旁路调节站→锅炉省煤器

1. 给水泵组

两台 50%容量的汽动给水泵由两台变速给水泵汽轮机驱动。汽轮机中压缸五级抽汽作为正常运行中的主要汽源，二次再热冷段蒸汽作为低负荷和事故备用汽源，辅助蒸汽作为启动汽源。

2. 高压加热器及外置式蒸汽冷却器

1~4 号高压加热器为双列 50%容量、卧式双流程，均有过热蒸汽冷却段、冷凝段和疏水冷却段。2 号和 4 号外置式蒸汽冷却器只设有过热蒸汽冷却段，分别串联在每列 1 号高压加热器后，给水在管束内流动被加热。

A 列高压加热器水侧流程为：HP4A→HP3A→HP2A→HP1A→HP2ZL（2 号外置式蒸汽冷却器）

B 列高压加热器水侧流程为：HP4B→HP3B→HP2B→HP1B→HP4ZL（4 号外置式蒸汽冷却器）

每列 4 号高压加热器给水进口管道上装设一只液动旁路三通阀，与 2 号或 4 号外置式蒸汽冷却器给水出口管道上的另一只液动旁路三通阀共同组成高压加热器大旁路。每列高压加热器液动旁路三通阀和四台高压加热器的水位信号连锁，任何一台高压加热器故障，汽侧出现过高水位危及机组安全运行时，高压加热器进口三通阀和出口三通阀均能自动快速动作，给水通过三通阀旁路向锅炉供水，该列高压加热器解列停运。

3. 锅炉侧给水旁路调节站

锅炉省煤器入口前的电动隔离阀设锅炉侧调节旁路，该旁路的功能是在 30%BMCR 负荷内增加过热器减温水与喷入点的压差，以保证减温效果。

同时该调节旁路的另一功能是弥补机组启动时给水泵在最低转速时的流量调节功能。当机组启动时锅炉进水流量较小，而汽动给水泵组的最低转速为 2800~3000r/min，此时汽动给水泵定速运行，给水流量由调节阀控制。随着负荷的升高，调节阀开度逐渐开大，当调节阀全开时，主路隔离阀开启，给水流量改由给水泵转速控制，然后关闭给水泵出口调节旁路。

降负荷时控制顺序相反，先由给水泵转速控制流量，当转速降到最低转速时，改由调节旁路控制给水流量。

三、凝结水系统

凝结水系统是将凝结水从凝汽器热井输送到除氧器。在此过程中，凝结水进行了加热、除氧、化学处理和杂质净化。凝结水系统同时还为各种减温器提供减温水，并提供设备的密封水及杂项系统的补充水。

在凝汽器热井和除氧器之间的凝结水流程依序经过下列设备：

凝结水泵→精处理装置→轴封加热器→疏水冷却器→装设在凝汽器颈部的 10、9 号低压加热器→低温省煤器（如有）→8 号低压加热器→7 号低压加热器→6 号低压加热器→除氧器

1. 除氧器水位控制

凝结水系统并列布置主、副调节阀，机组正常运行时，凝结水泵如采用变频运行，则除氧水箱水位通过改变凝结水泵转速控制，此时凝结水主/副调节阀全开。当凝结水泵变频装置退出运行时，除氧水箱水位通过设在轴封加热器下游管道上的主/副调节阀控制，分别用于正常运行及低负荷运行。

2. 低压加热器

10、9 号低压加热器采用独立式单壳体结构，布置于凝汽器接颈部位与凝汽器成为一体，并与疏水冷却器共同采用一个旁路系统；8、7 号低压加热器为卧式、双流程型式，两台低压加热器共同采用一个旁路系统；6 号低压加热器同为卧式、双流程型式，采用单独的小旁路系统。如某个加热器出现水位过高或其他故障，则可关闭相应回路的前后隔离阀，同时开启相应的旁路阀，以防止水从泄漏的加热器进入汽轮机。

四、抽汽和加热器疏水系统

该系统在汽轮发电机负荷的全部范围内运行，从允许的汽轮发电机最低负荷到最大负荷，全部加热器必须投入以得到在汽轮机设计效率下的机组出力。

第一～四级抽汽分别向 1～4 号高压加热器供汽；第五级抽汽供汽至除氧器和给水泵汽轮机；第六～十级抽汽分别向 6～10 号低压加热器供汽。其中第一级抽汽来自一次冷再热蒸汽，第三级抽汽来自二次冷再热蒸汽。同时 2、4 号高压加热器分别设置有外置式蒸汽冷却器。

1～3 号高压加热器正常疏水逐级疏放至下一级高压加热器；4 号高压加热器正常疏水疏放至除氧器；6 号和 7 号低压加热器正常疏水逐级疏放至下一级低压加热器，8 号低压加热器正常疏水经过疏水泵回到 8 号低压加热器出口凝结水系统；9 号和 10 号低压加热器疏水接入疏水冷却器，用来加热凝结水；每只高、低压加热器和除氧器均设置有危急疏水系统，用于启动和事故状态下保证加热器水位安全。其中 2 号高压加热器外置式蒸汽冷却器危急疏水至 A 列 2 号高压加热器，4 号高压加热器外置式蒸汽冷却器危急疏水至 B 列 4 号高压加热器。

加热器抽汽和疏水系统设计允许部分加热器解列运行。解列加热器的数量多少，会对机组的热耗、出力和相邻加热器的抽汽量、运行带来影响。解列的最多台数取决于汽轮机叶片的强度。

1. 汽轮机防超速保护

汽轮机甩负荷后，汽轮机内部蒸汽压力将衰减，如不设保护，在加热器和除氧器内的水将瞬间变为蒸汽返回汽轮机引起超速。其他引起汽轮机超速的原因包括与抽汽管道相连的外部蒸汽，如接入除氧器的辅助蒸汽、进入给水泵汽轮机的二次冷再热蒸汽等，在机组启动、低负荷运行、汽轮机突然甩负荷或停机时，有可能通过抽汽管道进入汽轮机。

为了避免上述事故的发生，供给除氧器、给水泵汽轮机的抽汽管道在总管上串联两只强制关闭自动止回阀（气动控制）保护，每路支管设一只摇板式止回阀保护。9、10 号抽汽管道及 9、10 号低压加热器因设置在凝汽器内，所以不考虑装设阀门。8 号抽汽管道由于参数较低，每路设置一道气动止回阀。其余各级抽汽管道上均串联设置了一只气动止回阀和一只摇板式止回阀。止回阀靠近汽轮机安装，尽量降低抽汽系统能量的储存。在正常运行中，止回阀的阀板可顺汽流单向自由摆动以防止倒流，在汽轮机跳闸或加热器壳侧水位较高时，将有动力控制强制关闭阀门。甩负荷或由于其他原因危及设备安全引起汽轮机跳闸时，应连锁关闭所有抽汽管道上的气动止回阀和电动隔离阀。

2. 汽轮机防进水保护

抽汽系统是可能将水引入汽轮机的主要途径，主要原因有给水管泄漏，加热器水位调节故障或不适当，抽汽管内积水等。

为了避免由于上述原因造成的事故发生，系统一般参照 ASME TDP-1《防止水对电厂汽轮机的破坏的实践建议》第一部分的标准设计。除两段最低压力抽汽管无法安装阀门外，每段抽汽管道上在止回阀后均装设一只电动隔离阀。

在汽轮机跳闸或加热器壳体内达到较高水位时，电动隔离阀及止回阀两者均关闭。这样可以阻止由于给水管束泄漏或加热器水位调节故障而引起的汽轮机进水。

电动隔离阀是汽轮机防进水保护的主要手段。止回阀主要用于汽轮机超速保护，并作为防进水的第二级保护。止回阀前和抽汽隔离阀后管道低点，以及管道其他低点设置合适的疏水管路，及时排出管道中的凝结水。

（1）防进水控制的划分原则：①作为防进水的成组操作对象，不包括各抽汽的止回阀。②防进水保护各疏水阀按负荷大小来确定各阀门的开、关。负荷按 10%MCR 和 20% MCR 来划分。③当疏水点储水罐液位高，打开条件允许时，连锁打开疏水阀。④防进水范围内的疏水阀均可接受手动操作，不受任何条件限制。

（2）防进水保护控制的策略。

1）以下条件自动打开高压组全部疏水阀：①汽轮机跳闸；②发电机解列；③负荷小于10%MCR；④设置手动组开关由运行员操作。

2）以下条件自动关闭高压组全部疏水阀：①负荷大于 15%MCR；②设置手动组开关由运行员操作。

3）以下条件自动打开中低压组全部疏水阀：①汽轮机跳闸；②发电机解列；③负荷小于 20%MCR；④设置手动组开关由运行员操作。

4）以下条件自动关闭中低压组全部疏水阀：①负荷大于 25%MCR；②设置手动组开关由运行员操作。

3. 高压加热器解列

高压加热器分为 A、B 两列，可单列运行。高压加热器解列分为两种情况：水侧解列和汽侧解列。

（1）A 列水侧解列条件。HP1A、HP2A、HP3A、HP4A 高Ⅲ水位、手动解列、汽轮机跳闸、发电机跳闸。

（2）B 列水侧解列条件。HP1B、HP2B、HP3B、HP4B 高Ⅲ水位、手动解列、汽轮机跳闸、发电机跳闸。

（3）汽侧解列条件。

1）2 号蒸汽冷却器解列：A 列水侧解列/HP2B 水位高Ⅲ值。

2）HP1A 汽侧解列：A 列水侧解列。

3）HP2A 汽侧解列：A 列水侧解列/ HP2B 水位高Ⅲ值。

4）HP3A 汽侧解列：A 列水侧解列。

5）HP4A 汽侧解列：A 列水侧解列/HP4B 水位高Ⅲ值/B 列水侧解列。

6）4 号蒸汽冷却器解列：B 列水侧解列/HP4A 水位高Ⅲ值。

7）HP1B 汽侧解列：B 列水侧解列。

8）HP2B 汽侧解列：B 列水侧解列/HP2A 水位高Ⅲ值/A 列水侧解列。

9）HP3B 汽侧解列：B 列水侧解列。

10）HP4B 汽侧解列：B 列水侧解列/HP4A 水位高Ⅲ值。

（4）高压加热器水位高动作原则。

1）高Ⅰ值，报警。

2）高Ⅱ值，报警；超驰开危急疏水调节阀。

3）高Ⅲ值，报警；关闭该列高压加热器抽汽止回阀和该列高压加热器进汽电动阀；高压加热器解列投旁路，切除水侧；打开该台高压加热器抽汽止回阀后疏水阀。

（5）水侧解列操作。

1）关闭该列高压加热器进出口三通阀，水侧走旁路。

2）汽侧解列（该列所有加热器关闭）。

3）关闭该列所有正常疏水阀。

4）打开该列所有加热器危急疏水阀。

（6）汽侧解列操作。

1）2、4 号蒸汽冷却器。关闭进口止回阀、电动阀；关闭对应两只高压加热器的进汽电动隔离阀；超驰开启对应两只高压加热器的加热器危急疏水阀；打开抽汽管道气动疏水阀。

2）高压加热器。关闭进口止回阀、电动阀；超驰打开危急疏水阀；打开抽汽管道气动疏水阀。

第三节　汽轮机三级旁路系统

二次再热汽轮机一般采用灵活的超高压缸、高压缸和中压缸（VHP/HP/IP）联合启动方式。这种启动方式决定了汽轮机旁路必须设高压（BP1）、中压（BP2）、低压（BP3）三级串联旁路，即主蒸汽进入超高压缸→排汽至一次再热器（RH1）→进入高压缸→排汽至二次再热器（RH2）→进入中压缸→低压缸→凝汽器，三级旁路系统流程图可参见第六章图 6-8。

以 1000MW 上汽机型为例，三级旁路的基本配置如下：

（1）高压旁路 BP1，即 VHP 超高压缸旁路。旁路蒸汽由锅炉过热器出口到汽轮机 VHP 超高压缸排汽，进入一次再热器（RH1）。启动时，高压旁路的作用是控制主蒸汽压力，VHP 超高压缸排汽配置通风阀，正常情况下通过 VHP/HP/IP 调节汽阀使得超高压缸排汽不超温。该通风阀不参与启动，主要功能为甩负荷时快速排汽。

（2）中压旁路 BP2，即 HP 高压缸旁路。旁路蒸汽由一次再热器 RH1 出口到汽轮机 HP 高压缸排汽，进入二次再热器（RH2）。启动时，中压旁路的作用是同时控制一次再热蒸汽压力不大于 3.5MPa，以避免 VHP 超高压缸排汽温度超过最高限制值 530℃。HP 高压缸排汽也设置通风阀，正常情况下，该阀同样不参与启动，主要功能为甩负荷时快速排汽。

（3）低压旁路 BP3，即二次再热器 RH2 出口至凝汽器旁路。该旁路起到控制二次再热蒸汽压力的作用，即控制其压力为 0.5～1.3MPa 之间，以避免 HP 高压缸排汽温度最高限制 530℃。二次再热汽轮机相对于一次再热机组，二次再热蒸汽压力对 HP 缸排汽温度及 IP 缸排汽（低压缸进口）温度的影响是相反的。为此，启动时 RH2 压力的设置必须保证 HP 缸排汽温度和 IP 缸排汽温度同时处在安全范围内。

1. 机-炉启动曲线

机组启动时，锅炉升温升压，主蒸汽管道通过开启高压旁路阀和主蒸汽管道上设置的预暖管（如有），一次热再热蒸汽管道通过开启中压旁路阀和预暖管（如有），二次热再热蒸汽管道通过开启低压旁路阀来预热管道，使蒸汽温度和金属温度相匹配，缩短启动时间。机-炉启动曲线的配合一般由锅炉厂、汽轮机厂和设计院的旁路选型三方来共同确定，使锅炉能够保证提供匹配汽轮机在冷态、温态、热态、极热态启动工况下所需的稳定的蒸汽温度要求。由于二次再热机组相比一次再热机组，机组启动时二次再热蒸汽比体积很大，所以在进行泰州电厂二期 1000MW 二次再热机组的机-炉启动曲线配合时，为降低低压旁路阀选型难度和造价，设计院和锅炉厂、汽轮机厂采取了提高冲转压力、减少主汽流量的方法。

该机组实际启动过程中，冲转前汽轮机阀前各工况达到了进汽要求。首次冷态启动过程中由于需要在低速保持 1h 的暖机过程，所以进汽压力提高后主再热调节阀开度很小，在暖机过程中容易引起阀门和油动机振动。同时超高压排汽和高压排汽温度由于冷却流量较小，温度容易接近限值。因此建议冷态启动条件下，需在该启动曲线基础上适当降低冲转压力。该机组之后的冷态冲转主蒸汽压力降低到 8MPa，一次再热蒸汽压力降低到 2.5MPa，二次再热蒸汽压力降低到 0.7MPa。最终机炉匹配的启动曲线如图 9-1～图 9-5 所示。

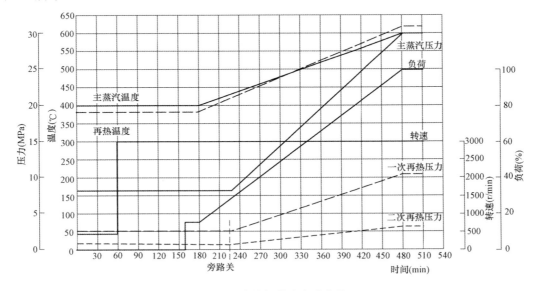

图 9-1　汽轮机首次启动曲线

注：环境温度启动，转子温度 50℃。

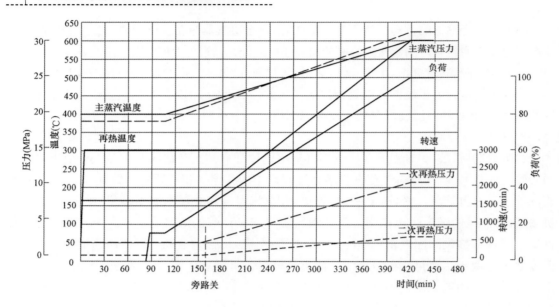

图 9-2　汽轮机冷态启动曲线

注：冷态启动，转子温度为 150℃。

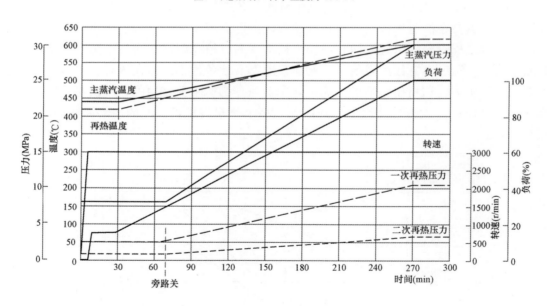

图 9-3　汽轮机温态启动曲线

注：温态启动，停机 56h。

2. 启动过程阀门控制

启动过程阀门控制分为冲转前、冲转并网到切换负荷、升至满负荷及甩负荷等几种模式。切换负荷点对应旁路解列、高中压阀门全开并退出控制，以及机炉开始进入滑压运行模式。表 9-1 所示为汽轮机相关阀门在启动及运行过程中的启闭状况。

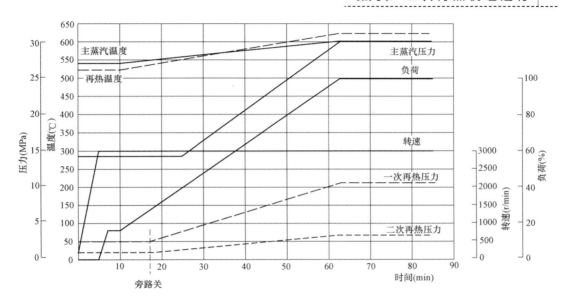

图 9-4 汽轮机热态启动曲线

注：热态启动，停机 8h。

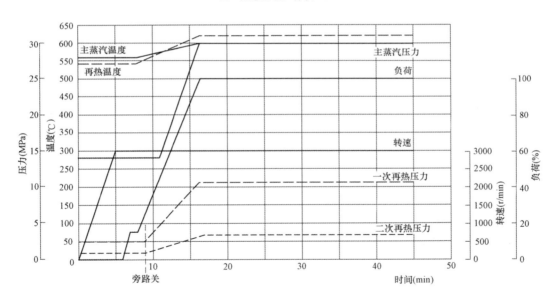

图 9-5 汽轮机极热态启动曲线

注：极热态启动，停机 2h。

表 9-1　　　　　　　　　　阀门在启动及运行过程中的启闭状况

阀门	冲转前	冲转至低负荷	旁路解列升负荷	甩负荷
VHP 主汽阀	全开	全开	全开	关
VHP 调节汽阀	关	控制	控制	关

阀门	冲转前	冲转至低负荷	旁路解列升负荷	甩负荷
BP1	开	控制	关	开
VHP 排汽止回阀	关	全开	全开	关
VHP 排汽通风阀	关	关	关	全开
HP 主汽阀	全开	全开	全开	关
HP 调节汽阀	关	控制	全开	关
BP2	开	控制	关	开
HP 排汽止回阀	关	全开	全开	关
HP 排汽通风阀	关	关	关	全开
IP 主汽阀	全开	全开	全开	关
IP 调节汽阀	关	控制	全开	关
BP3	开	控制	关	开

第四节 机 组 启 停

一、机组状态的划分

1. 锅炉状态

（1）冷态。锅炉压力为 0MPa 或停炉超过 72h。

（2）温态。停炉 10～72h 内。

（3）热态。停炉 10h 内。

（4）极热态。汽轮机停机 1h 内。

（5）负荷阶跃。大于 10%额定负荷。

2. 汽轮机状态

（1）全冷态。超高压转子平均温度小于 50℃。

（2）冷态。超高压转子平均温度小于 150℃。

（3）温态。停机 56h，超高压转子平均温度为 150～400℃。

（4）热态。汽轮机停机 8h 内，超高压转子平均温度为 400～540℃。

（5）极热态。汽轮机停机 2h 内，超高压转子平均温度大于 540℃。

（6）负荷阶跃。大于 10%额定负荷。

3. 发电机状态

（1）运行状态。发电机出口断路器、隔离开关均在合闸位置（如有），发电机励磁系统投入运行，机组经主变压器与升压站并列运行，所有保护及自动装置投入运行。

（2）热备用状态。除发电机断路器断开（如有）和励磁断路器断开外，其余与运行状态相同。

（3）冷备用状态。发电机出口断路器、隔离开关均在断开位置（如有），发电机出口断路器及隔离开关的控制、操作电源断开（如有），励磁系统处于冷备用状态。发电机出口 TV 处于隔离位置。

（4）检修状态。发电机出口断路器、隔离开关均在断开位置（如有），发电机出口断路器及隔离开关的控制、操作电源断开（如有），励磁系统处于检修状态，发电机出口 TV 处于隔离位置，发电机侧接地隔离开关在合上状态。根据检修要求停用定子冷却水、氢气及密封油等系统，并做好其他安全措施。

二、机组启动准备

机组启动前的准备工作主要包括完成锅炉启动前准备、汽轮机启动前准备、发电机启动前准备和辅助系统确认正常投入、完成机组冷态清洗等。

1. 锅炉启动前准备

全面检查确认锅炉汽水系统、过热器、再热器减温水系统、启动系统、疏水放气系统、风烟系统、制粉系统、燃油系统、火检系统、辅汽系统、吹灰系统、炉膛烟温测温装置、锅炉闭式水系统、压缩空气系统、工业水系统和消防系统等符合启动条件。

确认 CCS、BSCS、FSSS、MCS 等保护连锁完整投入，调节控制系统正常。

2. 汽轮机启动前准备

全面检查确认循环水系统、开式冷却水系统、给水系统、凝结水系统、辅助蒸汽系统、闭式冷却水系统、主机润滑油系统、控制油系统、顶轴油系统、汽轮机三级旁路系统、发电机密封油、氢气冷却和定子冷却水系统符合启动条件并正常投入。

汽轮机 TSI、TSCS、MEH 系统，主机 DEH 装置，汽轮机保安系统，高、中、低压旁路控制装置投入正常。汽轮机及其辅助设备各连锁保护试验合格，全部连锁保护投入。

3. 发电机启动前准备

全面检查发电机封闭母线通风干燥系统投运正常。经解体后的发电机必须进行气密性试验合格。发电机及其所属设备符合启动投运要求，发电机保护、测量、同期、操作控制及信号系统等二次设备系统完好，功能正常。检查并确保柴油发电机正常备用，发电机绝缘、接地合格，励磁机正常。发电机密封油投运，并确认工作正常。发电机氢冷系统和励磁机冷却系统投运，并确认工作正常。

4. 辅助设备及系统投运

机组启动前应确认辅助设备及系统正常投运，主要包括除盐水系统、凝结水系统、闭式冷却水系统、辅汽系统、压缩空气系统、循环水系统、开式水系统、轴封蒸汽系统、抽真空系统、润滑油系统、发电机密封油系统、液压盘车装置、发电机气体置换及充氢、EHC 油系统、发电机定子冷却水系统和火检冷却风系统正常投入。完成外置式蒸汽冷却器、高压加热器、低压加热器、脱硝系统等设备的投运前检查。

5. 完成机组冷态清洗

在机组正式启动前应完成加热器系统和锅炉受热面的冷态清洗，目的是清除机组安装、大修及停运后各系统中残留的焊渣、氧化皮、油污和其他污物，减少受热面腐蚀，快速提高水质和蒸汽品质。

机组冷态清洗的一般流程为：除氧器加热投运→低压管路及低压加热器、除氧器冲洗合格→凝结水精除盐装置投运（条件不具备时走旁路）→启动锅炉循环泵（如有）注水→投运给水泵→锅炉上水→锅炉冷态清洗→启动送风机和引风机。

当机组带有锅炉启动循环泵时，锅炉冷态清洗过程分为开式清洗和循环清洗两个阶段，以锅炉疏扩水箱出口水质 Fe 含量 500μg/L 为判定依据。当水质指标 Fe＜500μg/L 时，启动锅炉启动循环泵，开始进行冷态循环清洗，直至锅炉疏扩水箱水质 Fe＜100μg/L、SiO$_2$＜50μg/L 时，冷态循环清洗结束。

三、机组冷态启动

1. 燃油泄漏试验和炉膛吹扫

（1）进行炉前燃油系统启动前检查，确认所有油枪进油手动隔离阀开启，进、回油流量计及燃油调节阀前、后隔离阀开启，旁路阀关闭；恢复炉前燃油系统，调整炉前燃油压力至正常。

（2）炉膛吹扫。当一次及二次吹扫条件全部满足后，吹扫计时器开始计时。吹扫过程中如果任何二次吹扫允许条件被破坏，则吹扫计时器复位，同时"吹扫中断"指示灯点亮。二次吹扫条件恢复后，吹扫过程就会自动重新开始吹扫计时；而一次吹扫允许条件被破坏后则吹扫失败、逻辑退出吹扫模式，此时需要操作员重新发指令来启动炉膛吹扫程序。

2. 锅炉点火及升温升压

（1）锅炉点火。锅炉启动点火有油枪点火启动或等离子点火启动两种方法。

1）油枪点火启动。

a. 确认炉前燃油系统投运正常。

b. 投入空气预热器的吹灰系统。

c. 点火时维持锅炉总风量 30%。

d. 启动 A 层油枪，投入油枪时对角投入。

e. 锅炉冷态启动，控制锅炉燃烧率，控制温升率不大于 4.5℃/min，压力上升速率不大于 0.12MPa/min。

2）等离子点火启动。

a. 启动一次风机、磨煤机密封风机，检查一次风机和密封风机运行正常，一次风、密封风母管风压调整至适当值。等离子点火启动前准备。

b. 启动等离子点火对应的磨煤机和暖风器，等离子点火装置拉弧点火。

3）当锅炉启动分离器压力达到 0.2MPa 时，关闭启动分离器放气阀；确保水循环稳定，在锅炉启动分离器压力达到 0.5MPa 前，控制投入油枪不大于两层，控制炉膛出口烟温不大于 538℃。

（2）锅炉升温升压。

1）调整汽轮机三级旁路系统的压力设定，工作在启动方式。

2）当蒸汽压力升至 0.2MPa 时，确认锅炉侧放气电动阀自动关闭，并关闭相应手动阀。

3）当蒸汽压力升至 0.2MPa 时，启动循环泵停止注水。

4）锅炉热态冲洗。

a. 分离器出口温度为 150℃，通过调节给水温度、燃料量、高压旁路开度，维持分离器出口温度为 150～170℃，锅炉开始进行热态清洗。

b. 储水箱疏水含铁量小于 500μg/L，锅炉疏水可回收至凝汽器。

c. 当储水箱出口水质 Fe 含量小于 50μg/L、SiO_2 含量小于 30μg/L 时，热态清洗结束，锅炉继续升温升压。

5）热态清洗水质合格后，应严格按照锅炉厂提供的启动曲线增加燃料量，进行升温升压。

6）过热器出口压力达到冷态冲转压力（8～12MPa），确认锅炉侧疏水电动阀自动关闭，并关闭相应手动阀。

7）高压旁路在压力控制方式，调整燃烧率，使蒸汽温度与汽轮机相匹配。

8）逐渐提高锅炉燃烧率，通过烟气调节挡板调节一、二次再热汽温度。

3. 汽轮机冲转及升速、并网

（1）汽轮机冲转前检查确认。

1）机组所有投运的辅助设备及系统运行正常，满足汽轮机冲转需要。

2）蒸汽品质合格；主蒸汽控制指标达到 $SiO_2 \leq 30μg/kg$、$Fe \leq 50μg/kg$、$Na^+ \leq 20μg/kg$、$Cu^+ \leq 15μg/kg$、阳导 $\leq 0.5μS/cm$。

3）主机参数正常，汽轮机启动时应充分考虑冲转后的变化趋势。

4）冲转参数达到主机厂设计值。以上汽机型为例，冷态启动一般选择主蒸汽参数为 8～12MPa/400℃，一次再热蒸汽参数为 2.5～3.5MPa/380℃，二次再热蒸汽参数为 0.5～1.0MPa/380℃。

5）冲转前须连续盘车至少 4h，且主机盘车下的转子偏心度小于 50μm（不大于原始值 110%）。

6）确认汽轮机防进水疏水阀处于全开状态。

7）轴封蒸汽母管压力为 3.5kPa，轴封蒸汽温度与汽轮机金属温度相匹配。

8）主机润滑油压力、温度分别为 0.35～0.38MPa、38～50℃。

9）EHC 油压、油温分别为 16.0MPa、45℃。

10）汽轮机 TSI 各指示记录仪表投运。

（2）发电机并网前的准备。

1）确认发电机保护正常投运，检查确认发电机-变压器组一次设备及辅助设备符合启动投运要求，且二次设备系统完好。

2）励磁系统改热备用，检查励磁机冷却系统已投运，调节阀投自动。

3）检查主变压器冷却器及控制系统正常。

4）检查厂用高压变压器冷却器及控制系统正常。

5）确认机组故障录波器正常投运。

（3）汽轮机启动。汽轮机安全可靠启动是机组稳定运行的基础，与一次再热机组相比，二次再热机组启动的难点如下：

1）主再热进汽阀门更多。

2）启动流量低，稳定转速的难度比一次再热机组大。

3）各缸需要控制排汽温度不因鼓风发热升高。

汽轮机采用超高压缸、高压缸和中压缸（VHP/HP/IP）联合启动方式，在启动阶段，旁路控制器控制旁路阀门保持超高压蒸汽、高压和中压蒸汽压力在设定的启动压力。汽轮机控制系统控制 VHP/HP/IP 的进汽阀门，与一次再热机组启动类似，VHP 超高压缸调节冷阀首先开启，控制汽轮机冲转。当流量指令达到时，高中压调节汽阀同时开启，调节汽轮机高中缸的进汽流量，三个缸同时控制流量，使汽轮机冲转及并网带负荷。

为了防止流量过低引起超高压、高压缸末级叶片鼓风发热，根据超高压、高压缸排汽温度自动调整超高压、高压、中压缸的进汽流量分配。如果超高压缸排汽温度过高，则首先减小高中压调节阀的开度，减少高中压缸的进汽量，增大超高压缸的进汽量。如果排汽温度进一步上升，则关闭超高压缸调节汽阀，打开通风阀，将超高压缸抽真空，由高中压缸控制汽轮机的流量。如果高压排汽温度过高，则首先调整高压缸进汽流量；如果排汽温度继续升高则切除超高压缸和高压缸，由中压缸控制汽轮机的转速。当机组带上一定负荷，汽轮机的进汽流量达到一定值后，再开启超高压缸或高压缸进汽调节汽阀，完成超高压缸、高压缸、中压缸的负荷重新分配。

主机厂对汽轮机设定的严格启动程序一般固化在 TSI 装置中，通过 DEH 实现。以上汽机型为例，汽轮机冲转及升速过程大致如下：

1）开调节汽阀汽轮机冲转至暖机转速。

a．汽轮机转速控制器设定增加至 360r/min（大于 357r/min），转速控制器投入，开调节汽阀汽轮机冲转至暖机转速。

b．检查汽轮机升速率未报警。

c．汽轮机冲转至 360r/min，进行汽轮机摩擦检查，就地倾听机组内部声音是否正常。检查各瓦金属温度、回油温度，各轴振、瓦振，轴向位移，润滑油压、油温，A/B 凝汽器压力等参数正常。

2）满足下列条件后，控制器将停止暖机，升速到额定转速。

a．超高压、高压、中压转子预暖完成，保证在升速期间转子不会超过应力。

b．主蒸汽、再热蒸汽有足够的过热度（大于 30℃）。

c．温度裕度大于 30℃（超高压缸、超高压及高、中压转子）。

3）启动程序保持机组转速在额定转速，进行暖机直到满足要求，以防机组在带负荷期间超过应力。

a．控制高压排汽温度不超过设定值。通过超高压、高中压调节汽阀，控制器自动调节蒸汽流量，以避免汽轮机鼓风发热。

b．旁路阀在压力控制方式，维持蒸汽压力。

c．温度裕度大于 30℃（超高压缸、超高压及高、中压转子）。

（4）发电机并网。

1）确认发电机-变压器组、励磁系统已经在"热备用"状态。

2）确认发电机氢气系统、定子冷却水系统、密封油系统运行正常。

3）发电机-变压器组各保护屏保护装置投入正常，无异常报警。

4）检查发电机同期装置运行正常，无异常报警。

5）励磁控制无任何异常报警信号。

6）检查汽轮机转速大于 2950r/min，处于待并网状态。

7）检查同期装置自动复位，机组已带上初负荷（15%BMCR），检查发电机三相电流指示平衡。

8）适当调节发电机无功，使其滞相运行。

9）确认主变压器冷却器运行正常，主变压器运行正常。

4. 机组升负荷至额定负荷

（1）初负荷暖机。机组带 15%BMCR 初负荷进行暖机，此时应加强机组振动、润滑油温等参数检查，维持主蒸汽压力稳定，主/再热蒸汽温度逐步上升，控制温升率不超限。

（2）机组负荷达到 15%BMCR。

1）投入低压加热器汽侧。

2）逐台投入各高压加热器及外置式冷却器汽侧。

3）负荷升至 15%BMCR 左右，五抽汽压力大于 0.147MPa 并高于除氧器内部压力后，除氧器汽源切换至五抽供应。

4）负荷升至 20%BMCR，开始冲转第二台给水泵汽轮机（如有）。

5）随着汽轮机调节汽阀开大，负荷上升，高、中和低压旁路自动关小，直至全关。

6）高压旁路关闭后，由 DEH 调节主蒸汽压力。

7）当机组负荷为 30%BMCR 左右时，锅炉转为干态运行。

（3）机组加负荷速率。

1）冷态启动时，最初负荷变化率为 5MW/min，50%BMCR 以上时可以加大到 10MW/min。

2）温态启动时，最初负荷变化率为 5MW/min，30%BMCR 以上时可以加大到 10MW/min，50%BMCR 以上时可以加大到 20MW/min。

3）热态和极热态启动时，最初负荷变化率为 10MW/min，50%BMCR 以上时可以加大到 20MW/min。

4）在 200～350MW 负荷区间，干、湿态转换过程中，保持 5 MW/min 负荷变化率，确保平稳过渡。

（4）机组升至满负荷。

1）当机组负荷达到 35%BMCR 时，可将空气预热器吹灰汽源切至主蒸汽供。

2）当机组负荷大于或等于 40%BMCR 时，投入第 2 台给水泵（如有）。

3）当机组负荷大于 50%BMCR 时，可逐步停用等离子点火装置或停运所有油枪。

4）当机组负荷大于 50%BMCR 时，可以启动第四台磨煤机。

5）脱硝系统出口烟温大于 305℃ 左右时，可投入烟气脱硝系统。

6）当机组负荷大于 50%BMCR 时，投入 CCS。

7）锅炉燃烧稳定条件下，机组负荷大于 60%BMCR，允许进行炉膛吹灰。

8）根据负荷需要，可以启动第五台磨煤机。

9）机组负荷大于 95%BMCR 后，应缓慢增加锅炉燃烧率，监视各参数正常。

10）对机组运行工况进行一次全面检查，确认无异常情况，机组进入正常运行阶段。

11）投入 AGC 方式运行。

四、机组温态、热态、极热态启动

（1）机组温态、热态、极热态启动除按相应的启动曲线进行升速、暖机、带负荷外，其他与冷态启动方式一致。

（2）锅炉点火前进行炉膛吹扫，锅炉温态、热态、极热态启动的"炉膛吹扫"程序与冷态启动相同。

（3）锅炉启动点火前上水和启动流量建立。

（4）吹扫完成，MFT 复归，确认锅炉启动流量建立，锅炉点火。

（5）投入空气预热器连续吹灰。

（6）主、再热蒸汽升温、升压速率应严格按照升温升压曲线要求进行控制。

（7）热态、极热态机组启动时，应尽快提高蒸汽的温度，防止联箱和汽水分离器的内外壁温差过大。锅炉尽快升至额定冲转参数，以防止管道和受热面温度下降过大，导致氧化皮的应力脱落。

（8）加强炉水水质监督，如发现水质异常（主要是铁离子含量超标），应及时处理。

（9）在机组冲转前做好制粉系统投运准备工作。

（10）温态、热态、极热态启动的汽轮机冲转操作与冷态冲转相同。

（11）升速率和暖机时间应严格按主机厂启动曲线进行。

（12）汽轮机转速达到 3000r/min 后发电机并网，升负荷。

五、机组停运

机组停运一般可分为正常停运和滑参数停运。无论采用何种方式停运机组，其过程实际就是高温厚壁部件的冷却过程。而金属部件受冷时所受的是拉伸应力，金属的允许压应力远大于拉应力，因此在机组停运过程中，更要严格按照制造厂提供的停机、停炉曲线进行，严格控制降压、降温速率，尽可能减少金属应力。

机组正常停机的一般顺序如下。

（1）机组负荷由 100%BMCR 减至 50%BMCR。机组负荷降至 50%BMCR，并顺序停用磨煤机。75%BMCR 时用第一台磨煤机，50%BMCR 时停用第二台磨煤机。减负荷速率一般控制在 5MW/min 内。

（2）负荷由 50%BMCR 减至 30%BMCR。

1）SCR 入口烟气温度低于 305℃，SCR 装置停止喷氨，SCR 吹灰系统直到风烟系统停运后再停止。

2）负荷至 40%BMCR，开始停运第三台磨煤机，视燃烧和磨煤机组合情况，逐渐投油或等离子稳燃。

3）负荷到 30%BMCR，空气预热器吹灰汽源、除氧器汽源分别切至辅汽。

（3）机组负荷由 30%BMCR 减至 20%BMCR。

1）机组采用定压运行方式，控制负荷变化率为 5MW/min，缓慢减少锅炉燃烧率，汽轮机负荷降低，高压旁路维持主蒸汽压力为 8～12MPa 左右。

2）锅炉干态转湿态运行。

3）减负荷过程中辅汽至轴封汽调节阀部分开。根据轴封汽温度与汽轮机金属温度的匹配情况，确认轴封汽温度、压力正常。

（4）汽轮机负荷由 20%BMCR 减至 5%BMCR。

1）机组保持定压运行，高压旁路系统维持主蒸汽压力为 8～12MPa 左右。

2）机组负荷至 15%BMCR，撤出所有高、低压加热器运行。

3）汽轮机停止运行后，高压旁路设定主蒸汽压力为 8～12MPa 左右，高压旁路开始调节主汽压力，中、低压旁路则开始调节再热蒸汽压力。

4）停运最后一台磨煤机吹扫结束后锅炉 MFT，确认锅炉所有油枪跳闸，减温水阀关闭，一次风机、磨煤机密封风机跳闸，炉前燃油速关阀关。

（5）机组解列。

1）汽轮机跳闸，超高压、高压、中压主汽阀、调节汽阀和抽汽止回阀关闭，转速下降，超高压、高压排汽通风阀开启。

2）汽轮机惰走。

3）顶轴油泵启动。

4）机组转速到盘车转速。

5）汽轮机转速到零。

第五节 机组运行调整

一、汽水品质指标

丹麦和日本已投运的二次再热机组运行经验表明，在超超临界机组中，应特别注意 Na_2SO_4 和 NaOH 这两种盐类。它们溶解在蒸汽中后，会对过热器、再热器及汽轮机产生影响。当蒸汽中钠含量超过 $1\mu g/kg$ 时，Na_2SO_4 会在第一再热器工作压力高于 7.0MPa 时产生沉淀，并随后在含钠量为 $0.1\mu g/kg$ 的条件下，在压力低于 7.0MPa 的汽轮机中产生沉积。当再热器存在干状态的 Na_2SO_4 时，锅炉停用时就会引起再热器的停用腐蚀。而 NaOH 会在超超临界锅炉运行时，在两级再热器中形成浓缩液，对奥氏体钢产生腐蚀。因此必须控制蒸汽中的钠含量。超超临界二次再热机组的水质要求比超临界机组和超超临界一次再热机组更为严格。

目前国内外均没有专门的超超临界二次再热机组的水汽品质标准，在设计我国首台

1000MW 二次再热机组时，汽水品质参照 GB/T 12145—2008《火力发电机组及蒸汽动力设备水汽质量》，同时建议运行中应参照标准中的期望值作为运行控制的标准值，为机组的安全、可靠、稳定运行创造条件。

1. 蒸汽品质

超超临界二次再热机组的主、再热蒸汽控制指标见表 9-2。

表 9-2 主、再热蒸汽控制指标

参数	单位	启动值（冲转前）	正常值	期望值
25℃ 连续取样的氢电导率	μS/cm	≤0.5	≤0.15	≤0.1
钠（Na）	μg/kg	≤20	≤3	≤2
二氧化硅（SiO_2）	μg/kg	≤30	≤10	≤5
铁（Fe）	μg/kg	≤50	≤5	≤3
铜（Cu）	μg/kg	≤15	≤2	≤1

注 1. 为了避免任何腐蚀和效率损失，实际运行数值应以期望值为控制目标。

　　2. 期望值仅为连续运行可以达到的数值，"正常值"为正常运行时的最大限制值。

2. 给水品质控制指标

给水品质控制指标见表 9-3。

表 9-3 给 水 品 质 控 制 指 标

指　标	单位	启动值	标准值	期望值
氢电导率（25℃）	μS/cm	≤0.50	<0.15	<0.10
溶氧	μg/L	≤30	≤7（挥发处理） 30～150（加氧处理）	
SiO_2	μg/L	≤30	≤10	≤5
pH 值	—		9.2～9.6（挥发处理） 8.8～9.2（加氧处理）	
铁	μg/L	≤50	≤5	≤3
铜	μg/L		≤2	≤1
钠	μg/L		≤3	≤2
氯离子	μg/L		≤3	≤2

3. 凝结水品质控制指标

凝结水品质控制指标见表 9-4。

表 9-4 凝 结 水 品 质 控 制 指 标

项目	单位	凝结水泵出口			精处理出水	
		启动值	标准值	期望值	标准值	期望值
溶解氧	μg/L		≤20			

续表

项目	单位	凝结水泵出口			精处理出水	
		启动值	标准值	期望值	标准值	期望值
氢电导率	μS/cm（挥发处理）		≤0.2	≤0.15	≤0.15	≤0.1
	μS/cm（加氧处理）				≤0.12	≤0.1
铁离子	μg/L	≤80			≤5	≤3
钠离子	μg/L		≤5		≤3	≤1
氯离子	μg/L				≤2	≤1
二氧化硅	μg/L	≤80			≤10	≤5

4. 闭式水品质控制指标

闭式水品质控制指标见表 9-5。

表 9-5　　　　　　　　　　闭 式 水 品 质 控 制 指 标

项目	单位	数值
导电度	μS/cm	≤20
pH 值		8.0～9.2

5. 发电机定子冷却水控制指标

定子冷却水控制指标见表 9-6。

表 9-6　　　　　　　　　　定子冷却水控制指标

项目	单位	标准	备注
pH 值		≥7.0 且＜9.0	6～8（参考自某发电机厂手册）
电导率	μS/cm	≤2.0（25℃）	导电度≤1（25℃，参考自某发电机厂手册）
硬　度	μmol/L	≤2	
铜	μg/L	≤40	

二、机组运行方式及切换

根据锅炉侧和汽轮机侧的状态，干态时机组有 BASE、TF、BF 和 CC 四种控制方式。

（1）BASE 方式。锅炉主控在非真自动方式，DEH 在负荷本地设定方式。

（2）TF 方式。锅炉主控在非真自动方式，DEH 在初压控制方式。

（3）BF 方式。锅炉主控在真自动方式，DEH 在负荷本地设定方式。

（4）CC 方式。锅炉主控在真自动方式，DEH 在负荷远方设定方式。

1. DEH 控制方式

DEH 主要有转速控制、负荷控制和主蒸汽压力控制三种控制方式。

（1）汽轮机转速控制方式。在汽轮机冲转至机组并网过程中，DEH 处于转速控制方式。

（2）汽轮机负荷控制方式。

1）汽轮机 DEH 负荷控制有两种方式，即负荷本地设定和负荷远方设定方式。

2）机组并网后，DEH 由转速控制方式自动切至负荷本地设定方式，初负荷设定值为 15%BMCR。此时机组控制方式为 BASE 方式。

3）DEH 在负荷本地设定方式时，在 DCS 画面将给水、风烟、燃料、锅炉主控投入自动后，机组进入 BF 方式。若锅炉主控投入自动且发电机功率及锅炉主控输出大于 35%BMCR，则 DCS 发负荷控制协调方式请求指令将 DEH 切至负荷远方设定方式，此时机组控制方式为 CC 方式。

（3）汽轮机压力控制方式。

1）汽轮机压力控制有压力控制方式（初压控制方式）和限压控制方式两种。在限压控制方式下，DEH 实际处于负荷控制方式或转速控制方式。

2）在汽轮机冲转至机组并网的转速控制方式下，处于限压控制方式。机组并网至初负荷期间的负荷控制方式，也处于限压控制方式。高压旁路关闭后 DEH 自动切至压力控制方式（初压控制方式）。

3）机组发生 RB 时，DEH 从负荷控制方式（限压控制方式）切至压力控制方式（初压控制方式）。

4）锅炉主控真自动方式退出后，DCS 发主蒸汽压力控制方式请求指令将 DEH 切至压力控制方式（初压控制方式），此时机组控制方式为 TF 方式。

5）机组正常运行，如主蒸汽压力波动大，影响机组安全、稳定运行，则操作人员可将 DEH 由负荷控制方式（限压控制方式）切至压力控制方式（初压控制方式）。

6）DEH 主蒸汽压力设定值由 DCS 给出。在 DEH 为负荷控制方式（限压控制方式）且锅炉主控手动（BASE 方式）时，压力设定值跟踪实际主蒸汽压力。机组在 TF、BF、CC 方式时，压力设定值由实际负荷指令根据机组滑压曲线给出，同时操作人员可在 DCS 画面手动设置压力设定值偏置。

2. 机组正常运行的负荷和汽压调节

（1）CC 方式下锅炉侧重控制主蒸汽压力，汽轮机侧重控制负荷。主蒸汽压力设定值由负荷指令根据滑压曲线自动给出。调整机组负荷通过在 DCS 画面上改变负荷目标值实现。在 CC 方式基础上，投入 AGC 控制后机组负荷设定值由调度控制。

（2）BF 方式下锅炉控制主蒸汽压力，主蒸汽压力设定值由滑压曲线自动给出。调整机组负荷通过在 DEH 画面改变负荷设定值实现。由于锅炉调节主蒸汽压力的迟缓性，BF 方式仅作为投入 CC 方式之前的过渡方式，机组不宜在 BF 方式下变动负荷。

（3）DEH 在初压方式时，即为 TF 方式，机组的负荷控制处于开环状态，主蒸汽压力控制处于闭环状态，调整机组负荷通过改变锅炉给水量和燃料量等实现，DEH 控制汽轮机调节汽阀开度使主蒸汽压力等于滑压曲线设定值。

（4）由于汽轮机"孤岛"控制的特点，CCS 只向 DEH 发送负荷设定值和主蒸汽压力设定值，不能直接控制汽轮机调节汽阀，DEH 在负荷本地设定方式下（在 BF 或 BASE 方式时）没有克服锅炉内扰的能力。如在煤质变化时，如果不手动改变锅炉输入或负荷设定值，汽轮机调节汽阀将会单边关小（煤质趋好）或开大（煤质趋差）。机组正常运行时不宜运行在 DEH 负荷本地设定方式。

（5）如果机组需要保持固定主蒸汽压力，可把 DEH 切至压力控制方式，这时机组运行方式为 TF，再把锅炉主控指令设为固定值，此时主蒸汽压力设定值为锅炉主控输出经滑压曲线转化生成。

（6）机组在 BASE、TF 方式下不能同时实现负荷和主蒸汽压力的自动控制。在 BF 方式下主蒸汽压力控制的手段简单，效果不理想。一般情况下机组宜运行在 CC 方式，实现负荷和汽压的自动控制。

（7）如果机组需要撤出 CC 方式进行手动加减负荷，应将锅炉主控切至手动，确认 DEH 自动切换至压力控制方式，维持给水、烟风和燃料在自动状态，通过手动改变锅炉主控指令实现负荷的增减。在锅炉主控指令变化初期，由于主蒸汽压力设定值的改变和 DEH 压力控制方式下的调节作用，机组负荷可能会出现短时反向小幅变化的情况。待给水和燃料量的改变影响到实际燃烧率后，机组负荷转入正向变化。

3. 机组运行方式的切换

（1）从 CC 方式切换到 TF 方式。DEH 控制方式由负荷控制方式（限压方式）切换为压力控制方式（初压方式）后，DCS 侧自动将锅炉主控置于手动方式，此时机组控制方式为 TF 方式。

TF 方式时，若主蒸汽压力异常导致高压旁路开启，DCS 发送"负荷控制方式请求"指令至 DEH，DEH 切至负荷本地控制方式，机组控制方式切换为 BASE 方式。

（2）从 BASE 方式切换到 CC 方式。

1）确认机组运行正常，负荷大于 35%BMCR，锅炉已转干态运行。

2）确认实际主蒸汽压力和机组滑压曲线上的主蒸汽压力设定值相等或接近。

3）确认锅炉侧给水、烟风、燃料已投入自动。

4）在 DCS 画面上设置合适的负荷变化率，确认 DEH 的负荷变化率应设置成大于或等于 CCS 的负荷变化率。

5）在 DCS 画面上设定合适的机组最低、最高负荷限值，确认 DEH 画面上设置合适的负荷高限。

6）在 DCS 画面投入锅炉主控自动，DCS 发出"负荷控制协调方式请求"指令至 DEH，DEH 控制方式自动由负荷本地控制切为负荷远方控制，机组从 BASE 方式进入 CC 方式。

（3）AGC 方式投运。

（4）CC 方式的撤出。正常情况下撤出 CC 方式，只要撤出锅炉主控自动，确认 DEH 自动切至压力控制方式，机组转入 TF 方式。

（5）一次调频投运。机组在 CC 方式下，在 DEH 画面投入 DEH 一次调频，DCS 接收到 DEH 侧一次调频率已经投入的信号后，DCS 侧一次调频自动投入。

三、机组主要运行参数的监视与调整

1. 锅炉燃烧监视与调整

锅炉燃烧调整的目的是保证燃烧的稳定性，提高燃烧的经济性，减少对环境的污染，同时使炉膛热负荷分配均匀，减少热力偏差，保证锅炉各运行参数正常。主要监视和调整的内容包括以下方面：

（1）燃烧火焰监视。

（2）炉膛压力控制。正常运行时，维持炉膛负压为-0.1kPa，炉膛不允许正压运行，锅炉不向外冒烟气。

（3）炉膛过量空气量的控制。为确保锅炉经济燃烧，应根据锅炉负荷和煤质供给适量的空气量，在正常情况下，应根据锅炉氧量曲线控制。

（4）燃烧控制。

1）运行人员应掌握当前锅炉所用煤种的发热量、灰熔点及其主要成分，并根据不同燃料品质进行合理的燃烧调整。

2）为使煤粉燃烧完全，应经常保持煤粉细度符合规定。

3）调整燃烧时，应注意防止结焦，在锅炉高负荷运行或燃用灰熔点低的煤种时尤需注意。

4）锅炉正常运行中应尽可能减少 NO_x、SO_2 排放，使各项排放指标控制在允许范围内。

5）运行中应经常检查在线飞灰检测装置正常，运行人员应及时根据在线飞灰检测结果做出必要的调整。

6）运行人员应经常分析锅炉燃烧调整情况，并不断总结新的调整经验，提高锅炉燃烧的经济性，保证锅炉燃烧的稳定性。

2. 除氧器、加热器水位的监视与调整

（1）除氧器水位限值与报警。

1）除氧器水位在正常运行期间应维持零位。

2）除氧器水位高Ⅰ值时报警；除氧器水位低Ⅰ值时报警。

3）除氧器水位高于高Ⅱ值时，开启除氧器紧急放水阀、溢流放水旁路阀，除氧器水位低于Ⅱ值时给水泵跳闸。

4）除氧器水位高于高Ⅲ值时，延时 3s，关闭五级抽汽至除氧器电动隔离阀和止回阀、除氧器水位调节阀前电动隔离阀，开启五级抽汽至除氧器抽汽管道上的疏水阀。

（2）除氧器水位调节。

1）目前新建机组一般都设置凝结水泵变频装置，因此除氧器水位调节可分为凝结水泵变频调水位方式及凝结水泵变频调压力方式。

2）除氧器水位控制正常运行一般采用凝结水泵变频节能运行方式。此时除氧器水位调节阀主阀全开，通过凝结水泵变频转速的变化调节除氧器水位。

3）采用凝结水泵变频调压力方式时，除氧器水位调节阀控制除氧器水位，凝结水泵变频器控制凝结水母管压力。凝结水母管压力设定值为负荷指令的函数，可对凝结水母管压力设定值设置偏置。

4）凝结水泵变频运行时，当备用泵启动，应密切注意调节阀开度，必要时切至手动干预。工频运行凝结水泵和变频运行凝结水泵并列运行时，应确认变频凝结水泵转速快速升至额定转速。

（3）加热器水位调节。

1）正常运行时，加热器水位通过正常疏水调节阀调节来保持加热器正常水位。一般加热器的疏水端差应小于 5.6℃。

2）加热器水位控制投自动前和刚启动投运时，可通过调节正常和事故疏水调节阀来维持加热器水位正常。

3. 主、再热蒸汽温度监视与调整

（1）主、再热蒸汽温度限值与报警。

1）在稳定工况下，过热汽温在 30%～100%BMCR、一次再热汽温在 50%～100%BMCR、二次再热汽温在 65%～100%BMCR 负荷范围时，应保持稳定在额定值，其允许偏差不超过±5℃。

2）主蒸汽温度大于额定值+5℃报警；主蒸汽温度小于额定值−5℃为低报警。

3）再热蒸汽温度大于额定值+5℃报警；再热蒸汽温度小于额定值−5℃为低报警。

（2）汽温调节手段。

1）过热器的蒸汽温度是由水煤比和两级喷水减温来控制的。在直流运行时，分离器出口要保持一定的过热度，分离器出口温度（即中间点温度）是给水量和燃料量是否匹配的超前控制信号。

2）以上海锅炉厂的塔式炉烟道分隔、带调温挡板方案为例，再热汽温调节以调节燃烧器喷嘴摆动角为主要手段，辅以烟气挡板调节一、二次再热蒸汽温度偏差。正常运行时，再热蒸汽出口温度是通过燃烧器的摆动调节燃烧中心的高度，通过燃烧中心的调整改变炉膛出口的烟气温度，影响高温再热器的吸热量，从而调节再热蒸汽出口温度。通过尾部烟道调节挡板开度控制进入前后分隔烟道中的烟气份额，改变一、二次再热器间的吸热分配比例来达到调节一、二次再热器出口温度平衡的目的。运行时应尽量避免使用喷水调节，以免降低机组循环效率。在变工况、事故和左右侧汽温偏差大时可采用喷水调节。

3）锅炉负荷小于 10%BMCR，不允许投运过、再热蒸汽喷水减温；各级喷水减温调节时应满足减温后的蒸汽温度大于对应压力下饱和温度 15℃。

4）在主、再热汽温调整过程中，要加强受热面金属温度监视，保证金属温度不超限，并根据左右侧的金属温度调整主、再热汽温，以免出现较大的左右侧温度偏差。

5）除正常调温手段外，还可以通过调整过量空气量、改变风门的开度、对有关受热面进行吹灰等方法来调整汽温。

6）当发生燃烧煤种改变、磨煤机投/停、负荷增减、高压加热器的投/撤等情况时，主、再热汽温会发生较大的变化，这时应注意监视汽温变化情况，必要时可将控制方式切至手动，进行手动调节。

7）正常运行时，应投入喷水减温自动。各级减温水调节阀的开度合适，若超过一定的范围，则应适当调整水煤比，使减温水有较大的调整范围，防止系统扰动造成主蒸汽温度波动。减温水量不可猛增、猛减，在调节过程中，避免出现局部水塞和蒸汽带水现象。

4. 锅炉高温受热面管壁温度的监视与调整

（1）当采用主蒸汽温度达 600℃，尤其是再热蒸汽温度达 620℃的超超临界参数时，锅炉高温受热面材料的最高允许温度与实际管壁温度的温度裕量趋近于上限。因此锅炉高温受热面管壁温度应严格按壁温曲线进行控制，在锅炉运行的任何阶段，必须严格控制过热器、再热器管壁温度不超限。

（2）锅炉管壁温度超限，经采用降温措施仍不能恢复正常，应故障停炉。

（3）影响因素及调节手段。

1）负荷变化：①机组正常运行期间，随着负荷变化，锅炉各部分吸热特性发生变化，壁温也发生变化。②机组负荷变化时，应尽可能维持汽温的稳定，保证管壁不超温。③当出现个别壁温测点超限时，可适当降低汽温，同时确认其是否属实，并做出相应的处理。

2）给水温度变化：①给水温度降低会使炉膛吸热增加，应根据给水温度的变化，控制好中间点温度。②在正常运行期间，应保证各加热器及除氧器的投入，监视省煤器进口给水温度符合负荷对应值。当有加热器撤出时，应严密监视蒸汽、壁温情况，为防止管壁超温，必要时应降低负荷。

3）燃料的变化：煤种特性变化（挥发分、灰分、水分、含碳量、发热量或可磨性等）影响到锅炉燃烧及受热面吸热特性，汽温及管壁温度也会发生相应变化，因此在燃料品质改变时，应注意汽温及管壁温度变化。

4）磨煤机投停及燃烧器运行层改变：①投磨煤机时，短时间内汽温上升很快，应注意汽温调整，停运磨煤机时正好相反。②燃用上层燃烧器汽温会上升，而用下层燃烧器时汽温会下降，运行人员可通过改变燃烧器运行层或燃烧器出力来调整因煤种、负荷变化等因素给蒸汽、壁温等带来的扰动，使锅炉处于较好的运行工况。

5）风量增加时，可使汽温上升，尤其是再热汽温。正常运行时，应按负荷-氧量曲线合理调整风量和氧量，使其和对应负荷下的值相近。

6）受热面结焦、结灰：受热面结焦、结灰后，会使受热面传热发生变化而影响汽温，这时应加强对应区域的吹灰。吹灰时应注意监视汽温变化情况，防止汽温偏高或偏低。

7）烟道挡板开度的改变（挡板调温方案）：①原则上应根据一次、二次再热汽温来确定烟道挡板的开度。当一次再热汽温偏高，二次再热汽温偏低时，可适当开大二次再热器侧烟道挡板，关小一次再热器侧烟道挡板。②当一次再热器侧烟道挡板关至最小开度，一次再热汽温、壁温仍偏高时，可采用燃烧器摆角向下摆，对其前面的受热面进行吹灰等手段来降低汽壁温。紧急情况下，可投用再热器事故减温水，必要时应降低负荷。

5. 锅炉排烟温度及空气预热器冷端平均温度的监视与调整

（1）锅炉的排烟温度应参照对应负荷下的排烟温度值控制。锅炉运行中，如发现排烟温度异常，应立即检查原因，并采取相应的措施。

（2）锅炉运行中，某些受热面上发生结渣、积灰或结垢，会使烟气与这部分受热面的传热减弱，锅炉排烟温度升高。在运行时应及时进行吹灰除渣，保持受热面的清洁，以降低排烟热损失，提高锅炉效率。

（3）为防止空气预热器发生低温腐蚀，运行中应按规定对空气预热器冷端平均温度进行严格控制。

（4）腐蚀与积灰是相互促进的，在空气预热器运行中，应进行定期吹灰，必要时可加强吹灰以保持波纹板的清洁。吹灰蒸汽应经过充分的暖管疏水，且保证具有一定的过热度。

6. 发电机-变压器组系统监视与调整

（1）发电机在运行中所带负荷值、冷却介质的运行与各部件的温度值三者应符合确定规律，出现明显偏差时应及时分析，查明原因并采取相应措施。

（2）发电机在正常运行时，氢压应保持在定值，高于或低于定值发出相应警报。

（3）正常运行时，应保持发电机内氢气纯度在 98% 以上。当发现氢气纯度低于 96.5% 时，应及时进行排、补氢气操作，以提高氢气纯度。

（4）机组正常运行期间，必须保证密封油与机内氢气之间差压在 120kPa 左右。当差压达 80kPa 时，发出差压低报警。

（5）正常运行中应保持发电机定子冷却水进口压力大于 350kPa，发电机进口冷却水温在 45℃ 以下，定子冷却水导电率小于 0.3μS/cm。

（6）加强发电机电压、频率、功率因数及无功的监视和调整。

第六节 机组事故处理

一、机组综合性事故

1. MFT

MFT 是锅炉安全保护的核心内容，英文全称为 Main Fuel Trip，翻译成中文为主燃料跳闸。它的作用是连续监视预先确定的各种安全运行条件是否满足，一旦出现可能危及锅炉安全运行的工况，就快速切断进入炉膛的燃料，避免事故发生。一般指的是锅炉运行当中对设备的自动保护措施，即当发生异常突发事故时或报警，或自动停止设备运行，但保留送风机和引风机运行进行吹扫。如故障不能短时间消除，应停运送风机和引风机进行闷炉操作，使锅炉自然冷却。

机组一旦触及 MFT 信号，所有进入炉膛的燃料切断，全部磨煤机、给煤机、一次风机、密封风机跳闸，进油阀、各油枪进油角阀关闭，等离子点火系统停运，脱硝系统退出运行。同时，汽轮机跳闸，发电机解列，励磁开关断开，相应辅机、辅助设备跳闸并报警，厂用电切换至启动/备用变压器。此时，炉膛工业监视器失去火焰，主、再热蒸汽汽温、汽压、流量等参数急剧下跌，机组负荷指示到零。

引起锅炉 MFT 的因素主要分为以下四大类：

（1）锅炉侧设备严重性故障，例如全燃料丧失，两台送风机、两台引风机全停，两侧空气预热器主、辅电动机全停，FGD 故障等。

（2）锅炉定值超限，例如炉膛压力、主蒸汽压力超限值等。

（3）触发锅炉保护，例如全炉膛灭火、失去油层火焰、失去煤层火焰、丧失火检冷却风、FSSS 电源消失等。

（4）操作员手动 MFT。

缺陷或故障消除后需启动设备时，必须先将 MFT 复位方可启动设备，否则电动机设备无法启动。

2. RUN BACK

当协调控制（CC 方式）系统在自动状态，机组主要双列辅机中一台故障跳闸造成机组实发功率受到限制时，为适应设备出力，协调控制系统强制将机组负荷减到尚在运行的辅机所能承受的负荷目标值。协调控制系统的该功能称为辅机故障快速减负荷（RUN BACK），简称 RB 工况。

RB 的定义为：至少 4 台给煤机在运行，且负荷大于 55%BMCR，由于锅炉或汽轮机主要辅机故障跳闸而发生的快速减负荷。

RB 的分类如下：

（1）负荷大于或等于 55%BMCR 且机组在 CC 方式，两台送风机运行时一台跳闸，负荷自动减至 50%BMCR。

（2）负荷大于或等于 55%BMCR 且机组在 CC 方式，两台引风机运行时一台跳闸，负荷自动减至 50%BMCR。

（3）负荷大于或等于 55%BMCR 且机组在 CC 方式，两台一次风机运行时一台跳闸，负荷自动减至 50%BMCR。

（4）负荷大于或等于 55%BMCR 且机组在 CC 方式，两台空气预热器运行时一台跳闸，负荷自动减至 50%BMCR。

（5）负荷大于或等于 55%BMCR 且机组在 CC 方式，两台汽动给水泵运行时一台跳闸。

（6）磨煤机跳闸 RB。

3. FCB 和低负荷阶段（小于 35%BMCR）停机不停炉

FCB 的英文全称是 Fast Cut Back，是指机组运行在某一负荷时，因电网故障解列或发电机、汽轮机跳闸，瞬间甩掉全部对外供电负荷，但未发生锅炉 MFT 的情况下，机组快速切负荷以"带厂用电运行"或"停机不停炉"工况运行的自动控制功能。通常机组设计之初就明确机组是否需要具有 FCB 功能，主要考虑因素是当地电网的要求，以及超超临界机组具有 FCB 功能对主机降低固体颗粒侵蚀（SPT）具有一定的作用。目前，我国一次再热机组中真正具备 FCB 功能的机组为数不多，造价相对较高。

二次再热机组相比一次再热机组旁路选型困难，如要实现 FCB 功能，则低压旁路阀容量巨大，常规两个低压旁路阀已不能满足通流要求，必须增加到三个或四个，与凝汽器连接的布置难度不小。同时将增加除氧器、给水泵、凝结水泵等辅机的选型，使造价上升，控制难度加大，因此大容量二次再热机组不建议设计 FCB 功能。

若机组在启动或停机的低负荷阶段（小于 35%BMCR）汽轮机跳闸，为避免锅炉频繁启停，机组可以考虑低负荷阶段停机不停炉的工况。发生该工况时，高、中压旁路快开，低压旁路开启，主蒸汽和一次、二次再热蒸汽压力上升，此时可能会引起锅炉安全门动作。

4. 其他综合性事故

其他综合性事故主要有厂用电中断、压缩空气失去、闭式水系统故障、主蒸汽和再热蒸汽参数异常、频率异常、火灾、蒸汽管道及其他管道发生故障，以及其他泵类、风机、电动机异常等。有些故障将引起锅炉 MFT、汽轮机跳闸，机组进入故障或紧急停机，有些故障将会在操作大屏显示报警。总之，当机组发生故障时，运行人员应以保人身、保系统、保设备的原则迅速解除人身、设备的危险，第一时间找出发生故障的原因，并按运行规程消除故障或停机处理。

二、机组紧急停机

机组发生严重危及人身或设备的故障时，应紧急停止机组运行。

（1）锅炉遇到下列情况之一者，应紧急停止锅炉运行。

1）MFT 保护拒动。

2）主蒸汽和一次、二次再热蒸汽管道、给水管道、凝结水管道或锅炉汽水管道发生爆破或严重泄漏等故障，严重危及人身设备安全。

3）锅炉过热器、再热器出口温度超限。

4）螺旋水冷壁出口壁温超限，分离器入口温度超限。

5）燃料在尾部烟道发生二次燃烧，空气预热器进口烟气温度不正常突然升高（升率大于 10℃/min）或空气预热器出口平均烟温上升至 200℃。

6）两台空气预热器的二次风挡板或烟道挡板都关闭。

7）锅炉压力超限，所有安全门拒动。

8）锅炉燃烧不稳，炉膛负压波动，火焰监视工业电视都失去火焰。

9）两台闭式冷却水泵均故障，抢投不成功。

10）精除盐出口凝结水含钠量大于 400μg/L。

11）DCS 所有操作员站较多主/重要参数同时失去监视或显示出现异常，在 30s 内不能恢复并将危及机组安全运行。

12）所有操作站故障，出现黑屏等现象，在 30s 内无法恢复。

13）锅炉给水流量显示全部失去。

14）炉水 pH 值小于 7.5。

15）锅炉范围发生火灾，直接威胁人身、设备的安全。

（2）汽轮发电机组遇到下列情况之一者，应紧急停机。

1）汽轮机跳闸保护拒动。

2）主要管道或其他管道爆破，危及人身、设备安全。

3）润滑油或发电机密封油系统大量喷油泄漏。

4）汽轮机内部有明显的金属撞击声或断叶片。

5）汽轮机发生水冲击。

6）主蒸汽或一次、二次再热蒸汽温度 10min 内突降 50℃。

7）主蒸汽或一次、二次再热蒸汽管道两侧汽温偏差大于 28℃，并在 15min 内无法恢复。

8）凝汽器背压处于限制区内，运行时间超过 5min。

9）汽轮机轴封或挡油环严重摩擦，冒火花。

10）主机带负荷运行时，汽轮机汽缸上下缸温差超限。

11）主机任一瓦振突增 50μm 且相邻瓦振也明显增大，或任一轴承轴振达到 130μm。

12）主机润滑油供油温度超限。

13）主机任一轴承回油温度超限。

14）主油箱油位急剧下降，补油无效，油位降至超限油位以下。

15）主机交流油泵 A/B 均故障，抢投不成功。

16）中压缸排汽温度超限。

17）低压静叶持环温度超限。

18）发电机内氢气纯度下降至 92%。

19）机组周围着火，威胁人身、设备安全。

20）发电机-变压器组保护拒动。

21）发电机严重漏水，危及设备运行。

22）发电机及出线套管发生氢爆；发电机内部和励磁系统冒烟或着火。

23）主变压器、高压厂用变压器着火。

24）主变压器、厂用总变压器、主变压器高压侧避雷器和 TV、发电机避雷器和 TV 等设备符合紧急停机条件。

25）主变压器高压侧 SF_6 套管气室严重漏气，补气无法跟上。

（3）紧急停炉停机时的主要操作。

1）按紧急停机按钮或就地"汽轮机跳闸"按钮，确认超高压、高压、中压缸主汽阀、调节汽阀关闭，各加热器的抽汽电动阀、止回阀关闭；汽轮机本体疏水阀、抽汽管道疏水阀开启，超高压、高压排汽止回阀关闭，超高压、高压缸通风排汽阀开启，汽轮机转速下降。

2）确认发电机逆功率保护动作，发电机解列。

3）紧急停机后若 MFT 动作，应确认汽动给水泵跳闸，辅汽切至邻机供汽，保证轴封汽温度满足轴封温度与超高压、高压转子温度曲线要求。

4）紧急停机时机组负荷大于 10%BMCR 且小于 35%BMCR，高压旁路、中压旁路快开，低压旁路超驰开启，可按照停机不停炉处理。给水泵汽轮机汽源切至辅汽，辅汽切至临机。

5）其他操作可参见正常停机操作。

三、机组故障停机

机组发生故障或运行参数接近控制限值，还不会立即造成严重后果，应尽量采取措施予以挽回，无法挽回时应立即进行故障停机。

（1）锅炉遇到下列情况之一者，符合故障停炉条件。

1）锅炉承压部件发生泄漏尚能维持运行。

2）锅炉管壁温度超限，经采用降温措施仍不能恢复正常。

3）锅炉安全门启座后无法使其回座。

4）锅炉严重结焦，经处理后仍不能恢复正常。

5）仪用压缩空气压力低于 0.35MPa，采取措施后仍无法恢复正常压力。

6）空气预热器转子停转，经处理空气预热器转子仍盘不动，且挡板关不下或漏风严重，危及设备安全运行。

7）监控画面上部分数据显示异常，或部分设备状态失去，或部分设备手动控制功能无法实现，并将危及机组设备的安全运行。

8）化学指标控制值大于二级处理值，经处理不能恢复。

（2）汽轮发电机组遇下列情况之一者，应进行故障停机。

1）超高压、高压、中压主汽阀前任一侧主、再热蒸汽温度超过设计温度，在 15min 内不能恢复正常。

2）左、右侧主蒸汽、一次、二次再热蒸汽温度差超过 17℃，在 15min 内不能恢复正常。

3）凝汽器真空缓慢下降，采取降负荷至 30%BMCR 仍无效。

4）主机轴向位移 0.5mm 或−0.5mm，且推力轴承金属温度、回油温度异常升高，处理后仍不能恢复正常。

5）任一轴承回油温度超过 75℃时或支承、推力轴承金属温度超过 115℃时，发电机轴承金属温度 90℃发出报警，处理无效。

6）EHC 油或润滑油品质恶化、处理无效且油质重要指标已降至机组禁止启动值。

7）所有密封油泵故障无法维持必要的油压和油位。

8）主机 EHC 油箱油位低，处理无效。

9）两台 EHC 油泵运行，油压仍低于 11MPa。

10）EHC 系统、DAS（数据采集）系统、TSI 系统故障，致使一些重要的汽轮机运行参数无法监控，无法维持汽轮机及其辅机正常运行。

11）发电机定子绕组漏水，无法处理。

12）发电机定子任一线棒温度、铁芯温度超限，经处理无效。

13）发电机定子绕组中性点附近接地，发电机保护发出报警信号。

14）主变压器、厂用总变压器有轻瓦斯报警，经取油样化验油中含氢量或总烃含量远远超过报警值。

15）发电机励磁自动调节装置两个通道均故障，一时无法恢复。

16）发电机负序电流大于 6%，经处理无效。

17）发电机-变压器组保护任一出口跳闸通道故障，4h 内无法恢复。

第七节　中国首个百万千瓦二次再热机组项目运行情况

一、机组简介

国电泰州电厂二期工程是中国国电集团公司牵头，上海电气集团、中国电力工程顾问集团参与，三方联合研发的百万千瓦超超临界二次再热燃煤发电工程，是我国"十二五"期间国家能源局的二次再热燃煤发电示范项目和科技部科技支撑计划项目的依托工程。

工程示范建设两台 1000MW 二次再热燃煤机组（分别为 3 号机组和 4 号机组）。两台机组分别于 2015 年 9 月 25 日和 2016 年 1 月 13 日完成 168h 满负荷试运行，正式投入商业运行。

该工程由华东电力设计院有限公司总体设计，主设备由上海电气集团研制，采用二次再热塔式锅炉、五缸四排汽凝汽式汽轮机，主机参数为 31MPa、600℃/610℃/610℃。

二、机组实际运行指标

两台机组投运后先后完成了机组性能试验，THA 工况下两台机组供电煤耗分别为 266.57g/kWh 和 265.75g/kWh。

根据两台机组投入商业运行后的统计数据，2016 年 3 号机组平均负荷率为 83.73%，平均供电煤耗为 271.76g/kWh，机组厂用电率为 3.38%；4 号机组平均负荷率为 80.5%，平均供电煤耗为 272.39g/kWh，厂用电率为 3.19%。两台机组实际运行指标统计见表 9-7。

表 9-7　　　　　　　　两台机组实际运行指标统计

项目	3 号机组	4 号机组
主蒸汽压力（MPa）	31	31
主蒸汽温度（℃）	600	600
一次再热蒸汽温度（℃）	610	609
二次再热蒸汽温度（℃）	609	609
给水温度（℃）	316	316
凝汽器真空（kPa）	96	97
锅炉排烟温度（℃）	112	116
汽水合格率（%）	99	99
机组补水率（%）	0.52	0.52
真空严密性（Pa/min）	56.8	63
AGC 速率（%）	1.8	1.8
不投油最低稳燃负荷（MW）	296.9	296.2
月补氢量（m³/d，标准状态）	11.4	9.85
发电单位水耗 [m³/（s·GW）]	0.06	0.06

三、机组协调控制效果

（1）588～738MW 升负荷期间，升负荷速率为 20MW/min 时，主蒸汽压力最大偏差小于 0.5MPa，主汽温最大偏差小于 6℃。

（2）930～780MW 降负荷期间，降负荷速率为 20MW/min 时，主蒸汽压力最大偏差小于 0.3MPa，主汽温最大偏差小于 5℃。

（3）给水泵 RB 过程中主蒸汽压力最大偏差小于 0.8MPa，主蒸汽温度和中间点温度波动幅度较小。

（4）风机 RB 过程中主蒸汽压力最大偏差小于 0.7MPa，炉膛负压波动幅度较小。

（5）机组负荷从 683MW 降到 623MW 再上升到 684MW，测得的机组 AGC 平均速率为 1.8%P_e/min。机组负荷从 842MW 降到 771MW 再上升到 831MW， 测得的机组 AGC 平均速率为 1.8%P_e/min。

（6）一次和二次再热器温度偏差始终控制在 3℃ 以内。

各阶段控制画面见图 9-6～图 9-9。

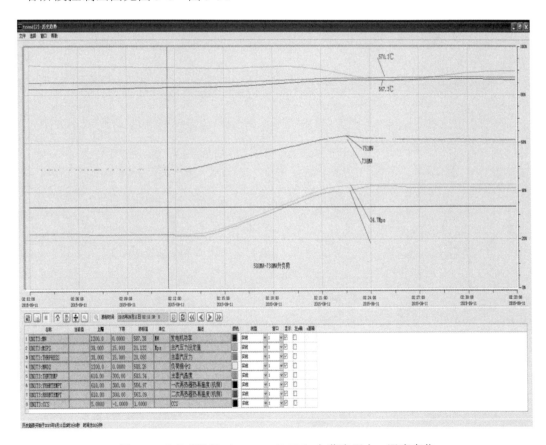

图 9-6　升负荷阶段（588～738MW）主蒸汽压力、温度变化

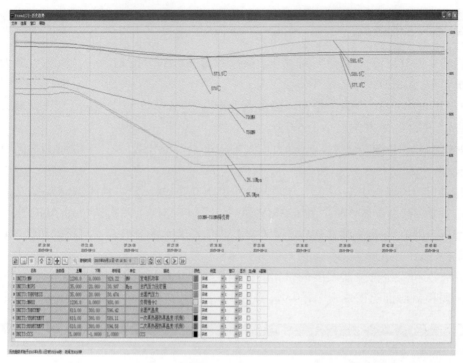

图 9-7　降负荷阶段（930～780MW）主蒸汽压力、温度变化

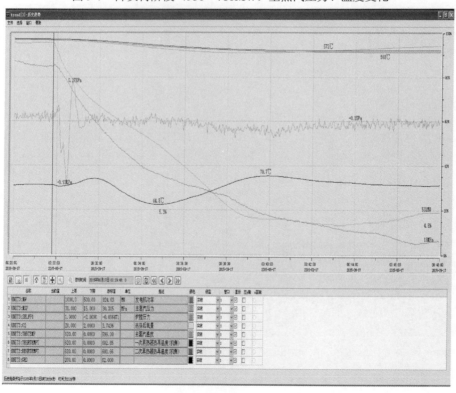

图 9-8　给水泵 RB 过程中主蒸汽压力、温度变化

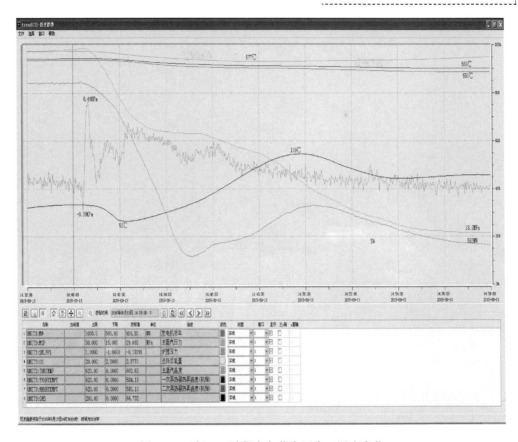

图 9-9　风机 RB 过程中主蒸汽压力、温度变化

四、机组运行可靠性

两台机组自 2015 年 9 月和 2016 年 1 月投产后一直稳定运行。2016 年度统计周期内，3 号机组连续安全运行 7584h，年利用小时数为 6852h；4 号机组连续安全运行 5160h，年利用小时数为 6615h。二次再热机组的可靠性和稳定性得到了验证。

随着国内其他二次再热机组的陆续投运，表明我国已完全掌握了二次再热超超临界机组的运行与控制技术。事实证明，随着机组自动化水平的提高和顺序控制技术的发展，只要控制逻辑得当，二次再热机组的运行控制指标与一次再热机组相当。在接下来的时间里，电厂运行单位和人员应进一步提高机组运行水平，优化运行方式，不断提高驾驭二次再热机组的水平。